# 技術者のための
# 線形代数学

【大学の基礎数学を本気で学ぶ】

中井悦司 著

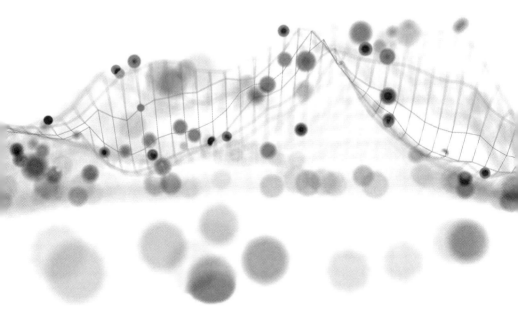

# 本書内容に関するお問い合わせについて

このたびは翔泳社の書籍をお買い上げいただき、誠にありがとうございます。弊社では、読者の皆様からのお問い合わせに適切に対応させていただくため、以下のガイドラインへのご協力をお願い致しております。下記項目をお読みいただき、手順に従ってお問い合わせください。

### ●ご質問される前に

弊社Webサイトの「正誤表」をご参照ください。これまでに判明した正誤や追加情報を掲載しています。

正誤表　https://www.shoeisha.co.jp/book/errata/

### ●ご質問方法

弊社Webサイトの「刊行物Q&A」をご利用ください。

刊行物Q&A　https://www.shoeisha.co.jp/book/qa/

インターネットをご利用でない場合は、FAXまたは郵便にて、下記"翔泳社 愛読者サービスセンター"までお問い合わせください。
電話でのご質問は、お受けしておりません。

### ●回答について

回答は、ご質問いただいた手段によってご返事申し上げます。ご質問の内容によっては、回答に数日ないしはそれ以上の期間を要する場合があります。

### ●ご質問に際してのご注意

本書の対象を越えるもの、記述個所を特定されないもの、また読者固有の環境に起因するご質問等にはお答えできませんので、予めご了承ください。

### ●郵便物送付先およびFAX番号

送付先住所　〒160-0006　東京都新宿区舟町5
FAX番号　　03-5362-3818
宛先　　　　（株）翔泳社 愛読者サービスセンター

※本書に記載されたURL等は予告なく変更される場合があります。
※本書の出版にあたっては正確な記述につとめましたが、著者や出版社などのいずれも、本書の内容に対してなんらかの保証をするものではなく、内容やサンプルに基づくいかなる運用結果に関してもいっさいの責任を負いません。
※本書に掲載されているサンプルプログラムやスクリプト、および実行結果を記した画面イメージなどは、特定の設定に基づいた環境にて再現される一例です。

※本書に記載されている会社名、製品名はそれぞれ各社の商標および登録商標です。

# はじめに

「技術者のための」と冠した数学書の第2弾がいよいよ完成しました！　本書は、先に出版された『技術者のための基礎解析学』、そしてこの後に続く、『技術者のための確率統計学』との姉妹編になっており、これら3冊で基礎解析学、線形代数学、そして、確率統計学の3つの分野を学ぶことができます。「機械学習に必要な数学をもう一度しっかりと勉強したい」、そんな読者の声が本シリーズを執筆するきっかけでしたが、あらためて振り返ると、「基礎解析学・線形代数学・確率統計学」は、機械学習に深く関連する分野であると同時に、理工系の大学1、2年生が学ぶ数学の基礎、言うなれば、大学レベルの本格的な数学への入り口ともなる領域です。

　今、IT業界を中心とするエンジニアの方々からは、機械学習の理解という目的に限らず、もう一度、数学を学び直したいという声を耳にすることが増えてきました。そして、その要望に応じて、大学の教科書とは異なる趣の数学書も増えているようです。そのような中でも、大学生の頃に勉強した、あるいは、さまざまな理由で「勉強しきれなかった」数学をもう一度振り返り、じっくりと腰を落ち着けて勉強し直したいという読者の方には、本シリーズの内容がうまくはまるかもしれません。

　線形代数学がテーマの本書では、実数ベクトルに限定して、「一次変換」「行列式」「固有値問題（行列の対角化）」といった定番の内容、そして、ベクトル空間の公理にもとづいた、より一般的なベクトル空間の性質を取り扱います。

　線形代数学というと、行列式の性質や対称行列の対角化など、「結果は知っているけれど、なぜそれが成り立つかはわからない」という内容も多いかもしれません。本書では、定義にもとづいた厳密な議論とともに、できるだけ丁寧に計算を進めることで、それぞれの内容について、「確かにその通り」と納得できる説明を心がけました。お好みのノートと筆記具を用意して、本書の説明と、数式にもとづいた議論の展開をみなさんの「手と頭」で、ぜひ再現してみてください。そして、直感的な理解にとどまらない、「厳密な数学」の世界をあらためて振り返り、じっくりと味わっていただければ幸いです。あるいはまた、受験勉強から解放されて、あこがれの大学数学の教科書を開いたあのときの興奮をわずかなりとも思い出していただければ、筆者にとってこの上ない喜びです。

中井悦司

# 謝辞

　本書の執筆、出版にあたり、お世話になった方々にお礼を申し上げます。

　本シリーズの構想は、翔泳社の片岡仁氏からの「数学の本でも書きませんか？」という軽い一言から始まりました。当時、筆者が執筆した『ITエンジニアのための機械学習理論入門』（技術評論社）の読者の方から、「この本にある数式を理解したくて、あらためて数学の勉強を始めました！」という声を聞き、何かその手助けができないか……と考えていた折、そのお誘いに乗らせていただくことにしました。決して万人向けとは言い難い数学書の企画に賛同いただき、書籍化に向けた支援をいただいたことにあらためて感謝いたします。また、本書の原稿を査読いただいた、伊藤友一氏、児嶋高和氏の両氏にも感謝いたします。

　そして最後に、いつも新しいネタを見つけては執筆に没頭する筆者を温かく見守り、心身両面で健康的な生活を支えてくれる、妻の真理と愛娘の歩実にも、もう一度、同じ感謝の言葉を贈りたいと思います。——「いつの日か、お父さんの本で勉強してくれるとうれしーなー」

本書について

# 本書について

## 対象読者

- 大学1、2年の頃に学んだ数学をもう一度、基礎から勉強したいエンジニアの方

  ※理系の高校数学の知識が前提となります。理工系の大学1、2年生が新規に学ぶ教科書としても利用いただけます。

## 本書の読み方

本書は、第1章から順に読み進めることで、線形代数学の基礎を順序立てて学んでいただける構成となっています。数学の教科書では、「定義」「補題」「定理」「系」といった形で、体系立てて主張をまとめる構成も見られますが、本書では、あえてそのような構成にはしていません。1つのストーリーとして本文を読み進めることで、自然な流れの中で、各種の主張が説明・証明されていきます。まずは、お気に入りのノートと筆記具を用意して、本文の説明に従って、丁寧に式変形を追いかけてみてください。本文の中で証明した各種の定理は、各章の最後に「主要な定理のまとめ」としてまとめてあります。本文中では、章末のまとめに対応する箇所を ▶定理1 のように示してあります。

また、各章の最後には、いくつかの練習問題を用意しました。具体例を通して理解を深めるための計算問題も含めてあるため、本文中の一般的な理論説明だけでは消化不良と感じる際は、ぜひこれらの問題にも取り組んでください。問題数はそれほど多くないので、より多くの計算問題を通して理解を深めたいという方は、演習問題を集めた書籍を別途活用するとよいでしょう。

ただし、機械学習などの応用理論を理解する上では、計算方法だけではなく、「なぜそれが成り立つのか」という理論的な理解もまた大切です。機械学習の教科書や論文では、具体的な数字を使った計算が現われることはほとんどありません。これらを読みこなすために必要となるのは、あくまで、本書の中で進められる議論と同様の理論的な理解です。そのため、本書で解説している「証明」の中身を紙と鉛筆を使いながら、しっかりと自分の頭で追いかけていくことも重要な演習であることを忘れないでください。

最後に、本書の構成を検討するにあたっては、『線形代数学』（笠原晧司／著、サイエンス社、1974年）、および、『プログラミングのための線形代数』（平岡和幸・堀 玄／著、オーム社、2004年）を参考にさせていただいたことを付記しておきます。

本書について

## 各章の概要

### 第1章　2次元実数ベクトル空間

　線形代数学には、一次変換や行列計算など、その基礎となる概念の多くが、2次元の実数ベクトルで説明できるという特徴があります。ここでは、線形代数学の主要な要素となる、ベクトル空間、一次変換、行列計算と行列式、そして、固有値と固有ベクトルについて、まずは、2次元の実数ベクトルでその全体像を把握します。

### 第2章　一般次元の実数ベクトル空間

　第1章で説明した内容をより次元の高いベクトル空間に一般化して議論します。一次変換によるベクトル空間の次元の変化が、対応する行列のランクで表わされることを理解した上で、さらに、行列計算の応用として、行列の基本変形による「掃き出し法」を用いた連立一次方程式の解法を説明します。

### 第3章　行列式

　行列の性質を読み解く鍵となる「行列式」について、その定義を厳密に示した上で、交代性と多重線形性などの基本的な性質、あるいは、行列を構成する列ベクトルの一次独立性との関係などを説明します。さらにまた、余因子を用いて、系統的に行列式と逆行列を決定する方法を紹介します。

### 第4章　行列の固有値と対角化

　行列の固有値と固有ベクトルを見つけることで、行列を対角行列に変換する手続きを説明します。特に、実数成分の対称行列は、この手法によって必ず対角化できることが保証されており、対称行列を含むさまざまな問題を簡単化するテクニックとなります。具体例の1つとして、2次曲面の標準形と主軸を求める方法を紹介します。

### 第5章　一般のベクトル空間

　ここでは、ベクトル空間の公理的な取り扱いを説明します。これにより、実数ベクトル空間に限定されない一般的なベクトル空間の性質、特に、基底ベクトルの存在に関する定理が導かれます。また、基底ベクトルを用いた成分表示と一次変換の表現行列の考え方、そして、基底ベクトルの変換に伴うこれらの変換法則を説明します。

ギリシャ文字一覧

# ギリシャ文字一覧

| 大文字 | 小文字 | 読み方 |
|:---:|:---:|:---|
| A | $\alpha$ | アルファ |
| B | $\beta$ | ベータ |
| $\Gamma$ | $\gamma$ | ガンマ |
| $\Delta$ | $\delta$ | デルタ |
| E | $\epsilon$ | イプシロン |
| Z | $\zeta$ | ゼータ |
| H | $\eta$ | イータ |
| $\Theta$ | $\theta$ | シータ |
| I | $\iota$ | イオタ |
| K | $\kappa$ | カッパ |
| $\Lambda$ | $\lambda$ | ラムダ |
| M | $\mu$ | ミュー |
| N | $\nu$ | ニュー |
| $\Xi$ | $\xi$ | グザイ |
| O | $o$ | オミクロン |
| $\Pi$ | $\pi$ | パイ |
| P | $\rho$ | ロー |
| $\Sigma$ | $\sigma$ | シグマ |
| T | $\tau$ | タウ |
| $\Upsilon$ | $\upsilon$ | ユプシロン |
| $\Phi$ | $\phi$ または $\varphi$ | ファイ |
| X | $\chi$ | カイ |
| $\Psi$ | $\psi$ | プサイ |
| $\Omega$ | $\omega$ | オメガ |

# 機械学習に必要な数学

　現在、一般に広く活用されている機械学習は、「統計的機械学習」と呼ばれることもあるように、学習用データを通して、現実世界のデータが持つ確率分布を推定するという考え方が基礎になります。そのため、機械学習の理論的な側面を理解する上では、確率分布や条件付き確率など、確率統計学に関する基本的な計算手法に精通する必要があります。

　次に、機械学習のモデルを数学的に記述する際は、線形演算がその中心となることが多く、行列を用いた表現が多用されます。また、これに関連して、学習データが持つ特徴量を高次元のベクトル空間の要素として表現することもよく行なわれます。そのため、本書の主題でもある線形代数学で学ぶ行列演算の規則、あるいは、基底ベクトルの線形結合といったベクトル空間上の演算手法にも精通することが求められます。

　そして最後に、機械学習の学習処理、すなわち、モデルの最適化では、勾配降下法をはじめとした最適化計算の理解が必要となります。ここでは、解析学（微積分）が重要な基礎知識となります。計算機上で実際に行なう最適化処理としては、勾配降下法が中心となりますが、「何をどのように最適化するべきか」という理論的な導出の過程においては、さまざまな確率分布を含む誤差関数を解析的に調べる必要があります。その意味においては、確率統計学、線形代数学、解析学を組み合わせた総合的な理解こそが、機械学習を支える数学の基礎と言えるでしょう。

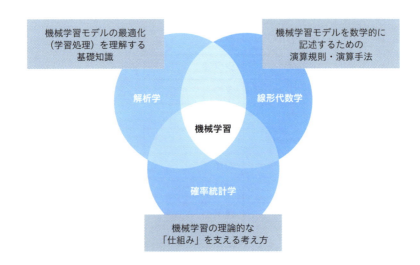

# 目次

はじめに ......................................................................................... iii
本書について .................................................................................... v
ギリシャ文字一覧 ............................................................................ vii
機械学習に必要な数学 ..................................................................... viii

## Chapter 1　2次元実数ベクトル空間

### 1.1　ベクトル空間の定義 ................................................................ 2
　1.1.1　線形代数学の役割 ................................................................ 2
　1.1.2　実数ベクトル空間 ................................................................ 3
　　　● ベクトル空間の公理的な取り扱い ......................................... 6
　1.1.3　基底ベクトル ...................................................................... 6
　1.1.4　縦ベクトルと横ベクトル ..................................................... 8

### 1.2　ベクトルの一次変換 ................................................................ 9
　1.2.1　一次変換の定義 ................................................................... 9
　1.2.2　一次変換の具体例 ............................................................. 12
　1.2.3　一次従属と一次独立 .......................................................... 15

### 1.3　行列の計算 ........................................................................... 17
　1.3.1　行列の定義と基本演算 ...................................................... 17
　1.3.2　$2 \times 2$ 行列の逆行列 ................................................. 21

### 1.4　行列計算の応用 ..................................................................... 25
　1.4.1　連立一次方程式の解 ......................................................... 25
　1.4.2　行列による一次変換の表現 ............................................... 28
　　　● 行列式と面積の関係 .......................................................... 31
　1.4.3　固有値問題と行列の対角化 ............................................... 34

### 1.5　主要な定理のまとめ ............................................................. 42

### 1.6　演習問題 ............................................................................... 45

ix

# Chapter 2　一般次元の実数ベクトル空間

## 2.1　実数ベクトルの $n$ 次元への拡張 ..................................... 48
### 2.1.1　$n$ 次元実数ベクトル空間 ................................ 48
### 2.1.2　一次独立性と基底ベクトル ............................. 50
- 一次独立であることの証明方法 ...................... 51

## 2.2　行列と一次変換の性質 ............................................ 55
### 2.2.1　一次変換の性質 ........................................ 55
- 一次変換が単射になる条件 ............................ 61
### 2.2.2　一次変換と正則行列の関係 ........................... 67
- 一次変換の合成と行列の積 ............................ 69
### 2.2.3　行列のランクと掃き出し法 ........................... 71
### 2.2.4　逆行列の計算方法 ..................................... 80

## 2.3　連立一次方程式の解法 ............................................ 84
### 2.3.1　連立一次方程式と行列の基本操作 ................... 84
### 2.3.2　変数と方程式の数が一致する場合 ................... 85
### 2.3.3　変数と方程式の数が一致しない場合 ................ 90

## 2.4　主要な定理のまとめ .............................................. 93

## 2.5　演習問題 ......................................................... 98

# Chapter 3　行列式

## 3.1　行列式の定義と基本的な性質 ................................... 102
### 3.1.1　行列式の定義 ......................................... 102
### 3.1.2　行列式の交代性と多重線形性 ........................ 104
### 3.1.3　行列式の幾何学的意味 ............................... 107
- 3次元空間における右手系と左手系 ................ 110

3.2 行列式の特徴 113
- 3.2.1 行列式の一意性 113
  - 組み合わせ計算の具体例 116
- 3.2.2 転置行列と積に関する公式 117
- 3.2.3 行列式と一次独立性 122

3.3 行列式の計算手法 125
- 3.3.1 ブロック型行列の行列式 125
  - ブロック型行列の計算規則 129
- 3.3.2 余因子展開と逆行列 130

3.4 主要な定理のまとめ 138

3.5 演習問題 143

## Chapter 4 行列の固有値と対角化

4.1 固有値問題とその解法 146
- 4.1.1 行列の固有値と対角化の関係 146
- 4.1.2 固有方程式による固有値の決定 149
- 4.1.3 固有空間の性質と固有値問題の関係 156
  - ジョルダン標準形 163
- 4.1.4 固有値の性質 165

4.2 対称行列の性質と2次曲面への応用 168
- 4.2.1 ベクトルの内積と直交直和分解 168
- 4.2.2 対称行列の対角化 177
  - 対称行列が対角化できることの別証明 186
- 4.2.3 2次曲面の標準形 187

4.3 主要な定理のまとめ 196

4.4 演習問題 205

## Chapter 5　一般のベクトル空間

**5.1　ベクトル空間の公理** ......................................... 210
- 5.1.1　ベクトル空間と部分ベクトル空間 ....................... 210
- 5.1.2　ベクトル空間の基底ベクトル ............................ 214
  - ● $R^n$以外のベクトル空間の例 ............................ 218
  - ● 無限次元ベクトル空間 ................................... 225

**5.2　ベクトル空間の一次変換** .................................... 226
- 5.2.1　一次変換の定義と行列による表現 ....................... 226
  - ● ベクトル空間の同型 ..................................... 231
- 5.2.2　基底ベクトルの変換 ..................................... 232

**5.3　主要な定理のまとめ** ........................................ 241

**5.4　演習問題** .................................................. 247

## Appendix A　演習問題の解答

**A.1　第1章** ................................................... 252

**A.2　第2章** ................................................... 256

**A.3　第3章** ................................................... 263

**A.4　第4章** ................................................... 266

**A.5　第5章** ................................................... 278

**索引** ........................................................ 287

---

**付属データ／会員特典データについて**

　本書の各章末に掲載した「主要な定理のまとめ」を抜き出した小冊子や著者書き下ろしの特典記事（いずれもPDF形式）を翔泳社サイトからダウンロードできます。詳細は奥付（p.292）を参照してください。

# Chapter 1

# 2次元実数ベクトル空間

- 1.1 ベクトル空間の定義
    - 1.1.1 線形代数学の役割
    - 1.1.2 実数ベクトル空間
    - 1.1.3 基底ベクトル
    - 1.1.4 縦ベクトルと横ベクトル
- 1.2 ベクトルの一次変換
    - 1.2.1 一次変換の定義
    - 1.2.2 一次変換の具体例
    - 1.2.3 一次従属と一次独立
- 1.3 行列の計算
    - 1.3.1 行列の定義と基本演算
    - 1.3.2 $2 \times 2$ 行列の逆行列
- 1.4 行列計算の応用
    - 1.4.1 連立一次方程式の解
    - 1.4.2 行列による一次変換の表現
    - 1.4.3 固有値問題と行列の対角化
- 1.5 主要な定理のまとめ
- 1.6 演習問題

線形代数学の興味深い特性の1つに、一次変換や行列計算など、その基礎となる概念の多くが、2次元の実数ベクトルを用いて説明できるという点があります。本章では、2次元の実数ベクトルを用いて、線形代数の基本概念を理解します。ここでは、すべての事柄に厳密な証明を与えることはせず、まずは、直感的な理解を得ることを目的とします。

# 1.1 ベクトル空間の定義

## 1.1.1 線形代数学の役割

　線形代数学は、1次式で表わされる関係を統一的に扱う数学と言えます。ここでいう1次式とは、変数 $x, y, \cdots$ に対して、$ax + by + \cdots$ のように、その1次の項だけからなる関係式を表わします。工学や物理学で現われる関係は、そのすべてが1次式で表わされるわけではありませんが、変数の値の変化が小さい場合など、近似的に1次式で表現することで、実用的には問題ないというケースがあります。一例として、バネの及ぼす力は、バネの変位に比例するという「フックの法則」があります。これは、バネの変位が小さい場合に、近似的に成り立つ関係です。あるいは、ゲームに登場するキャラクターの拡大、縮小、回転といった処理も1次式で表現することができます（図1.1）。

図1.1　線形代数学の応用例

　このように、線形代数学には広い応用範囲があるわけですが、さまざまな1次式の関係を「ベクトルの一次変換」という形で統一的に記述する点に大きな特徴があります。つまり、1次式で表わされる実際の対象物のことを一旦忘れて、その背後にある数学的

な構造だけを議論していきます。そして、そこから得られる結果である、固有値や固有ベクトルなどの性質は、1次式で表わされるすべての現象について当てはめることができるというわけです。

このような汎用性の高さが線形代数学の大きな特徴です。本章では、数字を並べただけの少しばかり抽象的な実数ベクトル、あるいは、行列の性質を2次元の空間に限定して説明していきます。基底ベクトルを用いた表現や行列を用いた一次変換の計算方法など、基本的な計算方法をまずは確実におさえておきましょう。

## 1.1.2 実数ベクトル空間

$(x, y)$座標を導入した2次元平面上の任意の点は、$(0,0)$, $(1,0)$, $(2,3)$のように、$x$座標と$y$座標の2つの実数値によって表わすことができます。このような2つの実数値の組$(x, y)$をすべて集めた集合を$\mathbf{R}^2$という記号で表わします[※1]。これは、集合の内包表記を用いると、次のように表わすことができます。

$$\mathbf{R}^2 = \{(x, y) \mid x, y \in \mathbf{R}\}$$

ここでは、$(x, y)$における$x$を第1成分、$y$を第2成分と呼ぶことにします。

次に、$k$を任意の実数とするとき、$\mathbf{R}^2$の要素$(a, b)$に対して、その$k$倍を次のように定義します。

$$k(a, b) = (ka, kb) \tag{1-1}$$

さらに、$(a, b)$と$(c, d)$の和を次のように定義します。

$$(a, b) + (c, d) = (a + c, b + d) \tag{1-2}$$

これらの操作は、図1.2のように図形的に解釈することもできます。このように、集合$\mathbf{R}^2$について、(1-1)（実数倍）と(1-2)（加法）の演算を導入したものを2次元の実数ベクトル空間と呼びます[※2]。また、実数ベクトル空間の個々の要素を実数ベクトル

---

[※1] $\mathbf{R}$はすべての実数を集めた集合です。$\mathbf{R}^2$は、「$\mathbf{R}$の要素を2つあわせた組」という意味で、$\mathbf{R}$の値を2乗するわけではありません。

[※2] $\mathbf{R}^2$は、2次元実数空間など、他の名称で呼ばれることもあります。本書では、実数値の組で構成したベクトル空間を「実数ベクトル空間」、その要素を「実数ベクトル」と統一的に表記します。

と呼びます。実数ベクトルというのは、見かけ上は、$\mathbf{R}^2$の要素、すなわち、2つの実数の組にすぎませんが、それぞれの要素を実数倍したり、要素どうしの和を取るといった計算ができることが暗黙に仮定されているものと考えてください。

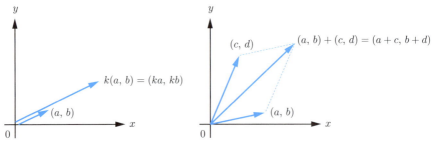

図1.2　実数ベクトルの定数倍と和

　ここで、実数ベクトルを$\mathbf{a}$のように太字の記号で表わすことにします。見かけは1文字ですが、実際には、$\mathbf{a} = (3,5)$のように、2つの実数の組を表わします。この記法を用いると、実数ベクトルの演算が満たす基本的な性質を次のようにまとめることができます。ここで$\mathbf{R}$は実数全体の集合を表わします。

1. 任意の$\mathbf{a}, \mathbf{b} \in \mathbf{R}^2$について、$\mathbf{a} + \mathbf{b} = \mathbf{b} + \mathbf{a}$が成り立つ。
2. 任意の$\mathbf{a}, \mathbf{b}, \mathbf{c} \in \mathbf{R}^2$について、$(\mathbf{a} + \mathbf{b}) + \mathbf{c} = \mathbf{a} + (\mathbf{b} + \mathbf{c})$が成り立つ。
3. ある$\mathbf{0} \in \mathbf{R}^2$が存在して、任意の$\mathbf{a} \in \mathbf{R}^2$について、$\mathbf{a} + \mathbf{0} = \mathbf{a}$が成り立つ。
4. 任意の$\mathbf{a} \in \mathbf{R}^2$について、$\mathbf{a} + \mathbf{x} = \mathbf{0}$を満たす$\mathbf{x} \in \mathbf{R}^2$が$\mathbf{a}$に応じて存在する（$\mathbf{0}$は、3. の性質を満たす要素）。
5. 任意の$\mathbf{a} \in \mathbf{R}^2$について、$1 \cdot \mathbf{a} = \mathbf{a}$が成り立つ。
6. 任意の$k, l \in \mathbf{R}, \mathbf{a} \in \mathbf{R}^2$について、$k \cdot (l \cdot \mathbf{a}) = (kl) \cdot \mathbf{a}$が成り立つ。
7. 任意の$k, l \in \mathbf{R}, \mathbf{a} \in \mathbf{R}^2$について、$(k+l) \cdot \mathbf{a} = k \cdot \mathbf{a} + l \cdot \mathbf{a}$が成り立つ。
8. 任意の$k \in \mathbf{R}, \mathbf{a}, \mathbf{b} \in \mathbf{R}^2$について、$k \cdot (\mathbf{a} + \mathbf{b}) = k \cdot \mathbf{a} + k \cdot \mathbf{b}$が成り立つ。

　これらは、すべて定義から自明で、特にあらためて証明する必要はないでしょう。3. の$\mathbf{0}$と4. の$\mathbf{x}$は、具体的には、それぞれ、$\mathbf{0} = (0,0)$、および、$\mathbf{x} = (-1) \cdot \mathbf{a}$となります。通常、$(-1) \cdot \mathbf{a}$は$-\mathbf{a}$と略記されます。そして、この記法を用いて、$\mathbf{a}$と$\mathbf{b}$の差が、

$$\mathbf{a} - \mathbf{b} = \mathbf{a} + (-\mathbf{b})$$

と定義されます。これは、実数値の組で表わすと、

$$(a, b) - (c, d) = (a - c, b - d)$$

ということになります。また、3. の条件を満たす $\mathbf{0}$ をゼロベクトル、4. の条件を満たす $\mathbf{x}$ を和の逆元と呼びます。

　ここで、このように自明な事柄をわざわざ公式として書き下したことには、理由があります。「第5章　一般のベクトル空間」では、$\mathbf{R}^2$ に限定しない一般のベクトル空間を定義しますが、そこでは、1. 〜 8. の性質がベクトル空間の定義そのものとなります（p.6「ベクトル空間の公理論的な取り扱い」を参照）。たとえば、図1.2では、2次元の実数ベクトルを $(x, y)$ 平面上の矢印として表現していますが、2つの実数の組という素性を忘れて、平面上の「矢印」（方向と長さが定義された幾何学的な対象物）そのものをベクトルと定義することも可能です。$\mathbf{a}$ が1つの矢印を表わすとき、$k \cdot \mathbf{a}$ は長さを $k$ 倍した矢印、そして、$\mathbf{a}$ と $\mathbf{b}$ が2つの矢印を表わすとき、$\mathbf{a} + \mathbf{b}$ は、2つの矢印を図1.3のように合成して得られる矢印と定義すれば、あらゆる矢印を集めた集合は、1. 〜 8. の性質、つまり、ベクトル空間の定義を満たします。このように、平面上の矢印をベクトルと見なしたものを2次元の幾何ベクトルと呼びます。

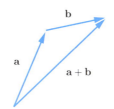

図1.3　幾何ベクトルの合成

　実数ベクトルと幾何ベクトルは、ベクトル空間としては同じ性質を持っているので、実数ベクトルに関する性質を考える際は、幾何ベクトルにおける「矢印」の操作をイメージとして参考にすることができます。実際、この後、実数ベクトルに関する性質を説明する際は、幾何ベクトルの矢印として表わした図を用いることがあります。ただし、実数ベクトルと幾何ベクトルは、集合そのものとしては別物なので、その点は混同しないように注意が必要です。

### ベクトル空間の公理論的な取り扱い

　本文で紹介した1.～8.の性質は、2次元の実数ベクトル空間$\mathbf{R}^2$を前提として記載していますが、一般に$n$次元の実数ベクトル空間でも同じ性質が成り立ちます。また、これと同じ性質を満たす「もの」の集まりが、この他にも数学の世界にはたくさんあり、これらを統一的に扱うための道具が一般のベクトル空間になります。そこでは、1.～8.の性質が成り立つことが一般のベクトル空間の「定義」となります。ベクトル空間について何らかの性質を証明する際に、1.～8.の性質だけを用いる約束にしておけば、そこで証明された内容は、すべてのベクトル空間に対して適用できることになるというわけです。

　このように、特定の対象物を前提とせずに、それが満たすべき性質（今の場合は、1.～8.の性質）だけを決めて、そこから、どのような結果が得られるのかを調べていく方法を数学の世界では、公理論的な取り扱いと言います。本章では、あくまで2次元の実数ベクトルを用いて説明を進めますが、その多くの結果は、一般のベクトル空間にも当てはまります。その背景には、このような公理論的な取り扱いが隠されています。言い換えると、本章の多くの結果は、1.～8.の性質だけを用いて証明することができるのです。

## 1.1.3　基底ベクトル

$\mathbf{R}^2$の中で、特に、次の2つの要素を標準基底と呼びます[※3]。

$$\mathbf{e}_1 = (1, 0) \qquad (1\text{-}3)$$
$$\mathbf{e}_2 = (0, 1) \qquad (1\text{-}4)$$

$\mathbf{R}^2$の任意の要素$\mathbf{x}$は、これらの標準基底を用いて、

$$\mathbf{x} = a\mathbf{e}_1 + b\mathbf{e}_2 \qquad (1\text{-}5)$$

のように表わすことができます[※4]。次のように書き表わすとすぐにわかるように、上記の2つの係数$a, b$は、$\mathbf{x}$の成分$(a, b)$に一致します。

$$(a, b) = a(1, 0) + b(0, 1)$$

---

[※3]　幾何ベクトルとして解釈するならば、それぞれ、$x$軸と$y$軸の方向を向いた長さが1の矢印になります。標準基底に限定しない、一般の基底については、この後ですぐに説明します。

[※4]　これ以降、一般の定数ベクトルを太字の$\mathbf{x}$で表わします。成分を表わす小文字の$x$と混同しないように注意してください。

そして、(1-5)の関係が成り立つとき、「$\mathbf{x}$ は $\mathbf{e}_1$ と $\mathbf{e}_2$ の線形結合（もしくは、一次結合）である」と言います。言い換えると、$\mathbf{R}^2$ のすべての要素は、標準基底の線形結合で表わすことができます。ただし、標準基底の他にも、2つの要素 $\mathbf{e}_1'$, $\mathbf{e}_2'$ を用いて、$\mathbf{R}^2$ のすべての要素を線形結合で表わすことは可能です。次の例を考えてみましょう。

$$\mathbf{e}_1' = (1, 1)$$
$$\mathbf{e}_2' = (-1, 1)$$

この場合、たとえば、$\mathbf{x} = (2, 3)$ に対して、

$$\mathbf{x} = a\mathbf{e}_1' + b\mathbf{e}_2'$$

が成り立つとすると、

$$(2, 3) = a(1, 1) + b(-1, 1) \qquad \text{(1-6)}$$
$$= (a - b, \, a + b)$$

と書けることから、第1成分と第2成分を別々に等置して、

$$2 = a - b$$
$$3 = a + b$$

という関係が得られます。この連立方程式の解として、$a$ と $b$ の値が一意に決まります。このように、任意の要素を線形結合で表わすことができる組 $\mathbf{e}_1'$, $\mathbf{e}_2'$ を実数ベクトル空間 $\mathbf{R}^2$ の基底ベクトルと呼びます[5]。

ある要素 $\mathbf{x}$ を基底ベクトルの線形結合で表わすことは、図1.4のように、図形的に解釈することもできます。左は、先ほど定義した $\mathbf{e}_1'$, $\mathbf{e}_2'$ を用いた例で、右は、これとは別の $\mathbf{e}_1'$, $\mathbf{e}_2'$ を用いた例です。この図から明らかなように、$\mathbf{e}_1'$ と $\mathbf{e}_2'$ が幾何ベクトルとして互いに平行でなければ、必ず、すべての要素を線形結合で表わすことができます。逆に言うと、$\mathbf{e}_1'$, $\mathbf{e}_2'$ が互いに平行な場合（もしくは、どちらかがゼロベクトルの場合）、これらは基底ベクトルにはなりません。この点については、「1.2.3 一次従属と一次独立」で、より詳しく説明します。

---

[5] この意味では、標準基底は基底ベクトルの特別な例ということになります。

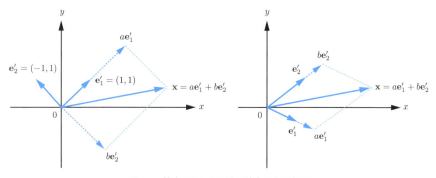

図1.4　基底ベクトルの線形結合による表現

## 1.1.4　縦ベクトルと横ベクトル

　ここまで、$\mathbf{R}^2$の要素を表わすのに、$(x, y)$という表記を用いてきましたが、場合によっては、2つの成分を縦に並べて、

$$\begin{pmatrix} x \\ y \end{pmatrix}$$

と表わしたほうが便利な場合があります。たとえば、(1-6)の関係は、

$$\begin{pmatrix} 2 \\ 3 \end{pmatrix} = a \begin{pmatrix} 1 \\ 1 \end{pmatrix} + b \begin{pmatrix} -1 \\ 1 \end{pmatrix} = \begin{pmatrix} a - b \\ a + b \end{pmatrix}$$

と書き表わすと、成分ごとの対応関係が見やすくなります。一般に、成分を横に並べたものを横ベクトル、縦に並べたものを縦ベクトルと呼びます。今の段階では、これらは表記方法の違いにすぎませんが、この後、行列計算を行なう際は、横ベクトルと縦ベクトルで計算の手続きが変わります。本書では、これ以降は、特に断りがない限り、縦ベクトルを標準的に使用します。ただし、本文中に縦ベクトルを記述すると行間が広がりすぎるというデザイン上の問題があるため、本文中では、縦ベクトルを$(x, y)^\mathrm{T}$と表わします[※6]。これは、実際には、$x$と$y$を縦に並べた縦ベクトルを表わすものと解釈してください。

---

※6　Tは、「1.3.1　行列の定義と基本演算」で説明する転置行列を表わす記号です。

1.2 ベクトルの一次変換

# 1 2 ベクトルの一次変換

## 1.2.1 一次変換の定義

$\mathbf{R}^2$ の要素 $\mathbf{x}$ を別の要素 $\mathbf{x}'$ に写す、次の写像 $\varphi$ を考えます[※7]。ここで、$a, b, c, d$ は任意の実数とします。

$$\varphi : \mathbf{R}^2 \longrightarrow \mathbf{R}^2$$
$$\mathbf{x} = \begin{pmatrix} x \\ y \end{pmatrix} \longmapsto \varphi(\mathbf{x}) = \begin{pmatrix} ax + by \\ cx + dy \end{pmatrix} \tag{1-7}$$

この形の写像を一般に一次変換、もしくは、線形写像と呼びます。この写像には、基底ベクトルの行き先がわかれば、任意の実数ベクトルの行き先が決まるという著しい特徴があります。たとえば、(1-3) (1-4) で定義される標準基底 $\mathbf{e}_1, \mathbf{e}_2$ の行き先を計算すると、次のようになります。

$$\varphi(\mathbf{e}_1) = \begin{pmatrix} a \\ c \end{pmatrix} \tag{1-8}$$

$$\varphi(\mathbf{e}_2) = \begin{pmatrix} b \\ d \end{pmatrix} \tag{1-9}$$

一方、実数ベクトル $\mathbf{x} = (x, y)^{\mathrm{T}}$ を標準基底の線形結合で表わすと、次のようになります。

$$\mathbf{x} = x\mathbf{e}_1 + y\mathbf{e}_2 \tag{1-10}$$

したがって、(1-7) で定義される $\varphi(\mathbf{x})$ について、次の関係が成り立ちます。

$$\varphi(\mathbf{x}) = x\varphi(\mathbf{e}_1) + y\varphi(\mathbf{e}_2) \tag{1-11}$$

これは、次のように成分で表記すれば明らかでしょう。

---

※7　$\varphi$ はギリシャ文字φ（ファイ）の筆記体。写像という用語になじみがない読者は、「関数」と読み替えても問題ありません。

1.2.1　一次変換の定義　**9**

$$\begin{pmatrix} ax+by \\ cx+dy \end{pmatrix} = x\begin{pmatrix} a \\ c \end{pmatrix} + y\begin{pmatrix} b \\ d \end{pmatrix}$$

　ここで、記号を整理して、この結果を見やすくしておきます。まず、標準基底 $\mathbf{e}_1$, $\mathbf{e}_2$ を一次変換した結果を $\mathbf{e}'_1$, $\mathbf{e}'_2$ とします。

$$\mathbf{e}'_1 = \varphi(\mathbf{e}_1)$$
$$\mathbf{e}'_2 = \varphi(\mathbf{e}_2)$$

そして、$\mathbf{x}$ を一次変換した結果を $\mathbf{x}'$ とします。

$$\mathbf{x}' = \varphi(\mathbf{x})$$

すると、(1-11)は、次のように書き直すことができます。

$$\mathbf{x}' = x\mathbf{e}'_1 + y\mathbf{e}'_2 \qquad (1\text{-}12)$$

　(1-10)と(1-12)を比較すると、基底ベクトルの行き先ですべての実数ベクトルの行き先が決まるということがよくわかります。この結果はまた、図1.5のように図示することができて、$(x, y)$ 平面全体が一様に変形される様子がわかります。特に、$(x, y)$ 平面上の直線は、変換後も直線になっているという特徴があります。

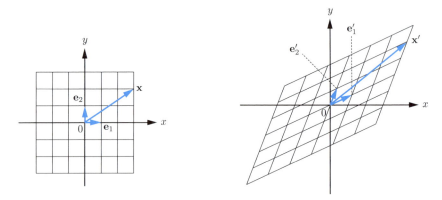

図1.5　一次変換で平面全体が変形される様子

　ここでは、「基底ベクトルの行き先ですべての実数ベクトルの行き先が決まる」とい

う事実について、標準基底を用いて説明しましたが、同じ議論は任意の基底ベクトルについても成り立ちます。基底ベクトル $\mathbf{e}_1'$, $\mathbf{e}_2'$ を任意に決めると、「1.1.3 基底ベクトル」の図 1.4（p.8）のように、$\mathbf{R}^2$ の任意の要素 $\mathbf{x}$ をその線形結合で表わすことができます。

$$\mathbf{x} = a\mathbf{e}_1' + b\mathbf{e}_2' \qquad (1\text{-}13)$$

このとき、$\mathbf{x}$ に (1-7) の一次変換を適用した結果は、次になります。

$$\varphi(\mathbf{x}) = a\varphi(\mathbf{e}_1') + b\varphi(\mathbf{e}_2') \qquad (1\text{-}14)$$

これは、次の手順で証明することができます。まず、基底ベクトルの成分を、

$$\mathbf{e}_1' = \begin{pmatrix} p \\ q \end{pmatrix}, \ \mathbf{e}_2' = \begin{pmatrix} r \\ s \end{pmatrix}$$

とすると、これらは、標準基底を用いて、次のように表わすことができます。

$$\mathbf{e}_1' = p\mathbf{e}_1 + q\mathbf{e}_2 \qquad (1\text{-}15)$$
$$\mathbf{e}_2' = r\mathbf{e}_1 + s\mathbf{e}_2 \qquad (1\text{-}16)$$

したがって、これらに一次変換を適用した結果は、(1-11) と同様に、次で与えられます。

$$\varphi(\mathbf{e}_1') = p\varphi(\mathbf{e}_1) + q\varphi(\mathbf{e}_2) \qquad (1\text{-}17)$$
$$\varphi(\mathbf{e}_2') = r\varphi(\mathbf{e}_1) + s\varphi(\mathbf{e}_2) \qquad (1\text{-}18)$$

一方、(1-15)(1-16) を用いると、(1-13) の $\mathbf{x}$ は、標準基底を用いて次のように書き直すことができます。

$$\mathbf{x} = a(p\mathbf{e}_1 + q\mathbf{e}_2) + b(r\mathbf{e}_1 + s\mathbf{e}_2)$$
$$= (ap + br)\mathbf{e}_1 + (aq + bs)\mathbf{e}_2$$

したがって、これに一次変換を適用すると、次が得られます。

Chapter 1 2次元実数ベクトル空間

$$\varphi(\mathbf{x}) = (ap + br)\varphi(\mathbf{e}_1) + (aq + bs)\varphi(\mathbf{e}_2)$$
$$= a\{p\varphi(\mathbf{e}_1) + q\varphi(\mathbf{e}_2)\} + b\{r\varphi(\mathbf{e}_1) + s\varphi(\mathbf{e}_2)\} \tag{1-19}$$

(1-19)と(1-17)(1-18)を見比べると、確かに(1-14)が成り立つことがわかります。この結果からわかるのは、2次元の実ベクトル空間における一次変換は、任意の基底ベクトル、すなわち、一次独立な2つのベクトルについてその行き先を定めれば、すべての要素 $\mathbf{x}$ の行き先が一意に決まるということです。図1.5に示したように、2つのベクトルの移動にあわせて、$(x, y)$ 平面全体が一様に変形される様子をイメージするようにしてください。次項では、その他の典型的な変形パターンを紹介していきます。

## 1.2.2 一次変換の具体例

ここでは、主要な一次変換の具体例を紹介します。前項で触れたように、標準基底の像(1-8)(1-9)によって変換の全体像が決まるので、それぞれ、標準基底がどのように変化するかを示します。ここでは、標準基底の変換先を $\mathbf{e}_1' = \varphi(\mathbf{e}_1)$, $\mathbf{e}_2' = \varphi(\mathbf{e}_2)$ と表わします。また、各図の $\mathbf{x}'$ は、図1.5（左）に示した $\mathbf{x} = 3\mathbf{e}_1 + 2\mathbf{e}_2$ の変換先を示します。

- $x$ 軸方向の拡大（図1.6：左） $\quad \mathbf{e}_1' = \begin{pmatrix} 2 \\ 0 \end{pmatrix}, \ \mathbf{e}_2' = \begin{pmatrix} 0 \\ 1 \end{pmatrix}$

- $y$ 軸方向の拡大（図1.6：右） $\quad \mathbf{e}_1' = \begin{pmatrix} 1 \\ 0 \end{pmatrix}, \ \mathbf{e}_2' = \begin{pmatrix} 0 \\ 2 \end{pmatrix}$

- $x$ 軸方向のせん断[8]（図1.7：左） $\quad \mathbf{e}_1' = \begin{pmatrix} 1 \\ 0 \end{pmatrix}, \ \mathbf{e}_2' = \begin{pmatrix} 1 \\ 1 \end{pmatrix}$

- $y$ 軸方向のせん断（図1.7：右） $\quad \mathbf{e}_1' = \begin{pmatrix} 1 \\ 1 \end{pmatrix}, \ \mathbf{e}_2' = \begin{pmatrix} 0 \\ 1 \end{pmatrix}$

- $x$ 軸方向の反転（図1.8：左） $\quad \mathbf{e}_1' = \begin{pmatrix} -1 \\ 0 \end{pmatrix}, \ \mathbf{e}_2' = \begin{pmatrix} 0 \\ 1 \end{pmatrix}$

- $y$ 軸方向の反転（図1.8：右） $\quad \mathbf{e}_1' = \begin{pmatrix} 1 \\ 0 \end{pmatrix}, \ \mathbf{e}_2' = \begin{pmatrix} 0 \\ -1 \end{pmatrix}$

---

[8] 「せん断」とは、直方体の箱の上下の面に対して、互いに逆向きの水平方向の力を加えて、斜めに押しつぶすような変形を表わします。

- 原点中心に45度回転（図1.9） $\mathbf{e}'_1 = \begin{pmatrix} \frac{1}{\sqrt{2}} \\ \frac{1}{\sqrt{2}} \end{pmatrix}$, $\mathbf{e}'_2 = \begin{pmatrix} -\frac{1}{\sqrt{2}} \\ \frac{1}{\sqrt{2}} \end{pmatrix}$

- 平面全体を直線に圧縮（図1.10） $\mathbf{e}'_1 = \begin{pmatrix} 1 \\ 1 \end{pmatrix}$, $\mathbf{e}'_2 = \begin{pmatrix} 1 \\ 1 \end{pmatrix}$

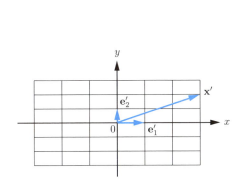
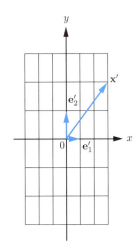

図1.6 $x$軸方向、および、$y$軸方向の拡大

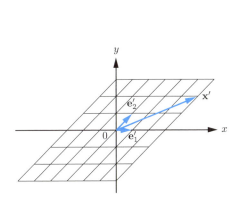
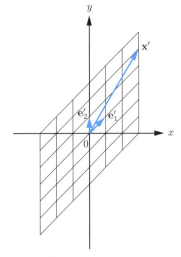

図1.7 $x$軸方向、および、$y$軸方向のせん断

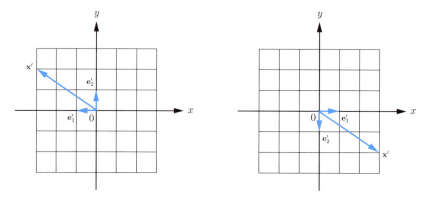

図1.8 $x$軸方向、および、$y$軸方向の反転

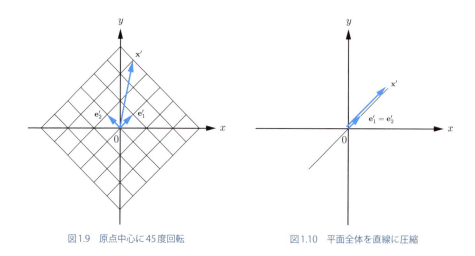

図1.9 原点中心に45度回転　　　図1.10 平面全体を直線に圧縮

　最後を除く例は、すべて、$(x, y)$平面全体を再び$(x, y)$平面全体に移しており、$\mathbf{R}^2$から$\mathbf{R}^2$への全単射の写像になっています[※9]。一方、最後の例は、平面全体が直線へと圧縮されており、全単射ではなくなっています。また、「1.4.2　行列による一次変換の表現」で示すように、複数の一次変換の組み合わせは、再び一次変換となります。さらに、ここで示した、拡大、せん断、回転などの一次変換を組み合わせることで、全単射となる任意の一次変換が表現できることも、同じく「1.4.2　行列による一次変換の表

---

※9　写像の「全射」「単射」「全単射」については、『技術者のための基礎解析学』の「1.1.2　写像とは？」を参照してください。

現」で示されます。

なお、図1.9では、原点中心に45度回転する例をあげていますが、一般に、標準基底を角度 $\theta$ だけ回転したものは、

$$\mathbf{e}'_1 = \begin{pmatrix} \cos\theta \\ \sin\theta \end{pmatrix}, \ \mathbf{e}'_2 = \begin{pmatrix} -\sin\theta \\ \cos\theta \end{pmatrix}$$

となります（図1.11）。これにより、任意の角度だけ回転することができます。

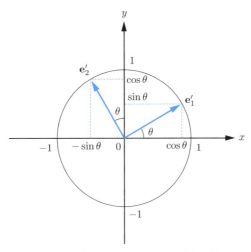

図1.11　標準基底を角度 $\theta$ だけ回転した結果

## 1.2.3　一次従属と一次独立

「1.1.3　基底ベクトル」では、$\mathbf{R}^2$ の任意の要素を線形結合で表わすことができる組 $\mathbf{e}'_1, \mathbf{e}'_2$ を基底ベクトルと呼ぶことを説明しました。幾何ベクトルを用いて考えると、一般に、ある2つの要素 $\mathbf{a}_1, \mathbf{a}_2$ がどちらもゼロベクトルではなく、互いに平行でなければ、これらは基底ベクトルとなります。言い換えると、少なくとも一方がゼロベクトル、もしくは、互いに平行な場合、これらは基底ベクトルにはなりません。この基底ベクトルにならないという条件を数式で示すと、

$$c_1 \mathbf{a}_1 + c_2 \mathbf{a}_2 = \mathbf{0}$$

を満たす $c_1, c_2 \in \mathbf{R}$（$c_1$ と $c_2$ の少なくとも一方は $0$ ではない）が存在すると言うことができます。なぜなら、$c_1, c_2$ がどちらも $0$ でない場合は、

$$\mathbf{a}_1 = -\frac{c_2}{c_1}\mathbf{a}_2$$

と変形できて、$\mathbf{a}_1$ と $\mathbf{a}_2$ は平行であることになり、どちらか一方が $0$ の場合は、もう一方は $0$ でないことから、たとえば、$c_1 = 0, c_2 \neq 0$ とすると、

$$\mathbf{a}_2 = \mathbf{0}$$

となり、$\mathbf{a}_2$ はゼロベクトルになるからです。このような条件を満たす $\mathbf{a}_1, \mathbf{a}_2$ は、互いに一次従属であると言います。一次従属の概念は、より多数の要素についても定義することができて、一般に、複数の要素 $\mathbf{a}_1, \mathbf{a}_2, \cdots, \mathbf{a}_n$ について、

$$c_1\mathbf{a}_1 + \cdots + c_n\mathbf{a}_n = \mathbf{0}$$

を満たす $c_1, \cdots, c_n$（少なくとも $1$ つは $0$ ではない）が存在するとき、$\mathbf{a}_1, \mathbf{a}_2, \cdots, \mathbf{a}_n$ は一次従属であると言います。$2$ 次元の実数ベクトル空間 $\mathbf{R}^2$ においては、$3$ つ以上の要素の組は、必ず一次従属になります。

　そして、これとは逆に、一次従属ではない要素の組は、一次独立であると言います。$\mathbf{R}^2$ の $2$ つの要素 $\mathbf{a}_1, \mathbf{a}_2$ が一次独立であれば、これは基底ベクトルになります。また、ある $\mathbf{a}_1, \mathbf{a}_2$ が一次独立であることを証明するには、

$$c_1\mathbf{a}_1 + c_2\mathbf{a}_2 = \mathbf{0}$$

が成立するのは、$c_1 = c_2 = 0$ のときに限ることを示せばよいことになります。

1.3 行列の計算

# 1 3 行列の計算

## 1.3.1 行列の定義と基本演算

「1.4 行列計算の応用」で見るように、行列とベクトルを組み合わせることで、さまざまな計算が可能となります。ここではまず、その準備として、一般的な形で行列とその演算を定義します。

はじめに、次のように縦横に数字を並べた集まりを行列と定義します。特に断りがない限り、行列に含まれる数は、すべて実数であるものとします▶定義1

$$A = \begin{pmatrix} 18 & -21 \\ 19 & 26 \end{pmatrix}, \quad B = \begin{pmatrix} 9 \\ 59 \end{pmatrix}, \quad C = \begin{pmatrix} 14 & -75 & -3 \\ 88 & -63 & -61 \\ -89 & -73 & 8 \\ 67 & 4 & 52 \end{pmatrix}$$

行列を1つの文字で表わす際は、$A, B, C$ などの大文字を使用します。縦に $m$ 行、横に $n$ 列あるものを $m \times n$ 行列と言います。上記の例では、$A$ は $2 \times 2$ 行列、$B$ は $2 \times 1$ 行列、$C$ は $4 \times 3$ 行列になります。これまでに出てきた横ベクトル $(x, y)$ と縦ベクトル $(x, y)^{\mathrm{T}}$ は、それぞれ、$1 \times 2$ 行列と $2 \times 1$ 行列と見なすこともできます。

また、$m \times n$ 行列 $A$ の $i$ 行 $j$ 列 $(1 \leq i \leq m, 1 \leq j \leq n)$ の位置にある要素を $(i, j)$ 成分と呼び、$A_{ij}$、もしくは、$a_{ij}$ という記号で表わします▶定義2。たとえば、$2 \times 2$ 行列を成分記号を並べて表記すると、次のようになります。

$$A = \begin{pmatrix} A_{11} & A_{12} \\ A_{21} & A_{22} \end{pmatrix}$$

前の添字 $i$ を変化させると縦の位置が変わり、後ろの添字 $j$ を変化させると横の位置が変わる点に注意してください。

次に、$m \times n$ 行列 $A$ の行と列を入れ替えて、$n \times m$ 行列にしたものを $A$ の転置行列と呼び、$A^{\mathrm{T}}$ という記号で表わします▶定義3。たとえば、上記の行列 $A, B, C$ について、転置行列を作ると次のようになります。

1.3.1 行列の定義と基本演算 17

Chapter 1 2次元実数ベクトル空間

$$A^{\mathrm{T}} = \begin{pmatrix} 18 & 19 \\ -21 & 26 \end{pmatrix}, \quad B^{\mathrm{T}} = (9 \ \ 59), \quad C^{\mathrm{T}} = \begin{pmatrix} 14 & 88 & -89 & 67 \\ -75 & -63 & -73 & 4 \\ -3 & -61 & 8 & 52 \end{pmatrix}$$

これは、先ほどの成分記号で表わすと、ちょうど、前と後ろの添字を入れ替えた形になります。

$$A_{ij}^{\mathrm{T}} = A_{ji}$$

行列$A$から転置行列$A^{\mathrm{T}}$を作る操作について、一般に「行列$A$の転置を取る」、もしくは、「行列$A$を転置する」という言い方をします。

次に、行列と対比する意味で、5や$-8$などの単一の数値を**スカラー**と呼ぶことがあります。$k$をスカラー値として、任意の行列$A$について、スカラー倍$kA$は、各成分を$k$倍したものとして定義されます▶**定義5** 。$2 \times 2$行列$A$について、成分で表わすと次のようになります。

$$kA = k \begin{pmatrix} A_{11} & A_{12} \\ A_{21} & A_{22} \end{pmatrix} = \begin{pmatrix} kA_{11} & kA_{12} \\ kA_{21} & kA_{22} \end{pmatrix}$$

また、$A$と$B$を同じサイズの行列（$m \times n$行列）とするとき、これらの和は、各成分の和として定義されます▶**定義5** 。$2 \times 2$行列$A, B$について、成分で表わすと次のようになります。サイズが異なる行列の和は、計算できないので注意してください。

$$A + B = \begin{pmatrix} A_{11} & A_{12} \\ A_{21} & A_{22} \end{pmatrix} + \begin{pmatrix} B_{11} & B_{12} \\ B_{21} & B_{22} \end{pmatrix} = \begin{pmatrix} A_{11} + B_{11} & A_{12} + B_{12} \\ A_{21} + B_{21} & A_{22} + B_{22} \end{pmatrix}$$

そして最後に、行列の積を定義します。まず、$A$を$m \times n$行列、$B$を$n \times l$行列とします。このように、$A$の列数と$B$の行数が一致しているとき、積$AB$は$m \times l$行列となり、その$(i, j)$成分は次で計算されます▶**定義6** 。

$$(AB)_{ij} = \sum_{k=1}^{n} A_{ik} B_{kj}$$

この計算は、図1.12のように理解することができます。$AB$の$(i, j)$成分を計算す

18

る際は、$A$の$i$行と$B$の$j$列を取り出して、それぞれの成分を前から順に掛け合わせながら足していきます。$A$の列数と$B$の行数が一致しない場合、これらの積は定義されません。つまり、$AB$が計算できる場合でも、$BA$は計算できるとは限りません。

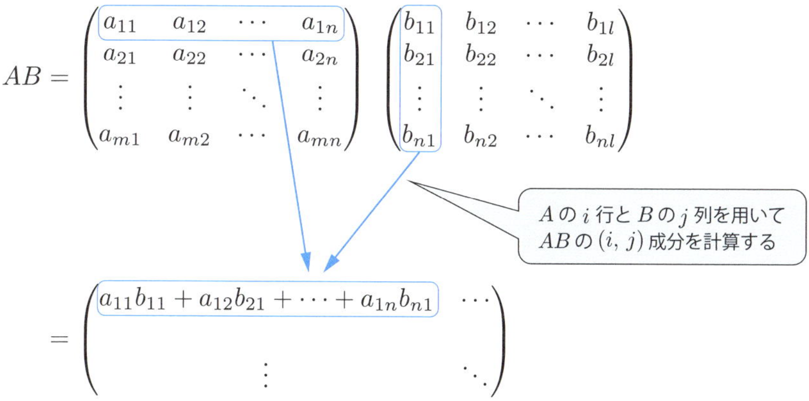

$$AB = \begin{pmatrix} a_{11} & a_{12} & \cdots & a_{1n} \\ a_{21} & a_{22} & \cdots & a_{2n} \\ \vdots & \vdots & \ddots & \vdots \\ a_{m1} & a_{m2} & \cdots & a_{mn} \end{pmatrix} \begin{pmatrix} b_{11} & b_{12} & \cdots & b_{1l} \\ b_{21} & b_{22} & \cdots & b_{2l} \\ \vdots & \vdots & \ddots & \vdots \\ b_{n1} & b_{n2} & \cdots & b_{nl} \end{pmatrix}$$

$A$の$i$行と$B$の$j$列を用いて$AB$の$(i,j)$成分を計算する

$$= \begin{pmatrix} a_{11}b_{11} + a_{12}b_{21} + \cdots + a_{1n}b_{n1} & \cdots \\ \vdots & \ddots \end{pmatrix}$$

図1.12　行列の積を計算する手順

$AB$と$BA$の両方が計算できるのは、$A$が$m \times n$行列で、$B$が$n \times m$行列の場合になります。ただし、この場合でも、$AB$と$BA$の計算結果は一致するとは限りません。$n \neq m$の場合、そもそも、$AB$と$BA$はサイズが異なる行列（$m \times m$行列、および、$n \times n$行列）になりますし、$n = m$の場合においても、一般には、$AB$と$BA$は異なる行列になります。これは、次の簡単な例で確認することができます。$2 \times 2$行列$A$と$B$を

$$A = \begin{pmatrix} 1 & 1 \\ 2 & 2 \end{pmatrix}, \ B = \begin{pmatrix} 1 & 2 \\ 1 & 2 \end{pmatrix}$$

と定義するとき、$AB$と$BA$の計算結果は、それぞれ、次のようになります。

$$AB = \begin{pmatrix} 2 & 4 \\ 4 & 8 \end{pmatrix}, \ BA = \begin{pmatrix} 5 & 5 \\ 5 & 5 \end{pmatrix}$$

ここまで、行列のスカラー倍、和、積を定義しました。行列の積は、交換法則（$AB = BA$）が成り立たないという特別な性質がありましたが、普通の数と同様に成り立つ法則も多くあります。最後に、これらの法則をまとめておきます▶定理1 。まず、

Chapter 1 2次元実数ベクトル空間

スカラー倍について、次が成り立ちます。

$$(k + l) \cdot A = kA + lA$$
$$(kl) \cdot A = k(lA)$$
$$k(A + B) = kA + kB$$

次は、加法の法則です。

$$(A + B) + C = A + (B + C)$$
$$A + B = B + A$$

最後は、乗法の法則です。

$$(AB)C = A(BC)$$
$$A(B + C) = AB + AC$$
$$(A + B)C = AC + BC$$
$$k(AB) = (kA)B = A(kB)$$

これらの法則は、直接の計算で容易に確かめられるので、証明は割愛します。この他には、すべての成分が0である行列をゼロ行列と呼び、記号$O$で表わします▶定義4 。同じ記号$O$を用いていても、行列のサイズが異なる場合があるので、その点は注意が必要です。たとえば、$A$を任意の$m \times n$行列、$O$を$n \times l$行列のゼロ行列とするとき、

$$AO = O$$

が成り立ちますが、上記右辺の$O$は、$m \times l$行列のゼロ行列を表わすことになります。また、$A$を任意の$m \times n$行列、$O$を$m \times n$行列のゼロ行列とするとき、

$$A + O = A$$

が成り立ちます。

また、行数と列数が等しい行列、すなわち、$n \times n$行列を$n$次の正方行列と呼びます▶定義4 。同じサイズの正方行列は積を取っても行列のサイズが変わらず、たとえば、$A, B, C \cdots$をすべて$2 \times 2$行列だとすると、$ABC \cdots$も$2 \times 2$行列となります。

20

また、同じ正方行列$A$を$n$回掛けたものを$A^n$と表わしますが、この記法を用いると、たとえば、$(A + B)^2$といった計算式を考えることができます。それでは、これを展開するとどのようになるでしょうか？　先ほどの乗法の法則を用いて計算すると、次の結果が得られます。

$$\begin{aligned}(A + B)^2 &= (A + B)(A + B) \\ &= A(A + B) + B(A + B) \\ &= A^2 + AB + BA + B^2\end{aligned}$$

行列の掛け算は、勝手に順序を入れ替えることができないので、これを$A^2 + 2AB + B^2$と書き直すことはできない点に注意してください。

## 1.3.2　$2 \times 2$行列の逆行列

前項では、一般のサイズを持った$m \times n$行列について説明しましたが、ここでは、特に$2 \times 2$行列に限定して、逆行列の話を進めます。一般の正方行列に対する逆行列については、「2.2.2　一次変換と正則行列の関係」であらためて議論します。なお、2つの$2 \times 2$行列の積は、$2 \times 2$行列になるので、3つ以上の$2 \times 2$行列$A, B, C, \cdots$について、これらを順番に掛け合わせた$ABC \cdots$も、やはり$2 \times 2$行列になります。本項に限り、これ以降は、行列$A, B, C, \cdots$は、すべて$2 \times 2$行列を表わすものとします。

はじめに、前項で定義したゼロ行列$O$は、$2 \times 2$行列の場合、

$$O = \begin{pmatrix} 0 & 0 \\ 0 & 0 \end{pmatrix}$$

となります。任意の行列$A$に対して、

$$AO = OA = O$$

が成り立つので、積に関して、普通の数の0と同じ役割を持つことがわかります
▶ 定理1 。一方、普通の数の1と同じ役割を持つ行列には、単位行列$I$があります。これは、次のように、対角線上に1が並んだ行列です ▶ 定義4 ※10。

---

※10　一般に、対角成分のみに0以外の値を持つ正方行列を対角行列と呼びます。

Chapter 1 2次元実数ベクトル空間

$$I = \begin{pmatrix} 1 & 0 \\ 0 & 1 \end{pmatrix}$$

直接計算するとすぐにわかるように、任意の行列 $A$ に対して、

$$AI = IA = A$$

が成り立ちます▶定理1 。普通の数字と異なり、行列には「割り算」がないので、行列 $A$ の逆数というものは存在しませんが、行列 $A$ に対して、

$$AB = BA = I$$

を満たす行列 $B$ が存在する場合、これを行列 $A$ の逆行列と呼び、記号 $A^{-1}$ で表わします▶定義7 。

$2 \times 2$ 行列の場合、逆行列は直接計算で発見することができます。具体的には、

$$A = \begin{pmatrix} a & b \\ c & d \end{pmatrix}, \ B = \begin{pmatrix} a' & b' \\ c' & d' \end{pmatrix}$$

とするとき、$AB = I$ を成分表示すると次のようになります。

$$\begin{pmatrix} aa' + bc' & ab' + bd' \\ ca' + dc' & cb' + dd' \end{pmatrix} = \begin{pmatrix} 1 & 0 \\ 0 & 1 \end{pmatrix}$$

ここで、各成分を等値すると、次の連立方程式が得られます。

$$aa' + bc' = 1$$
$$ab' + bd' = 0$$
$$ca' + dc' = 0$$
$$cb' + dd' = 1$$

通常の手続きでこれを解くと、$ad - bc \neq 0$ として、次の解が得られます。

$$a' = \frac{d}{ad - bc}, \ b' = \frac{-b}{ad - bc}, \ c' = \frac{-c}{ad - bc}, \ d' = \frac{a}{ad - bc}$$

そこで、

$$B = \frac{1}{ad - bc} \begin{pmatrix} d & -b \\ -c & a \end{pmatrix}$$

と置くと、これは、$AB = I$ を満たしており、さらに、$BA = I$ も満たすことが直接の計算でわかります。以上により、$ad - bc \neq 0$ の場合は、上記の $B$ が逆行列になっており、

$$A^{-1} = \frac{1}{ad - bc} \begin{pmatrix} d & -b \\ -c & a \end{pmatrix}$$

と決まります。一方、$ad - bc = 0$ の場合は、先ほどの連立方程式には解が存在せず、行列 $A$ には、逆行列は存在しないことになります。この逆行列の存在に関係する値 $ad - bc$ は、行列 $A$ の行列式と呼ばれており、次の記号で表わします[※11]。

$$\det A = ad - bc$$

また、逆行列が存在する行列のことを正則行列と言います▶ **定義7**。これらの用語を用いて、先ほど示した事実を言い直すと、行列 $A$ が正則行列であるための必要十分条件は、$\det A \neq 0$ であり、このとき、逆行列は、

$$A^{-1} = \frac{1}{\det A} \begin{pmatrix} d & -b \\ -c & a \end{pmatrix}$$

で与えられることになります。そして最後に、行列 $A$ と $B$ がどちらも正則行列であるとき、積 $AB$ も正則行列になり、逆行列は、

$$(AB)^{-1} = B^{-1}A^{-1}$$

で与えられます▶ **定理2**。これが逆行列になっていることは、乗法の法則からすぐに

---

※11　det は、「determinant」に由来する記号です。行列 $A$ の行列式を記号 $|A|$ で表わすこともありますが、絶対値の記号とまぎらわしいため、本書では使用しません。

1.3.2　$2 \times 2$ 行列の逆行列　23

Chapter 1 2次元実数ベクトル空間

確認できます[12]。

$$(B^{-1}A^{-1})(AB) = B^{-1}((A^{-1}A)B) = B^{-1}B = I$$
$$(AB)(B^{-1}A^{-1}) = A((BB^{-1})A^{-1}) = A^{-1}A = I$$

なお、これに類似の規則として、積の転置行列について、次の関係が成り立ちます ▶ 定理2 。

$$(AB)^{\mathrm{T}} = B^{\mathrm{T}}A^{\mathrm{T}}$$

こちらは、$(AB)^{\mathrm{T}}$ の $(i, j)$ 成分は、$AB$ の $(j, i)$ 成分であることに注目するとすぐにわかります。まず、$(AB)^{\mathrm{T}}$ の $(i, j)$ 成分を直接に計算すると、次が得られます。

$$(AB)^{T}_{ij} = (AB)_{ji} = \sum_{k=1}^{2} A_{jk}B_{ki}$$

一方、$B^{\mathrm{T}}A^{\mathrm{T}}$ の $(i, j)$ 成分は次で与えられるので、この2つは確かに一致しています。

$$(B^{\mathrm{T}}A^{\mathrm{T}})_{ij} = \sum_{k=1}^{2} B^{\mathrm{T}}_{ik}A^{\mathrm{T}}_{kj} = \sum_{k=1}^{2} B_{ki}A_{jk} = \sum_{k=1}^{2} A_{jk}B_{ki}$$

ここでは、$2 \times 2$ 行列の前提で計算していますが、この関係は、積 $AB$ が計算できるサイズの組み合わせであれば、任意のサイズの $A, B$ について成り立ちます。

---

※12　逆行列を取ると $A$ と $B$ の順序が入れ替わる点がポイントですが、これを「靴下を履いてから靴を履いたら、脱ぐときは、その逆の順番」と説明した教科書がありました。

24

# 1.4 行列計算の応用

## 1.4.1 連立一次方程式の解

　行列計算の簡単な応用に、連立一次方程式の解を求めるという操作があります。たとえば、変数 $(x, y)$ に対する連立一次方程式

$$ax + by = p \tag{1-20}$$
$$cx + dy = q \tag{1-21}$$

を考えます。図形的に考えると、(1-20) と (1-21) は、それぞれ、$(x, y)$ 平面上の直線を表わすので、これらの直線の交点を求めることに他なりません。このとき、$a : b = c : d$ という比例関係が成り立つ場合、2つの直線は平行になるので、解は存在しないか、もしくは、2つの直線が一致して、無数の解が存在するかのどちらかになります（図1.13）。

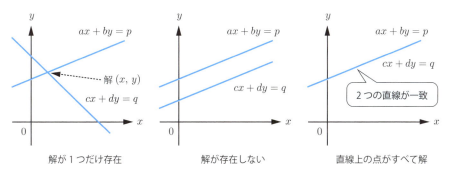

図1.13　連立一次方程式の解の様子

　この状況は、係数を並べた行列の性質として見直すことができます。まず、(1-20) (1-21) は、行列

$$A = \begin{pmatrix} a & b \\ c & d \end{pmatrix}$$

を用いて、次のように書き表わすことができます。

Chapter 1 2次元実数ベクトル空間

$$A \begin{pmatrix} x \\ y \end{pmatrix} = \begin{pmatrix} p \\ q \end{pmatrix} \tag{1-22}$$

したがって、行列$A$が正則行列であれば、この解は、(1-22)の両辺に左から$A^{-1}$を掛けて、

$$\begin{pmatrix} x \\ y \end{pmatrix} = A^{-1} \begin{pmatrix} p \\ q \end{pmatrix}$$

と一意に決まります。これは、2本の直線が1点で交わる状況に対応します。一方、$A$が正則でない場合は、$ad - bc = 0$という条件から、連立一次方程式の係数について、$a : b = c : d$という比例関係が成り立ち、2本の直線が平行となる状況に対応します。2本の直線が一致する場合としない場合の判断は容易なので、その議論は割愛しますが、一致すると仮定した場合、この連立方程式の無数にあるすべての解は、特解と斉次解の組み合わせで表現することができます。まず、特解とは、(1-22)を満たす任意の1つの解$(x_0, y_0)$です。

$$A \begin{pmatrix} x_0 \\ y_0 \end{pmatrix} = \begin{pmatrix} p \\ q \end{pmatrix} \tag{1-23}$$

次に、斉次解は、(1-22)の右辺の定数をどちらも0にした場合の任意の1つの解$(x_1, y_1) \neq (0, 0)$です[※13]。

$$A \begin{pmatrix} x_1 \\ y_1 \end{pmatrix} = \begin{pmatrix} 0 \\ 0 \end{pmatrix} \tag{1-24}$$

このとき、$c$を任意の定数として、次の形で表わされる$(x, y)$は、すべて、もとの連立一次方程式の解になります。

$$\begin{pmatrix} x \\ y \end{pmatrix} = \begin{pmatrix} x_0 \\ y_0 \end{pmatrix} + c \begin{pmatrix} x_1 \\ y_1 \end{pmatrix}$$

---

※13 $(x_1, y_1) \neq (0, 0)$は、$x_1$と$y_1$の少なくとも一方は0でないことを示します。

これが実際に解になっていることは、(1-23)(1-24)を用いて計算すると、次のように確認できます。

$$A \begin{pmatrix} x \\ y \end{pmatrix} = A \begin{pmatrix} x_0 \\ y_0 \end{pmatrix} + cA \begin{pmatrix} x_1 \\ y_1 \end{pmatrix} = \begin{pmatrix} p \\ q \end{pmatrix}$$

図1.14のように、特解は直線上の一点、斉次解は直線の方向を表わすベクトルに対応するので、これより、上記の$(x, y)$がすべての解を与えることがわかります。

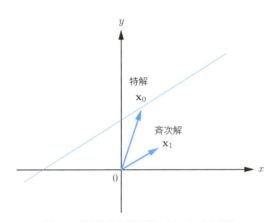

図1.14 特解と斉次解の組み合わせによる解法

最後に、この後の応用のために、特に$p = 0, q = 0$の場合を考えておきます。この場合、$A$が正則行列であれば、

$$\begin{pmatrix} x \\ y \end{pmatrix} = A^{-1} \begin{pmatrix} 0 \\ 0 \end{pmatrix} = \begin{pmatrix} 0 \\ 0 \end{pmatrix}$$

という計算から、連立一次方程式の解は、$(x, y) = (0, 0)$と一意に決まります。一方、$A$が正則行列でない場合は、$(x, y) = (0, 0)$が特解の1つになるので、

$$A \begin{pmatrix} x_1 \\ y_1 \end{pmatrix} = \begin{pmatrix} 0 \\ 0 \end{pmatrix}$$

を満たす斉次解$(x_1, y_1) \neq (0, 0)$を用いて、すべての解は、

Chapter 1　2次元実数ベクトル空間

$$\begin{pmatrix} x \\ y \end{pmatrix} = c \begin{pmatrix} x_1 \\ y_1 \end{pmatrix}$$

という形で表わされます。図形的に言うと、原点を通る $(x_1, y_1)$ 方向の直線上の点が、すべての解になっているということです。

## 1.4.2　行列による一次変換の表現

$2 \times 2$ 行列を用いた計算のもう1つの応用例として、「1.2　ベクトルの一次変換」で説明した内容を行列計算の視点で見直します。ここでも、特に断りがない限り、$A, B, C, \cdots$ は、すべて $2 \times 2$ 行列を表わすものとします。

まず、(1-7)で定義される一次変換は、行列を用いて、次のように書き直すことができます。

$$\varphi : \mathbf{R}^2 \longrightarrow \mathbf{R}^2$$
$$\mathbf{x} = \begin{pmatrix} x \\ y \end{pmatrix} \longmapsto \varphi(\mathbf{x}) = \begin{pmatrix} a & b \\ c & d \end{pmatrix} \begin{pmatrix} x \\ y \end{pmatrix}$$

つまり、任意の一次変換は、適当な $2 \times 2$ 行列 $A$ を用いて、

$$\mathbf{x}' = A\mathbf{x} \tag{1-25}$$

と表現することができます。ここでは、$\mathbf{R}^2$ の要素 $\mathbf{x}$ は $2 \times 1$ 行列と見なして、行列の計算規則を適用しています。逆に、この形の写像は、すべて一次変換になることも容易にわかります。また、2種類の一次変換 $\varphi_1$ と $\varphi_2$ について、それぞれに対応する行列を $A, B$ とすると、合成写像 $\varphi_2 \circ \varphi_1$ は次のように計算されます。

$$\varphi_2 \circ \varphi_1(\mathbf{x}) = \varphi_2(\varphi_1(\mathbf{x})) = B(A\mathbf{x})$$

ここで、行列の計算規則（乗法の法則）を思い出すと、$B(A\mathbf{x}) = (BA)\mathbf{x}$ より、次の関係が成り立ちます。

$$\varphi_2 \circ \varphi_1(\mathbf{x}) = (BA)\mathbf{x} \tag{1-26}$$

これは、一次変換の合成写像は、再び、一次変換になっていることを示すと同時に、ある行列$C$が$C = BA$という関係を満たすとき、$C$に対応する一次変換$\varphi_3$は、$A, B$に対応する一次変換$\varphi_1, \varphi_2$の合成写像$\varphi_3 = \varphi_2 \circ \varphi_1$として得られることを意味します。特に、$A$が逆行列$A^{-1}$を保つ場合、(1-26)で$B = A^{-1}$と置くと、次の関係が得られます。単位行列$I$は、$2 \times 1$行列$\mathbf{x}$に対しても$I\mathbf{x} = \mathbf{x}$が成り立つ点に注意してください。

$$\varphi_2 \circ \varphi_1(\mathbf{x}) = (A^{-1}A)\mathbf{x} = I\mathbf{x} = \mathbf{x}$$

これは、$\varphi_2$は$\varphi_1$の逆写像であることを意味します。つまり、行列$A$に対応する一次変換の逆写像は、行列$A^{-1}$で与えられます。あるいは、これと同じことですが、(1-25)の両辺に左から$A^{-1}$を掛けると、

$$\mathbf{x}' = A\mathbf{x} \ \Leftrightarrow \ \mathbf{x} = A^{-1}\mathbf{x}'$$

という同値関係が得られます。右から左の変形は、両辺に左から$A$を掛けると得られます。これは、任意の$\mathbf{x}'$に対して、$A$が表わす写像の原像が$A^{-1}\mathbf{x}'$として一意に決まることを示します。言い換えると、任意の$\mathbf{x}'$について、一次変換$A$によって、その点にやってくる元の点$\mathbf{x}$が必ず1つだけ存在します。これにより、正則行列$A$が表わす写像は、$\mathbf{R}^2$から$\mathbf{R}^2$への全単射の写像であることがわかります。

それでは、これらの事実をもとにして、一次変換と行列の関係について、いくつかの興味深い事実を示します。まず、「1.2.1 一次変換の定義」では、一次変換は、標準基底

$$\mathbf{e}_1 = \begin{pmatrix} 1 \\ 0 \end{pmatrix}, \ \mathbf{e}_2 = \begin{pmatrix} 0 \\ 1 \end{pmatrix}$$

の像によって一意に決まることを説明しました。そして、一次変換を行列

$$A = \begin{pmatrix} a & b \\ c & d \end{pmatrix}$$

で表わした場合、標準基底の像は、この行列の1列目と2列目に対応して、

$$\mathbf{e}'_1 = \begin{pmatrix} a \\ c \end{pmatrix}, \ \mathbf{e}'_2 = \begin{pmatrix} b \\ d \end{pmatrix} \tag{1-27}$$

で与えられます。このとき、これらの基底ベクトルを幾何ベクトルと見なして、基底ベクトルが張る平行四辺形の面積が、一次変換によってどのように変化するかを考えます。図1.15を見ながら考えると、まず、一次変換をする前の標準基底 $\mathbf{e}_1, \mathbf{e}_2$ は、1辺の長さが1の正方形を張るので、その面積は1です。一方、一次変換を行なった後の $\mathbf{e}'_1, \mathbf{e}'_2$ が張る平行四辺形の面積は、$|ad - bc|$ になります(p.31「行列式と面積の関係」を参照)。図1.15からわかるように、これは、$(x, y)$ 平面上の任意の領域が、この一次変換によって、$|ad - bc|$ 倍に拡大(もしくは、縮小)されることを意味しています。そして、この $|ad - bc|$ という値は、ちょうど、行列式 $\det A$ の絶対値に一致しています。つまり、行列式 $\det A$(の絶対値)は、対応する一次変換の拡大率を与えていることになります。

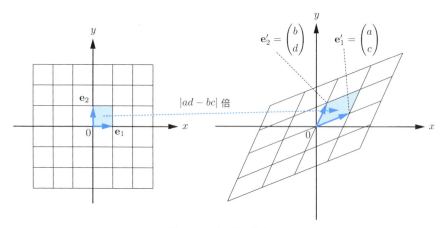

図1.15 一次変換の拡大率

## ● 行列式と面積の関係

本文では、(1-27) の基底ベクトル $\mathbf{e}'_1, \mathbf{e}'_2$ が張る平行四辺形の面積を $|ad - bc|$ と説明しました。たとえば、$\mathbf{e}'_1$ と $\mathbf{e}'_2$ の位置関係を図1.16のように仮定すると、これは簡単に計算できます。まず、$\mathbf{e}'_1, \mathbf{e}'_2$ が張る三角形の面積は、図1.16において、長方形の面積から3箇所の直角三角形の面積を引いて、次のように計算されます。

$$ad - \left\{ \frac{1}{2}ac + \frac{1}{2}bd + \frac{1}{2}(a-b)(d-c) \right\} = \frac{1}{2}(ad - bc)$$

これを2倍することで、求める平行四辺形の面積は、$S = ad - bc$ と決まります。今の場合、$a, b, c, d$ には、図1.16からわかる大小関係

$$ad > bc$$

があるので、これは、$|ad - bc|$ に一致します。

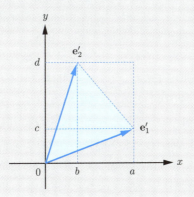

図1.16 $\mathbf{e}'_1, \mathbf{e}'_2$ が張る三角形

これ以外の位置関係の場合も同様に計算することができますが、実は、$\mathbf{e}'_1$ と $\mathbf{e}'_2$ の位置関係に応じて符号を変える約束をすると、これらが張る面積は、絶対値を付けずに、常に $S = ad - bc$ と表わすことができます。具体的には、$\mathbf{e}'_1$ から見て、反時計回り方向の位置に $\mathbf{e}'_2$ がある場合（そちらのほうが回転角が小さい場合）、面積 $S$ は正で、時計回り方向の位置に $\mathbf{e}'_2$ がある場合、面積 $S$ は負の値を取るものと約束します。先ほどの図1.16は、正の値を取る場合に相当します。行列式 $\det A = ad - bc$ は、このような符号ルールを込めた意味での面積を表わしており、逆に言うと、$\det A$ の符号によって、標準基底の変換先である $\mathbf{e}'_1, \mathbf{e}'_2$ の位置関係がわかることにもなります。

一般に基底ベクトルの組 $\mathbf{e}'_1$, $\mathbf{e}'_2$ が反時計回りの位置関係にあるとき、これを右手系、時計回りの位置関係にあるとき、これを左手系と呼びます（図1.17）。標準基底は右手系になるので、$A$ が右手系と左手系を反転させる場合に、行列式 $\det A$ は負になると言うことができます。

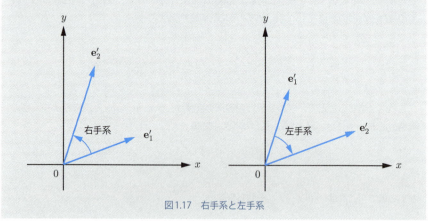

図1.17　右手系と左手系

ここで、特に $\det A = 0$、すなわち、$ad - bc = 0$ となる場合を考えます。これは、$a : c = b : d$ という比例関係を表わしており、図形的に言うと、$\mathbf{e}'_1$, $\mathbf{e}'_2$ が平行（もしくは、どちらかがゼロベクトル）という状態に対応します。つまり、「1.2.2　一次変換の具体例」の図1.10（p.14）のように、平面全体が直線に圧縮される状況に対応しており、この一次変換の拡大率（行列式の絶対値）が0になるという事実と、うまく合致します。さらに、この場合、行列 $A$ が表わす写像は全単射にはならないため、その逆写像を考えることはできません。前述のように、行列 $A$ の写像に対する逆写像は、逆行列 $A^{-1}$ で与えられます。今の場合、$\det A = 0$ で逆行列 $A^{-1}$ が存在しないので、この点も整合性が取れています。

また、「1.2.2　一次変換の具体例」では、いくつかの典型的な一次変換を紹介しましたが、ここで特に、次の3種類の一次変換を行列を用いて表わします。

- $x, y$ 軸方向の拡大（$\alpha$, $\beta$ が負の場合は反転を含む）　$P = \begin{pmatrix} \alpha & 0 \\ 0 & \beta \end{pmatrix}$

- $x$ 軸方向のせん断　$Q = \begin{pmatrix} 1 & \gamma \\ 0 & 1 \end{pmatrix}$

- 原点中心に角度 $\theta$ 回転　$R = \begin{pmatrix} \cos\theta & -\sin\theta \\ \sin\theta & \cos\theta \end{pmatrix}$

実は、これらの行列には、これら3つの積で、任意の正則行列を表現することができるという大きな特徴があります。実際、任意の $a, b, c, d$ に対して、

$$\alpha = \sqrt{a^2 + c^2}, \ \beta = \frac{ad - bc}{\sqrt{a^2 + c^2}}, \ \gamma = \frac{ab + cd}{a^2 + c^2}$$

$$\cos\theta = \frac{a}{\sqrt{a^2 + c^2}}, \ \sin\theta = \frac{c}{\sqrt{a^2 + c^2}} \tag{1-28}$$

と置くと、

$$RPQ = \begin{pmatrix} a & b \\ c & d \end{pmatrix}$$

となることが直接計算で確認できます。正則行列という前提から、$a$ と $c$ が同時に0になることはない点に注意してください。また、(1-28) は、これらの条件を満たす角 $\theta$ を1つ選択するという意味です。

　上記の結果より、正則行列で表わされる任意の一次変換（全単射となる一次変換）は、せん断、拡大、回転の3つの変換をこの順に組み合わせることで実現できることがわかります。さまざまな一次変換に対して、実際に、この3つの組み合わせで実現できるかどうか、頭の中で想像してみるとよいでしょう。

　なお、p.31「行列式と面積の関係」では、行列式 $\det A$ の符号は、標準基底の変換先である $\mathbf{e}_1'$, $\mathbf{e}_2'$ の位置関係に対応することを説明しました。行列 $A$ が表わす一次変換を拡大（反転）、せん断、回転の3つの組み合わせに分解して、$A = RPQ$ と表わした場合、基底ベクトルの右手系と左手系を反転させるのは、拡大（反転）$P$ に含ま

1.4.2　行列による一次変換の表現　33

Chapter 1　2次元実数ベクトル空間

る $\alpha, \beta$ のどちらか一方だけが負の場合に限られます。つまり、この場合にのみ、$\det A$ は負の値になるはずです。せん断と回転では、右手系と左手系は反転できない点に注意してください。そして、すぐ後で説明するように、行列の積に対する行列式は、

$$\det A = \det (RPQ) = \det R \cdot \det P \cdot \det Q \tag{1-29}$$

という関係を満たします。今の場合、前述の定義より、必ず $\det Q = 1, \det R = 1$ が成り立つので、

$$\det A = \det P = \alpha\beta$$

という関係が得られます。これは、$\alpha, \beta$ のどちらか一方だけが負の場合にのみ $\det A$ が負になるという事実と合致しています。

　それでは、先ほどの関係 (1-29) を示します。まず、一次変換の拡大率について考えると、行列 $AB$ が表わす一次変換は、$B$ による変換と $A$ による変換を続けて行なうことに相当するので、その拡大率は、$B$ の拡大率と $A$ の拡大率の積で決まります。したがって、$\det(AB)$ の絶対値（変換 $AB$ の拡大率）は $\det A$ の絶対値（変換 $A$ の拡大率）と $\det B$ の絶対値（変換 $B$ の拡大率）の積に一致します。

$$|\det(AB)| = |\det A| \cdot |\det B|$$

　次に、行列式の符号を含めて考えると、$A$ と $B$ の一方だけに反転操作が含まれている場合（$\det A$ と $\det B$ の一方だけが負の場合）、これらを合成した $AB$ もやはり右手系と左手系を反転します。つまり、$\det(AB)$ は負になります。一方、$A$ と $B$ の両方で反転が行なわれる場合（$\det A$ と $\det B$ の両方が負の場合）、これらを合成した $AB$ では、基底ベクトルの位置関係は（2回の反転によって）元に戻るので、$\det(AB)$ は正になります。このように、反転の有無を含めて考えると、符号を含めて

$$\det (AB) = \det A \cdot \det B \tag{1-30}$$

という関係が成り立ちます。3つの行列に対して、これを順次適用すると、

34

$$\det(RPQ) = \det(R(PQ)) = \det R \cdot \det(PQ) = \det R \cdot \det P \cdot \det Q$$

となり、確かに (1-29) が成り立ちます。

　ここでは、一次変換の拡大率を用いて、やや直感的に議論しましたが、$2 \times 2$ 行列の場合であれば、成分計算によって、直接的に確認することもそれほど難しくはないでしょう。一般の正方行列（$n \times n$ 行列）についても同じ関係が成り立ちますが、こちらについては、後ほどあらためて議論することになります。本項の議論を通して、一次変換を行列で表現することにより、行列が持つ性質から、一次変換の特性が説明できることがわかりました。次項では、その特徴的な例として、固有値問題と行列の対角化を説明します。

## 1.4.3　固有値問題と行列の対角化

　固有値問題を説明する前のウォーミングアップとして、次のような一次変換を構成する手続きを考えてみます。2次元の実数ベクトル空間に、任意の基底ベクトル

$$\mathbf{e}_1' = \begin{pmatrix} a \\ c \end{pmatrix}, \ \mathbf{e}_2' = \begin{pmatrix} b \\ d \end{pmatrix} \tag{1-31}$$

が与えられたとき、$\mathbf{e}_1'$ と $\mathbf{e}_2'$ をそれぞれ、$\lambda_1$ 倍と $\lambda_2$ 倍に拡大するという一次変換です[※14]。これは、前項で示した、一次変換の組み合わせで実現することが可能です。具体的には、基底ベクトル $\mathbf{e}_1'$, $\mathbf{e}_2'$ を標準基底 $\mathbf{e}_1$, $\mathbf{e}_2$ に写す行列を $A$、$x$ 軸と $y$ 軸方向にそれぞれ $\lambda_1$ 倍と $\lambda_2$ 倍する行列を $B$、そして最後に、$\mathbf{e}_1$, $\mathbf{e}_2$ を再び $\mathbf{e}_1'$, $\mathbf{e}_2'$ に写す行列を $C$ とします。この3つを組み合わせた一次変換 $D = CBA$ を考えると、これが求めるものになるはずです（図1.18）。「1.2.1　一次変換の定義」の最後に説明したように、一次変換は基底ベクトルの行き先によって一意に決まるので、最終的に $\mathbf{e}_1'$ と $\mathbf{e}_2'$ が、それぞれ、$\lambda_1$ 倍、$\lambda_2$ 倍されていれば、途中の過程によらず、必ず、同じ結果が得られる点に注意してください。

---

※14　λは、ギリシャ文字・ラムダの小文字。

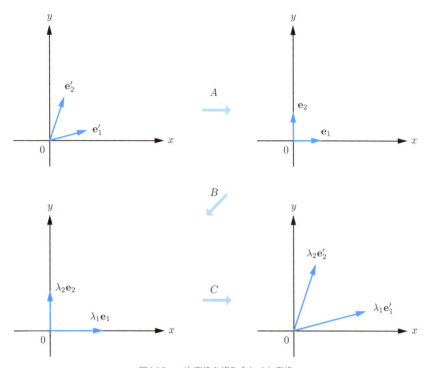

図1.18 一次変換を組み合わせた変換

　それでは、これが本当にうまくいくかどうか、それぞれの変換を実際に用意して確かめてみましょう。まず、最後の $\mathbf{e}_1, \mathbf{e}_2$ を $\mathbf{e}'_1, \mathbf{e}'_2$ に写す行列は簡単です。標準基底の行き先は、対応する行列の各列に対応していたので、今の場合、

$$C = \begin{pmatrix} a & b \\ c & d \end{pmatrix}$$

が答えになります。一方、最初の $\mathbf{e}'_1, \mathbf{e}'_2$ を $\mathbf{e}_1, \mathbf{e}_2$ に写す変換は、これとちょうど逆の操作、すなわち、逆写像になっているので、逆行列を用いて、

$$A = C^{-1} = \frac{1}{ad - bc} \begin{pmatrix} d & -b \\ -c & a \end{pmatrix}$$

と決まります。そして、真ん中にある拡大は、

$$B = \begin{pmatrix} \lambda_1 & 0 \\ 0 & \lambda_2 \end{pmatrix}$$

となります。これらを組み合わせて計算すると、最終的に、

$$D = CBC^{-1} = \frac{1}{ad - bc} \begin{pmatrix} a & b \\ c & d \end{pmatrix} \begin{pmatrix} \lambda_1 & 0 \\ 0 & \lambda_2 \end{pmatrix} \begin{pmatrix} d & -b \\ -c & a \end{pmatrix}$$

$$= \frac{1}{ad - bc} \begin{pmatrix} \lambda_1 ad - \lambda_2 bc & -(\lambda_1 - \lambda_2)ab \\ (\lambda_1 - \lambda_2)cd & -\lambda_1 bc + \lambda_2 ad \end{pmatrix} \quad \text{(1-32)}$$

が得られます。この行列$D$を用いて、(1-31)の$\mathbf{e}_1'$, $\mathbf{e}_2'$をそれぞれ変換すると、直接計算によって、

$$D\mathbf{e}_1' = \lambda_1 \mathbf{e}_1'$$
$$D\mathbf{e}_2' = \lambda_2 \mathbf{e}_2'$$

という関係が成り立ち、確かに、求める一次変換になっていることがわかります。

　それでは、この議論を踏まえて、固有値問題について説明します。一般に正方行列（今の場合は$2 \times 2$行列）$A$に対して、ある定数$\lambda$を用いて、

$$A\mathbf{x} = \lambda\mathbf{x} \quad \text{(1-33)}$$

という関係が成り立つベクトル$\mathbf{x} \neq \mathbf{0}$があったとき、これを行列$A$の固有ベクトルと呼び、対応する定数$\lambda$をその固有値と呼びます。前述の例では、$\mathbf{e}_1'$と$\mathbf{e}_2'$は、それぞれ、行列$D$に対する、固有値$\lambda_1$, $\lambda_2$の固有ベクトルになっています。なお、$\mathbf{x}$が(1-33)を満たすとき、任意の定数$c \neq 0$に対して、

$$A(c\mathbf{x}) = \lambda(c\mathbf{x})$$

が成り立つので、$c\mathbf{x}$も同じ固有値$\lambda$の固有ベクトルになります。つまり固有ベクトルには、定数倍の任意性があります。また、同じベクトル$\mathbf{x}$が異なる固有値$\lambda_1$と$\lambda_2$の両方の固有ベクトルになることはありません。仮に、両方の固有ベクトルだとすると、

Chapter 1　2次元実数ベクトル空間

$$Ax = \lambda_1 x$$
$$Ax = \lambda_2 x$$

が成り立ちますが、両辺をそれぞれ引くと、

$$0 = (\lambda_1 - \lambda_2)x$$

が得られます。$x \neq 0$ であることから、これは、$\lambda_1 = \lambda_2$ を意味するので、異なる固有値という前提に矛盾することになります。

　それでは次に、行列 $A$ が固有ベクトルを持つかどうかを判定する方法を考えます。まず、あるベクトル $x \neq 0$ が固有値 $\lambda$ の固有ベクトルだとすると、

$$Ax = \lambda x$$

より、

$$(A - \lambda I)x = 0$$

という関係が成り立ちます。ここでは、$Ix = x$ という関係を利用しています。これは、$B = A - \lambda I$ として、

$$Bx = 0$$

と書けますが、$x = (x, y)^{\mathrm{T}}$ と成分表示して考えると、「1.4.1　連立一次方程式の解」の最後に議論した連立一次方程式と同じものです。したがって、この連立一次方程式の解として $x$ が決まることになります。仮に $B$ が正則行列だとすると、$x = 0$ となるので、固有ベクトルは存在しないことになります。したがって、固有ベクトルが存在するための必要条件として、$\det B = 0$、すなわち、

$$\det (A - \lambda I) = 0 \tag{1-34}$$

という関係式が得られます。ここで、

38

$$A = \begin{pmatrix} a & b \\ c & d \end{pmatrix}$$

とおいて、(1-34) の左辺を成分表示すると、

$$\det \left\{ \begin{pmatrix} a & b \\ c & d \end{pmatrix} - \lambda \begin{pmatrix} 1 & 0 \\ 0 & 1 \end{pmatrix} \right\} = \det \begin{pmatrix} a-\lambda & b \\ c & d-\lambda \end{pmatrix} = \lambda^2 - (a+d)\lambda + (ad-bc)$$

が得られるので、(1-34) は、次の $\lambda$ に関する二次方程式となります。

$$\lambda^2 - (a+d)\lambda + (ad-bc) = 0 \qquad\qquad (1\text{-}35)$$

(1-34)、もしくは、(1-35) を行列 $A$ の固有方程式と言います。複素数の範囲を含めて考えると、固有方程式は必ず解を持ちますが、ここでは、実数の固有値に限定して話を進めます。この場合、上記の固有方程式が実数解 $\lambda$ を持つことが固有ベクトルが存在する必要条件となります。

そして、固有方程式が2つの相異なる実数解 $\lambda = \lambda_1, \lambda_2$ を持つ場合、必ず、それぞれに対応する固有ベクトルが存在することが言えます。たとえば、$\lambda = \lambda_1$ の場合を考えると、固有ベクトルの条件は、

$$(A - \lambda_1 I)\mathbf{x} = \mathbf{0}$$

と書けて、この連立一次方程式の解として、固有ベクトル $\mathbf{x}$ が決まります。今、$\lambda_1$ は、$\det(A - \lambda_1 I) = 0$ を満たすという前提なので、「1.4.1　連立一次方程式の解」の最後に議論したように、上記の連立一次方程式は、原点を通る同一の直線に対応しており、直線上の任意の一点を $\mathbf{x}_1$ として、すべての解は、

$$\mathbf{x} = c\mathbf{x}_1$$

と書き表わすことができます。前述のように、固有ベクトルには定数倍の任意性があるので、これが定数 $c$ の任意性として現われています。ここでは、特に長さが1のベクトルを固有ベクトル $\mathbf{x}_1$ として採用することにします[15]。もう1つの解 $\lambda = \lambda_2$ についても

---

※15　ベクトルを定数倍して、長さを1に調整することをベクトルの正規化と呼びます。

Chapter 1 2次元実数ベクトル空間

同じ議論が適用できて、長さが1の固有ベクトル $\mathbf{x}_2$ が存在します。

このとき、2つの固有ベクトル $\mathbf{x}_1$, $\mathbf{x}_2$ は、必ず、一次独立になります。前述のように、同じベクトルが異なる固有値の固有ベクトルになることはないからです。なお、(1-35) の固有方程式が重解を持つ場合は、少し特別な取り扱いが必要になります。この場合については、「4.1.3　固有空間の性質と固有値問題の関係」で詳しく取り扱うので、ここでは議論を割愛します。

とりあえずは、ここまでの議論により、行列 $A$ の固有方程式が相異なる実数解 $\lambda = \lambda_1, \lambda_2$ を持つ場合、互いに一次独立な固有ベクトル $\mathbf{x}_1$, $\mathbf{x}_2$ を持つことがわかりました。最後に、行列 $A$ がこのような条件を満たす場合、これは、冒頭のウォーミングアップで構成した行列 $D$ と構造が一致する点を指摘しておきます。どういうことかと言うと、これらの固有ベクトルは、条件式

$$A\mathbf{x}_1 = \lambda_1 \mathbf{x}_1$$
$$A\mathbf{x}_2 = \lambda_2 \mathbf{x}_2$$

を満たすわけですが、これは、冒頭の問題における基底ベクトル $\mathbf{e}'_1$, $\mathbf{e}'_2$ が満たす条件とまったく同じです。したがって、冒頭の問題と同じ議論を適用すると、標準基底 $\mathbf{e}_1$, $\mathbf{e}_2$ を $\mathbf{x}_1$, $\mathbf{x}_2$ に写す変換を表わす行列を $C$ として、

$$A = C \begin{pmatrix} \lambda_1 & 0 \\ 0 & \lambda_2 \end{pmatrix} C^{-1}$$

という関係が成り立つはずです。そして、この両辺に、左から $C^{-1}$、右から $C$ を掛けると、次の関係が得られます。

$$C^{-1}AC = \begin{pmatrix} \lambda_1 & 0 \\ 0 & \lambda_2 \end{pmatrix} \tag{1-36}$$

(1-36) の右辺のように、対角成分（行と列の番号が一致する成分）を除いて、その他の成分がすべて0になっている正方行列を対角行列と言います。そしてまた、一般に、ある正方行列 $A$ に対して、(1-36) のように、正則行列 $C$ とその逆行列 $C^{-1}$ を両側から掛けて、対角行列に変換することを行列の対角化と言います。

すべての行列が対角化できるわけではありませんが、上記の例のように、対角化可能

40

な行列が存在した場合、これは、固有値、固有ベクトルと深い関わりを持つことになります。具体的に言うと、対角化した際に現われる対角成分は、もとの行列の固有値であり、対角化に使用する行列$C$の各列は、固有ベクトルの成分に一致します。これは、先ほどの構成方法からも明らかですが、直接の計算で確認することもできます。(1-36)の両辺に左から$C$を掛けて

$$AC = C \begin{pmatrix} \lambda_1 & 0 \\ 0 & \lambda_2 \end{pmatrix}$$

と変形した後に、

$$A = \begin{pmatrix} a & b \\ c & d \end{pmatrix}, \ C = \begin{pmatrix} p & q \\ r & s \end{pmatrix}$$

と置いて成分表示すると、次の関係が得られます。

$$\begin{pmatrix} ap + br & aq + bs \\ cp + dr & cq + ds \end{pmatrix} = \begin{pmatrix} \lambda_1 p & \lambda_2 q \\ \lambda_1 r & \lambda_2 s \end{pmatrix}$$

両辺の各成分を見比べると、これは、固有ベクトルの条件式

$$A \begin{pmatrix} p \\ r \end{pmatrix} = \lambda_1 \begin{pmatrix} p \\ r \end{pmatrix}$$
$$A \begin{pmatrix} q \\ s \end{pmatrix} = \lambda_2 \begin{pmatrix} q \\ s \end{pmatrix}$$

と同等であることがわかります。

Chapter 1　2次元実数ベクトル空間

# 1.5 主要な定理のまとめ

　ここでは、行列の計算に関して、本章で示した主要な事実を定理、および、定義としてまとめておきます[※16]。

### 定義1　行列

　次のように縦横に数字を並べた集まりを行列と呼ぶ。本書では、特に断りがない限り、行列に含まれる数は、すべて実数とする。

$$A = \begin{pmatrix} 18 & -21 \\ 19 & 26 \end{pmatrix}, \quad B = \begin{pmatrix} 9 \\ 59 \end{pmatrix}, \quad C = \begin{pmatrix} 14 & -75 & -3 \\ 88 & -63 & -61 \\ -89 & -73 & 8 \\ 67 & 4 & 52 \end{pmatrix}$$

　行列を1つの文字で表わす際は、$A, B, C$などの大文字を使用する。縦に$m$行、横に$n$列あるものを$m \times n$行列と呼ぶ。

### 定義2　行列の成分

　$m \times n$行列$A$の$i$行$j$列$(1 \leq i \leq m, 1 \leq j \leq n)$の位置にある要素を$(i, j)$成分と呼び、$A_{ij}$、もしくは、$a_{ij}$という記号で表わす。

### 定義3　転置行列

　$m \times n$行列$A$の行と列を入れ替えて、$n \times m$行列にしたものを$A$の転置行列と呼び、$A^{\mathrm{T}}$という記号で表わす。行列の成分で表記すると、次の関係が成り立つ。

$$A_{ij}^{\mathrm{T}} = A_{ji}$$

### 定義4　正方行列・対角行列・単位行列・ゼロ行列

　$n \times n$行列（行数と列数が一致する行列）を$n$次の正方行列と呼ぶ。

　さらに、対角成分（行と列の番号が一致する成分）を除いて、その他の成分がすべて0になっている正方行列を対角行列と呼ぶ。特に、対角成分がすべて1の対角行列を単

---

[※16]　行列の計算以外の内容については、次章以降でより一般的に議論します。そのため、2次元の実数ベクトル空間のみに特化した内容は、このまとめでは割愛しています。

位行列と呼び、記号$I$で表わす。

また、正方行列に限らず、すべての成分が0の行列をゼロ行列と呼び、記号$O$で表わす。

### 定義5  行列のスカラー倍と和

行列と対比する意味で、5や−8などの単一の数値をスカラーと呼ぶ。$k$をスカラー値として、任意の行列$A$について、スカラー倍$kA$は、各成分を$k$倍したものとして定義される。

また、$A$と$B$を同じサイズの行列（$m \times n$行列）とするとき、これらの和$A + B$は、各成分の和として定義される。

### 定義6  行列の積

$A$を$m \times n$行列、$B$を$n \times l$行列とするとき、積$AB$は$m \times l$行列となり、その$(i, j)$成分は次で計算される。

$$(AB)_{ij} = \sum_{k=1}^{n} A_{ik} B_{kj}$$

### 定義7  正則行列と逆行列

$n$次の正方行列$A$に対して、

$$AB = BA = I$$

を満たす$n$次の正方行列$B$が存在するとき、$A$は正則行列であると言う。また、この条件を満たす$B$を$A$の逆行列と呼び、記号$A^{-1}$で表わす。ここで、$I$は$n$次の単位行列である。

### 定理1  行列の計算規則

行列の計算について、次の計算規則が成り立つ。ここで、$k$、$l$は任意の実数で、各行列は、それぞれの規則における和、および、積が計算できるサイズの組み合わせとする。

● スカラー倍

$$(k + l) \cdot A = kA + lA$$
$$(kl) \cdot A = k(lA)$$
$$k(A + B) = kA + kB$$

Chapter 1　2次元実数ベクトル空間

● 加法の法則

$$(A + B) + C = A + (B + C)$$
$$A + B = B + A$$

● 乗法の法則

$$(AB)C = A(BC)$$
$$A(B + C) = AB + AC$$
$$(A + B)C = AC + BC$$
$$k(AB) = (kA)B = A(kB)$$

● 単位行列

$n$次の正則行列$A$と$n$次の単位行列$I$について、

$$AI = IA = A$$

が成り立つ。

● ゼロ行列

$A$を$m \times n$行列、$O$を$n \times l$行列のゼロ行列とするとき、

$$AO = O$$

が成り立つ。ここで、上記右辺の$O$は、$m \times l$行列のゼロ行列を表わす。

また、$A$を$m \times n$行列、$O$を$m \times n$行列のゼロ行列とするとき、

$$A + O = A$$

が成り立つ。

### 定理2　積の逆行列と転置行列

$A$と$B$が正則行列のとき、その積$AB$も正則行列になり、逆行列は、

$$(AB)^{-1} = B^{-1}A^{-1}$$

で与えられる。

また、積の転置行列について、次の関係が成り立つ。

$$(AB)^{\mathrm{T}} = B^{\mathrm{T}}A^{\mathrm{T}}$$

# 1 6 演習問題

**問1** 次の2つの実数ベクトルが一次従属となる $x$ の値を求めよ。

$$\mathbf{a}_1 = (x, x), \ \mathbf{a}_2 = (x^2 - 3, -2x)$$

**問2** 2次元の実数ベクトル $\mathbf{a}, \mathbf{b}$ は一次独立で、$2 \times 2$ 行列 $A$ は正則行列であるとする。このとき、実数ベクトル $A\mathbf{a}, A\mathbf{b}$ は一次独立であることを証明せよ。

**問3** 次の行列の積を計算せよ。

(1) $\begin{pmatrix} 1 & 4 & 8 \end{pmatrix} \begin{pmatrix} -3 & 3 \\ 9 & 2 \\ -4 & 1 \end{pmatrix}$

(2) $\begin{pmatrix} 1 & 3 & -9 \\ 3 & 0 & -5 \end{pmatrix} \begin{pmatrix} -1 & 1 \\ -3 & 5 \\ 4 & -1 \end{pmatrix}$

(3) $\begin{pmatrix} -1 & 1 \\ -3 & 5 \\ 4 & -1 \end{pmatrix} \begin{pmatrix} 1 & 3 & -9 \\ 3 & 0 & -5 \end{pmatrix}$

**問4** $A, B, C$ を同じサイズの正方行列とするとき、$(A + 2B + C)^2$ を展開せよ。

Chapter 1　2次元実数ベクトル空間

**問5**

$A = \begin{pmatrix} 1 & 2 \\ 3 & 4 \end{pmatrix}$, $B = \begin{pmatrix} 1 & 2 & 3 \\ 4 & 5 & 6 \end{pmatrix}$ とするとき、$AC = B$ を満たす行列 $C$

を求めよ。

**問6**

転置行列が自分自身に一致する、すなわち、$A^{\mathrm{T}} = A$ を満たす正方行列 $A$ を対称行列と呼ぶ。

(1) 任意の正方行列 $A$ に対して、行列 $A^{\mathrm{T}}A$ は対称行列になることを示せ。

(2) $A$ が対称行列であれば、$P^{\mathrm{T}}AP$ も対称行列になることを示せ。ここに $P$ は、$A$ と同じサイズの正方行列とする。

**問7**

行列 $\begin{pmatrix} 3 & 0 \\ 1 & 2 \end{pmatrix}$ の固有値と固有ベクトルをすべて求めよ。固有ベクトルは、大きさ 1 に正規化するものとする。

# Chapter 2

# 一般次元の実数ベクトル空間

- 2.1 実数ベクトルの $n$ 次元への拡張
  - 2.1.1 $n$ 次元実数ベクトル空間
  - 2.1.2 一次独立性と基底ベクトル
- 2.2 行列と一次変換の性質
  - 2.2.1 一次変換の性質
  - 2.2.2 一次変換と正則行列の関係
  - 2.2.3 行列のランクと掃き出し法
  - 2.2.4 逆行列の計算方法
- 2.3 連立一次方程式の解法
  - 2.3.1 連立一次方程式と行列の基本操作
  - 2.3.2 変数と方程式の数が一致する場合
  - 2.3.3 変数と方程式の数が一致しない場合
- 2.4 主要な定理のまとめ
- 2.5 演習問題

ここでは、前章で議論した内容をより次元の高いベクトル空間に拡張します。2次元の実数ベクトル空間における一次変換では、「1.2.2 一次変換の具体例」の図1.10（p.14）にあるように、全単射の写像にならない例として、$(x, y)$平面全体が直線に圧縮される場合がありました。一般の$n$次元実数ベクトル空間では、これに対応して、$n-1$次元以下の部分ベクトル空間への写像が現われ、一次変換に対応する行列のランクなどの概念が自然に得られることになります。

# 2.1 実数ベクトルの$n$次元への拡張

## 2.1.1 $n$次元実数ベクトル空間

2次元の実数ベクトル空間$\mathbf{R}^2$の拡張として、$n$次元実数ベクトル空間$\mathbf{R}^n$を定義します。これは、

のような$n$個の実数の組をすべて集めた集合として定義されるもので、集合の内包表記を用いると、次のように表わすことができます▶定義8。

$$\mathbf{R}^n = \{(x_1, \cdots, x_n) \mid x_1, \cdots, x_n \in \mathbf{R}\}$$

ここで用いる文字$n$は、$n = 1, 2, \cdots$といった自然数を表わすもので、この後の議論では、$n$が任意の自然数の場合について成り立つ性質を調べていきます。「$n$次元」という特別な次元が存在するわけでなく、あくまでも、1次元実数ベクトル空間、2次元実数ベクトル空間、3次元実数ベクトル空間……といったさまざまな次元の実数ベクトル空間を総称するものと考えてください。一般に、$n$次元の実数ベクトルにおいて、$i = 1, 2, \cdots, n$として、前から$i$番目の値を第$i$成分と呼びます。

ベクトルの加法と乗法については、2次元の場合と同様に定義されます。$k$を任意の実数として、$\mathbf{R}^n$の要素の$k$倍は、次で定義されます。

$$k(a_1, \cdots, a_n) = (ka_1, \cdots, ka_n)$$

$\mathbf{R}^n$ の2つの要素の和は、次で定義されます。

$$(a_1, \cdots, a_n) + (b_1, \cdots, b_n) = (a_1 + b_1, \cdots, a_n + b_n)$$

これらの操作は、$n$次元空間に描かれた「矢印」、すなわち、幾何ベクトルとして、「1.1.2　実数ベクトル空間」の図1.2（p.4）と同様に解釈することができます。一般の$n$次元空間の様子を想像するのは困難ですが、まずは$n = 3$の場合を考えておけばよいでしょう。

そしてまた、p.4の1. 〜 8.の基本性質も同様に成り立ちます。念のため、一般の$n$次元実数ベクトル空間の場合として再掲すると、次のようになります。$\mathbf{a}$などの太字の記号は、$n$次元の実数ベクトルを表わします。

1. 任意の $\mathbf{a}, \mathbf{b} \in \mathbf{R}^n$ について、$\mathbf{a} + \mathbf{b} = \mathbf{b} + \mathbf{a}$ が成り立つ。
2. 任意の $\mathbf{a}, \mathbf{b}, \mathbf{c} \in \mathbf{R}^n$ について、$(\mathbf{a} + \mathbf{b}) + \mathbf{c} = \mathbf{a} + (\mathbf{b} + \mathbf{c})$ が成り立つ。
3. ある $\mathbf{0} \in \mathbf{R}^n$ が存在して、任意の $\mathbf{a} \in \mathbf{R}^n$ について、$\mathbf{a} + \mathbf{0} = \mathbf{a}$ が成り立つ。
4. 任意の $\mathbf{a} \in \mathbf{R}^n$ について $\mathbf{a} + \mathbf{x} = \mathbf{0}$ を満たす $\mathbf{x} \in \mathbf{R}^n$ が$\mathbf{a}$に応じて存在する。（$\mathbf{0}$は、3. の性質を満たす要素。）
5. 任意の $\mathbf{a} \in \mathbf{R}^n$ について、$1 \cdot \mathbf{a} = \mathbf{a}$ が成り立つ。
6. 任意の $k, l \in \mathbf{R}, \mathbf{a} \in \mathbf{R}^n$ について、$k \cdot (l \cdot \mathbf{a}) = (kl) \cdot \mathbf{a}$ が成り立つ。
7. 任意の $k, l \in \mathbf{R}, \mathbf{a} \in \mathbf{R}^n$ について、$(k + l) \cdot \mathbf{a} = k \cdot \mathbf{a} + l \cdot \mathbf{a}$ が成り立つ。
8. 任意の $k \in \mathbf{R}, \mathbf{a}, \mathbf{b} \in \mathbf{R}^n$ について、$k \cdot (\mathbf{a} + \mathbf{b}) = k \cdot \mathbf{a} + k \cdot \mathbf{b}$ が成り立つ。

なお、上記の関係を考える際は、$n$は特定の値に固定されていると考えてください。たとえば、異なる次元の実数ベクトルについて、和を計算することはできません。また、3. のゼロベクトル$\mathbf{0}$は、$n$個の成分がすべて0の実数ベクトルで、4. の$\mathbf{x}$は、$-\mathbf{a} = (-1) \cdot \mathbf{a}$ で与えられます。これを用いて、$\mathbf{a}$と$\mathbf{b}$の差が、

$$\mathbf{a} - \mathbf{b} = \mathbf{a} + (-\mathbf{b})$$

で定義される点も2次元の場合と同じです。

Chapter 2　一般次元の実数ベクトル空間

## 2.1.2　一次独立性と基底ベクトル

　複数のベクトルの一次独立性、そして、一次独立なベクトルによって基底ベクトルが得られるという点も、2次元の実数ベクトル空間からの自然な拡張として得られます。まず、$\mathbf{R}^n$ の複数の要素 $\mathbf{a}_1, \cdots, \mathbf{a}_n$ に対して、$c_1, \cdots, c_n$ を任意の実数として、

$$\mathbf{x} = c_1\mathbf{a}_1 + \cdots + c_n\mathbf{a}_n$$

という形で表わされる要素 $\mathbf{x}$ を $\mathbf{a}_1, \cdots, \mathbf{a}_n$ の線形結合（もしくは、一次結合）と言います。そして、$\mathbf{R}^n$ の標準基底を

$$\mathbf{e}_1 = (1, 0, \cdots, 0)$$
$$\mathbf{e}_2 = (0, 1, \cdots, 0)$$
$$\vdots$$
$$\mathbf{e}_n = (0, 0, \cdots, 1)$$

と定義すると、$\mathbf{R}^n$ の任意の要素は、これら標準基底の線形結合で表わすことができます。具体的には、

$$\mathbf{x} = (x_1, \cdots, x_n)$$

に対して、

$$\mathbf{x} = x_1\mathbf{e}_1 + \cdots + x_n\mathbf{e}_n$$

という関係が成り立ちます。

　次に、$\mathbf{R}^n$ の複数の要素 $\mathbf{a}_1, \cdots, \mathbf{a}_k$ について、

$$c_1\mathbf{a}_1 + \cdots + c_k\mathbf{a}_k = \mathbf{0} \tag{2-1}$$

を満たす実数の組 $c_1, \cdots, c_k$（少なくとも1つは0でない）が存在するとき、これらは一次従属であると言います。逆に、(2-1)を満たす $c_1, \cdots, c_k$ が、すべて0の場合を除いて存在しないとき、これらは一次独立であると言います ▶定義9 （p.51「一次独立であることの証明方法」を参照）。なお、上記の定義において $k$ の値の範囲に制限はあ

50

りませんが、実際には、$\mathbf{R}^n$ における一次独立な要素の個数は、最大でも $n$ 個に限られます。つまり、$k > n$ の場合、$\mathbf{a}_1, \cdots, \mathbf{a}_k$ は必ず一次従属になります[※1]。

● **一次独立であることの証明方法**

一次独立の定義からわかるように、$\mathbf{R}^n$ の要素の組 $\mathbf{a}_1, \cdots, \mathbf{a}_k$ が一次独立であることを証明するには、

$$c_1 \mathbf{a}_1 + \cdots + c_k \mathbf{a}_k = \mathbf{0}$$

という前提から出発して、$c_1, \cdots, c_k$ がすべて 0 であることを示せば十分です。この証明方法は、この後、何度も登場するので定番の手法として覚えておくとよいでしょう。

2 次元の実数ベクトル空間、すなわち、$\mathbf{R}^2$ の場合、2 つの要素が一次従属になるのは、互いに平行（もしくは、少なくとも一方がゼロベクトル）という場合でした。$n$ 次元の場合も同様に、2 つの要素 $\mathbf{a}_1, \mathbf{a}_2$ が一次従属になるのは、$\mathbf{a}_1$ と $\mathbf{a}_2$ が互いに平行（もしくは、少なくとも一方がゼロベクトル）の場合であることが、「1.2.3 一次従属と一次独立」と同じ議論によって確認できます。ただし、3 つ以上の要素については、少し様子が変わります。たとえば、$n = 3$ の場合、$\mathbf{a}_1, \mathbf{a}_2, \mathbf{a}_3$ が一次従属になるのは、この 3 つにどのような関係がある場合でしょうか？ 一次従属の定義に戻って考えると、

$$c_1 \mathbf{a}_1 + c_2 \mathbf{a}_2 + c_3 \mathbf{a}_3 = \mathbf{0}$$

となる $c_1, c_2, c_3$ があり、これらの少なくとも 1 つは 0 でないことになります。そこで、仮に $c_3 \neq 0$ とすると、先の条件は、次のように変形できます。

$$\mathbf{a}_3 = \frac{-c_1}{c_3} \mathbf{a}_1 + \frac{-c_2}{c_3} \mathbf{a}_2$$

これは、$\mathbf{a}_3$ は、$\mathbf{a}_1$ と $\mathbf{a}_2$ の線形結合で表わせることを意味します。仮に $\mathbf{a}_1$ と $\mathbf{a}_2$ が平行でないとすると、図 2.1 のように、$\mathbf{a}_1$ と $\mathbf{a}_2$ が張る平行四辺形の上に $\mathbf{a}_3$ が乗ること

---

[※1] 証明については、p.247「5.4 演習問題」問 2 を参照。

になります。一般に、次元$n$の値に関わりなく、複数の要素$\mathbf{a}_1, \cdots, \mathbf{a}_k$が一次従属であれば、この中に少なくとも1つ、残りの要素の線形結合で表わされるものが存在することになります。

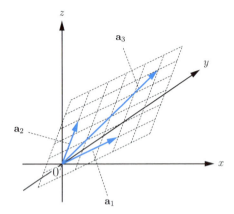

図2.1　3次元実数ベクトル空間の一次従属な要素

続いて、基底ベクトルについて説明します。前述のように、標準基底を用いれば、任意の要素をその線形結合で表わすことができます。また、容易にわかるように、標準基底は一次独立です。そこで、一般に、$n$次元の実数ベクトル空間$\mathbf{R}^n$に$n$個の一次独立な要素$\mathbf{a}_1, \cdots, \mathbf{a}_n$が存在して、任意の要素$\mathbf{x}$がこれらの線形結合で表わされるとき、$\mathbf{a}_1, \cdots, \mathbf{a}_n$を$\mathbf{R}^n$の基底ベクトルと呼びます▶定義10。この定義から明らかなように、基底ベクトルの取り方には任意性があります。

また、厳密に言うと、$k$個の一次独立な要素によって、$\mathbf{R}^n$の任意の要素$\mathbf{x}$がその線形結合で表わされるとき、その要素数$k$は、必ず、次元数$n$に一致することが言えます。この点の証明は、「5.1.2　ベクトル空間の基底ベクトル」で行ないますが、直感的に説明すると次のようになります。たとえば、$n=3$の場合、図2.2からわかるように、2つの一次独立な要素$\mathbf{a}_1, \mathbf{a}_2$があれば、この線形結合により、2次元の平面上の要素をすべて表現することができます。したがって、さらにもう1つ、一次独立な要素$\mathbf{a}_3$を追加すれば、3次元空間のすべての要素が表現可能になります。4次元以上の場合は、これと同様にして、一次独立な要素を1つ加えるごとに表現可能な部分の次元が増えていき、結局、$n$個の一次独立な要素によって、$n$次元空間のすべての要素が表現できることになります。

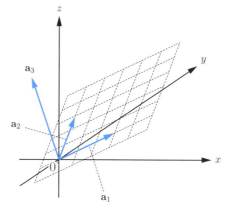

図2.2　3次元実数ベクトル空間の一次独立な要素

　ここで図2.2を見直すと、$\mathbf{R}^3$の中に2つの一次独立な要素$\mathbf{a}_1$と$\mathbf{a}_2$があれば、これらは、3次元空間の中に、2次元の部分空間（2次元平面）を構成することがわかります。一般に、$m$個$(m < n)$の一次独立な要素$\mathbf{a}_1, \cdots, \mathbf{a}_m$があるとき、これらの線形結合で表わされる要素全体は、$m$次元の部分空間を構成します。この「部分空間」の考え方をもう少し正確に表現すると、次のようになります。一般に、$\mathbf{R}^n$の部分集合$E$において、これらの要素が和、および、スカラー倍について閉じている、すなわち、

$$\text{任意の}\,\mathbf{a}, \mathbf{b} \in E\,\text{について、}\,\mathbf{a} + \mathbf{b} \in E\,\text{となる。}$$
$$\text{任意の}\,\mathbf{a} \in E\,\text{と}\,k \in \mathbf{R}\,\text{について、}\,k\mathbf{a} \in E\,\text{となる。} \tag{2-2}$$

という2つの条件が成立するとき、$E$を$\mathbf{R}^n$の部分ベクトル空間と言います▶ 定義11 。一次独立な要素$\mathbf{a}_1, \cdots, \mathbf{a}_m$を用いて、

$$E = \{k_1 \mathbf{a}_1 + \cdots + k_m \mathbf{a}_m \mid k_1, \cdots, k_m \in \mathbf{R}\}$$

という集合を定義すると、これは、上記の条件を満たすので、$\mathbf{R}^n$の部分ベクトル空間となります。

　部分ベクトル空間は、その名前の通り、それ自身がベクトル空間となります。言い換えると、p.49に示したベクトル空間の基本性質1.〜8.をすべて満たします。たとえば、3.と4.の条件（ゼロベクトル$\mathbf{0}$と和の逆元$-\mathbf{a}$の存在）は、次のように確認することができます。まず、(2-2)で$k=0$の場合を考えると、

Chapter 2 一般次元の実数ベクトル空間

$$0 \cdot \mathbf{a} = \mathbf{0} \in E$$

となり、ゼロベクトル $\mathbf{0}$ は必ず $E$ に含まれます。次に、$k = -1$ の場合を考えると、

$$(-1) \cdot \mathbf{a} = -\mathbf{a} \in E$$

となり、和の逆元 $-\mathbf{a}$ も $E$ に含まれることが言えます。

　一般に、一次独立な要素 $\mathbf{a}_1, \cdots, \mathbf{a}_m$ が構成する部分ベクトル空間のことを $\mathbf{a}_1, \cdots, \mathbf{a}_m$ が張る部分ベクトル空間と言います。

## 2.2 行列と一次変換の性質

### 2.2.1 一次変換の性質

ここでは、「1.4.2　行列による一次変換の表現」で取り扱った内容を2次元の実数ベクトル空間 $\mathbf{R}^2$ から、一般の次元の実数ベクトル空間に引き上げて議論します。$\mathbf{R}^2$ から $\mathbf{R}^2$ への一次変換は、$2 \times 2$ 行列で表現することができました。それでは、より一般に、$n$ 次元の実数ベクトル空間 $\mathbf{R}^n$ から、$m$ 次元の実数ベクトル空間 $\mathbf{R}^m$ に対して、類似の写像を定義するにはどのような方法が考えられるでしょうか？　たとえば、$m \times n$ 行列

$$A = \begin{pmatrix} a_{11} & \cdots & a_{1n} \\ a_{21} & \cdots & a_{2n} \\ \vdots & \ddots & \vdots \\ a_{m1} & \cdots & a_{mn} \end{pmatrix}$$

を用いると、

$$\begin{pmatrix} y_1 \\ \vdots \\ y_m \end{pmatrix} = \begin{pmatrix} a_{11} & \cdots & a_{1n} \\ a_{21} & \cdots & a_{2n} \\ \vdots & \ddots & \vdots \\ a_{m1} & \cdots & a_{mn} \end{pmatrix} \begin{pmatrix} x_1 \\ \vdots \\ x_n \end{pmatrix} \qquad (2\text{-}3)$$

という写像が構成できます。ここで $(x_1, \cdots, x_n)$ と $(y_1, \cdots, y_m)$ は、それぞれ、$\mathbf{R}^n$ と $\mathbf{R}^m$ の要素になります。これは、右辺の積を展開して書き下すと、

$$\begin{pmatrix} y_1 \\ \vdots \\ y_m \end{pmatrix} = \begin{pmatrix} a_{11}x_1 + a_{12}x_2 + \cdots + a_{1n}x_n \\ \vdots \\ a_{m1}x_1 + a_{m2}x_2 + \cdots + a_{mn}x_n \end{pmatrix}$$

となっており、ちょうど、「1.2.1　一次変換の定義」の (1-7) を拡張した形になっています。これを $\mathbf{R}^n$ から $\mathbf{R}^m$ への一次変換と定義します。

(2-3) は行列演算を用いて定義されているので、行列演算の性質からすぐにわかるい

2.2.1　一次変換の性質　**55**

Chapter 2　一般次元の実数ベクトル空間

くつかの性質があります。まず、$\mathbf{R}^n$ の任意の要素 $\mathbf{x}_1$, $\mathbf{x}_2$ について、

$$A(\mathbf{x}_1 + \mathbf{x}_2) = A\mathbf{x}_1 + A\mathbf{x}_2 \tag{2-4}$$

が成り立ちます。あるいは、$\mathbf{R}^n$ の任意の要素 $\mathbf{x}$ と任意のスカラー $k$ について、

$$A(k\mathbf{x}) = kA\mathbf{x} \tag{2-5}$$

が成り立ちます。これらは、写像する前の空間 $\mathbf{R}^n$ における演算（和、および、スカラー倍）が写像した後の空間 $\mathbf{R}^m$ にそのまま伝搬すると理解することができます。(2-4) (2-5) の性質は、一般に、写像の線形性と呼ばれます。一次変換のことを線形変換と呼ぶことがあるのは、これが理由になります。

　次に、(2-3) で定義される写像の様子をもう少し具体的に見ていきます。まず、2次元の実数ベクトル空間では、基底ベクトルの像によって、すべての要素の像が決定される点を強調しました。これは、一般の次元においても同様です、$\mathbf{a}_1$, $\cdots$, $\mathbf{a}_n$ を $\mathbf{R}^n$ の基底ベクトルとするとき、$\mathbf{R}^n$ の任意の要素 $\mathbf{x}$ は、これらの一次結合で表わされます。

$$\mathbf{x} = c_1\mathbf{a}_1 + \cdots + c_n\mathbf{a}_n$$

　先ほどの線形性 (2-4) (2-5) を用いると、これを行列 $A$ で写像した結果は、次になります。

$$A\mathbf{x} = c_1 A\mathbf{a}_1 + \cdots + c_n A\mathbf{a}_n$$

　したがって、基底ベクトルの像 $\mathbf{a}_1' = A\mathbf{a}_1$, $\cdots$, $\mathbf{a}_n' = A\mathbf{a}_n$ があらかじめわかっていれば、任意の要素 $\mathbf{x}$ に対する像は、

$$A\mathbf{x} = c_1\mathbf{a}_1' + \cdots + c_n\mathbf{a}_n'$$

として、一意に決まります。もう少し抽象的に、写像の記号を用いて表わすならば、

$$\varphi : \mathbf{R}^n \longrightarrow \mathbf{R}^m$$
$$\mathbf{x} \longmapsto A\mathbf{x} \tag{2-6}$$

56

として写像 $\varphi$ を定義しておき ▶ 定義12 、

$$\mathbf{x} = c_1\mathbf{a}_1 + \cdots + c_n\mathbf{a}_n$$

に対して、

$$\varphi(\mathbf{x}) = c_1\varphi(\mathbf{a}_1) + \cdots + c_n\varphi(\mathbf{a}_n)$$

が成り立つと言ってもよいでしょう ▶ 定理3 。

　そしてまた、興味深いことに、$\mathbf{R}^n$ から $\mathbf{R}^m$ への任意の写像 $\varphi$ について、これが線形性を満たす場合、ある $m \times n$ 行列 $A$ を用いて、(2-6) のように表わせることが示せます。つまり、写像が線形性を持つことと、行列を用いて表現できることは同値であることになります ▶ 定理3 。これは、線形性を持つ写像 $\varphi$ に対して、対応する行列 $A$ を具体的に構成することで証明されます。

　全体の流れは、次の通りです。はじめに、線形性を持つ写像 $\varphi$ について、それを表現する行列 $A$ が存在すると仮定すると、そのすべての成分は、標準基底の像 $\varphi(\mathbf{e}_i)$ によって決まることを示します。そして、このようにして決まった行列 $A$ は、標準基底のみならず、すべての要素 $\mathbf{x} \in \mathbf{R}^n$ について、

$$\varphi(\mathbf{x}) = A\mathbf{x}$$

を満たします。これはつまり、線形性を満たす任意の写像 $\varphi$ に対して、(2-6) を実現する行列 $A$ が構成できることを意味します。

　それでは、実際に証明を進めます。まず、線形性を具体的に表現すると、$\mathbf{R}^n$ の任意の要素 $\mathbf{x}_1, \mathbf{x}_2$ について、

$$\varphi(\mathbf{x}_1 + \mathbf{x}_2) = \varphi(\mathbf{x}_1) + \varphi(\mathbf{x}_2)$$

が成り立つこと、そして、$\mathbf{R}^n$ の任意の要素 $\mathbf{x}$ と任意のスカラー $k$ について、

$$\varphi(k\mathbf{x}) = k\varphi(\mathbf{x})$$

が成り立つことになります。次に、標準基底 $\mathbf{e}_1, \cdots, \mathbf{e}_n$ の $\varphi$ による像を $\mathbf{e}_1', \cdots, \mathbf{e}_n'$ とするとき、この写像を表現する行列 $A$ が存在するならば、これは、$i = 1, \cdots, n$ に

Chapter 2 一般次元の実数ベクトル空間

対して、

$$\mathbf{e}_i' = \varphi(\mathbf{e}_i) = A\mathbf{e}_i \tag{2-7}$$

を満たす必要があります。$\mathbf{e}_i$ は第 $i$ 成分のみが 1 なので、(2-7) の右辺は、

$$A\mathbf{e}_i = \begin{pmatrix} a_{11} & \cdots & a_{1n} \\ a_{21} & \cdots & a_{2n} \\ \vdots & \ddots & \vdots \\ a_{m1} & \cdots & a_{mn} \end{pmatrix} \begin{pmatrix} 0 \\ \vdots \\ 1 \\ \vdots \\ 0 \end{pmatrix} = \begin{pmatrix} a_{1i} \\ a_{2i} \\ \vdots \\ a_{mi} \end{pmatrix}$$

となり、ちょうど、行列 $A$ の第 $i$ 列が取り出されます。つまり、(2-7) が成り立つには、行列 $A$ の第 $i$ 列は $\mathbf{e}_i'$ に一致する必要があります。そこで、あらためて、$\mathbf{e}_1', \cdots, \mathbf{e}_n'$ を縦ベクトルとして順番に並べた行列を

$$A = [\mathbf{e}_1' \ \cdots \ \mathbf{e}_n'] \tag{2-8}$$

と定義します[※2]。このとき、少なくとも、標準基底に対しては、

$$\varphi(\mathbf{e}_i) = A\mathbf{e}_i \ (i = 1, \cdots, n)$$

が成り立ちます。さらに、標準基底だけではなく、$\mathbf{R}^n$ の任意の要素 $\mathbf{x}$ について、

$$\varphi(\mathbf{x}) = A\mathbf{x} \tag{2-9}$$

を満たすことが、先ほどの線形性から示されます。なぜなら、$\mathbf{x}$ を標準基底の線形結合で、

$$\mathbf{x} = c_1\mathbf{e}_1 + \cdots + c_n\mathbf{e}_n$$

と表わせば、線形性より、

---

※2 本書では、[ ]は、複数の縦ベクトルの成分を並べて作った行列を表わす記号としています。

58

$$\varphi(\mathbf{x}) = c_1\varphi(\mathbf{e}_1) + \cdots + c_n\varphi(\mathbf{e}_n)$$

が成り立ち、一方で、行列計算の性質から、

$$A\mathbf{x} = c_1 A\mathbf{e}_1 + \cdots + c_n A\mathbf{e}_n$$

が成り立ちます。前述のように、標準基底については (2-7) が成り立つことがわかっているので、これらから、(2-9) が示されます。任意の要素 $\mathbf{x}$ についてその像が一致することから、写像 $\varphi$ は (2-8) の行列で表現されることになります。

これにより、任意の一次変換 $\varphi$ には、対応する行列 $A$ が必ず存在することがわかりました。この結果にもとづいて、一次変換 $\varphi$ と行列 $A$ を同一視することがよくあります。具体的には、「一次変換 $\varphi$ に対応する行列 $A$」と言うべきところを「一次変換 $A$」と言ったり、あるいは、「行列 $A$ によって表わされる一次変換 $\varphi$ による像」と言うべきところを「行列 $A$ による像」と言ったりします。

そしてまた、一次変換 $\varphi$ と行列 $A$ が (2-8) および (2-9) の関係を通じてつながっていることは、この後の議論の重要なポイントになります。一次変換 $\varphi$ の性質を調べるには、標準基底の像 $\mathbf{e}'_1, \cdots, \mathbf{e}'_n$ の様子を調べる方法と、行列 $A$ の性質を調べる方法の 2 種類がありますが、これらは本質的には同じであることが、(2-8) および (2-9) の関係からわかります。


それでは、まずは、標準基底の像 $\mathbf{e}'_1, \cdots, \mathbf{e}'_n$ の観点から、一次変換 $\varphi$ の性質を調べてみます。このとき、$\mathbf{e}'_1, \cdots, \mathbf{e}'_n$ は、$m$ 次元実数ベクトル空間 $\mathbf{R}^m$ の要素である点に注意が必要です。はじめは、わかりやすい例として、$n = m$ の場合を考えてみましょう。この場合、基底ベクトルの像 $\mathbf{e}'_1, \cdots, \mathbf{e}'_n$ が一次独立かどうかで大きく様子が変わります。

まず、これらが一次独立である場合、$\varphi$ は全単射の写像になります。はじめに、全射であることを示すと、次のようになります。今、写像の行き先となる $n$ 次元実数ベクトル空間 $\mathbf{R}^n$ の任意の要素 $\mathbf{x}'$ は、

$$\mathbf{x}' = c_1\mathbf{e}'_1 + \cdots + c_n\mathbf{e}'_n$$

と表わすことができます。このとき、写像の定義域となる $n$ 次元実数ベクトル空間 $\mathbf{R}^n$ において、

2.2.1 一次変換の性質　59

Chapter 2　一般次元の実数ベクトル空間

$$\mathbf{x} = c_1\mathbf{e}_1 + \cdots + c_n\mathbf{e}_n$$

という要素を考えると、写像の線形性から、

$$\varphi(\mathbf{x}) = \mathbf{x}'$$

が成り立ちます。これは、写像 $\varphi$ が全射であることを示しています。次に単射であることを示します。仮に、$\mathbf{x}_1, \mathbf{x}_2 \in \mathbf{R}^n$ の像 $\varphi(\mathbf{x}_1), \varphi(\mathbf{x}_2)$ が一致したとすると、

$$\varphi(\mathbf{x}_1) - \varphi(\mathbf{x}_2) = \mathbf{0}$$

が成り立ちますが、これは、$\varphi$ の線形性を用いて、次のように変形できます。

$$\varphi(\mathbf{x}_1 - \mathbf{x}_2) = \mathbf{0} \qquad\qquad (2\text{-}10)$$

そこで、$\mathbf{x} = \mathbf{x}_1 - \mathbf{x}_2$ とおいて、これを標準基底の線形結合で、

$$\mathbf{x} = c_1\mathbf{e}_1 + \cdots + c_n\mathbf{e}_n \qquad\qquad (2\text{-}11)$$

と表わします。すると、$\varphi$ の線形性を再度利用して、

$$\varphi(\mathbf{x}_1 - \mathbf{x}_2) = \varphi(\mathbf{x}) = c_1\varphi(\mathbf{e}_1) + \cdots + c_n\varphi(\mathbf{e}_n) = c_1\mathbf{e}_1' + \cdots + c_n\mathbf{e}_n'$$

となるので、(2-10) より、

$$c_1\mathbf{e}_1' + \cdots + c_n\mathbf{e}_n' = 0$$

が成り立ちます。今、$\mathbf{e}_1', \cdots, \mathbf{e}_n'$ は一次独立という前提なので、これが成り立つのは、$c_i = 0\,(i = 1, \cdots, n)$ の場合に限られます。したがって (2-11) より、$\mathbf{x} = \mathbf{0}$、すなわち、$\mathbf{x}_1 = \mathbf{x}_2$ が得られます。つまり、$\varphi$ によって、異なる要素が同じ要素に写像されることはなく、$\varphi$ は単射であると言えます（p.61「一次変換が単射になる条件」も参照）。

　以上により、標準基底の像 $\mathbf{e}_1', \cdots, \mathbf{e}_n'$ が一次独立になる場合、$\mathbf{R}^n$ から $\mathbf{R}^n$ への一次変換 $\varphi$ は全単射になります。これは、2次元の場合で言うと、「1.2.2　一次変換の具

60

体例」の図1.6～図1.9（p.13・14）に当てはまる状況です。標準基底の移動にあわせて、空間全体が一様に変形される様子を想像しておいてください。なお、この後すぐに示すように、標準基底の像 $\mathbf{e}'_1, \cdots, \mathbf{e}'_n$ が一次独立にならない場合、一次変換 $\varphi$ は全単射にはなりません。したがって、この対偶を取って、一次変換 $\varphi$ が全単射であれば、標準基底の像 $\mathbf{e}'_1, \cdots, \mathbf{e}'_n$ は一次独立であることも成り立ちます ▶定理4  ※3。

### ● 一次変換が単射になる条件

本文では、$\mathbf{R}^n$ から $\mathbf{R}^n$ への一次変換 $\varphi$ において、標準基底の像が一次独立であるという条件から、この写像が単射であることを示しました。実は、一般に、$\mathbf{R}^n$ から $\mathbf{R}^m$ への一次変換 $\varphi$ において、$\varphi(\mathbf{x}) = \mathbf{0}$ を満たす要素、すなわち、ゼロベクトルに写される要素が $\mathbf{x} = \mathbf{0}$ のみであるという条件から、これが単射であることが示されます。証明は簡単で、$\mathbf{x}_1, \mathbf{x}_2 \in \mathbf{R}^n$ の像 $\varphi(\mathbf{x}_1), \varphi(\mathbf{x}_2)$ が一致したとすると、本文と同様の計算により、

$$\varphi(\mathbf{x}_1 - \mathbf{x}_2) = \mathbf{0}$$

が成り立ちます。このとき、ゼロベクトルに写される要素が $\mathbf{0}$ のみであるという条件から、$\mathbf{x}_1 = \mathbf{x}_2$ となり、単射であることが示されます。

なお、$\mathbf{0} = 0 \times \mathbf{0}$ と書けることから、写像 $\varphi$ の線形性より、

$$\varphi(\mathbf{0}) = 0 \times \varphi(\mathbf{0}) = \mathbf{0}$$

となるので、ゼロベクトルは必ずゼロベクトルに移されることが保証されます。したがって、冒頭の主張の逆、すなわち、一次変換 $\varphi$ が単射であれば、ゼロベクトルに移される要素は $\mathbf{0}$ のみであることも自明に成り立ちます ▶定理5 。

それでは次に、標準基底の像 $\mathbf{e}'_1, \cdots, \mathbf{e}'_n$ が一次独立にならない場合を考えます。

図2.3は、$\mathbf{R}^3$ から $\mathbf{R}^3$ への写像の例ですが、ここでは、標準基底 $\mathbf{e}_1, \mathbf{e}_2, \mathbf{e}_3$ の像 $\mathbf{e}'_1, \mathbf{e}'_2, \mathbf{e}'_3$ は、3次元空間内のある平面上にあります。この平面は、$\mathbf{e}'_1$ と $\mathbf{e}'_2$ が張る部分ベクトル空間と言ってもよいでしょう。つまり、標準基底の像が一次独立にならない場合、一般に、写像 $\varphi$ は、$\mathbf{R}^n$ 全体をより次元の低い部分ベクトル空間に「圧縮」して、$\mathbf{R}^n$ の中に埋め込むという効果を持ちます。

---

※3 命題「$p$ ならば $q$ である」の対偶は、命題「$q$ でなければ $p$ ではない」を表わします。ある命題が正しければ、その対偶も必ず正しいものとなります。

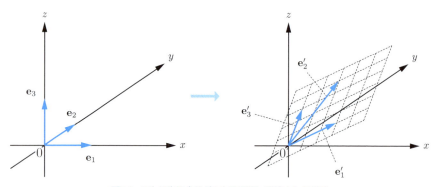

図2.3　3次元空間全体が2次元平面に圧縮される様子

　ここでは、この事実が、3次元空間に限らず、一般の$n$次元空間でも成り立つことを厳密に示しておきます。まず、$\mathbf{e}'_1, \cdots, \mathbf{e}'_n$ が一次独立ではない場合、「2.1.2　一次独立性と基底ベクトル」の図2.1（p.52）で説明したように、$\mathbf{e}'_1, \cdots, \mathbf{e}'_n$ の少なくとも1つは、残りの要素の線形結合で表わされることになります。たとえば、今、$\mathbf{e}'_n$ は残りの要素の線形結合で表わされるとします。このとき $\mathbf{e}'_n$ を除いた $\mathbf{e}'_1, \cdots, \mathbf{e}'_{n-1}$ を考えると、これらは一次独立になる場合とそうでない場合があります。仮に一次独立ではない場合、先ほどと同様に、他の要素の線形結合で表わされる要素が存在するので、さらにそれを取り除きます。このような操作を繰り返していった際に、$k$個の要素 $\mathbf{e}'_1, \cdots, \mathbf{e}'_k$（$1 \le k < n$）が残ったところで、これらが一次独立になったと仮定します。この場合、取り除かれた $n-k$ 個の要素 $\mathbf{e}'_{k+1}, \cdots, \mathbf{e}'_n$ は、すべて、残りの要素 $\mathbf{e}'_1, \cdots, \mathbf{e}'_k$ の線形結合で表わされることになります[※4]。

　したがって、写像の定義域となる $\mathbf{R}^n$ の任意の要素

$$\mathbf{x} = c_1 \mathbf{e}_1 + \cdots + c_n \mathbf{e}_n$$

について、その像

$$\mathbf{x}' = \varphi(\mathbf{x}) = c_1 \mathbf{e}'_1 + \cdots + c_n \mathbf{e}'_n \tag{2-12}$$

を考えると、これもまた、$\mathbf{e}'_1, \cdots, \mathbf{e}'_k$ の線形結合で表わされます。(2-12)に含まれる $\mathbf{e}'_{k+1}, \cdots, \mathbf{e}'_n$ をすべて $\mathbf{e}'_1, \cdots, \mathbf{e}'_k$ の線形結合で書き直せば、その結果は、$\mathbf{e}'_1, \cdots,$

---

※4　証明については、p.98「2.5　演習問題」の問1を参照。

$\mathbf{e}'_k$ の線形結合になるからです。この書き換えを行なった後の各要素の係数をあらためて、$c_1, \cdots, c_k$ とおくと、

$$\mathbf{x}' = c_1 \mathbf{e}'_1 + \cdots + c_k \mathbf{e}'_k$$

という結果が得られます。

この結果は、写像 $\varphi$ の値域は、$\mathbf{e}'_1, \cdots, \mathbf{e}'_k$ が張る部分ベクトル空間 $E$ に含まれることを示しています。一方、$E$ の任意の要素

$$\mathbf{x}' = c_1 \mathbf{e}'_1 + \cdots + c_k \mathbf{e}'_k$$

に対して、$\mathbf{R}^n$ の要素

$$\mathbf{x} = c_1 \mathbf{e}_1 + \cdots + c_k \mathbf{e}_k$$

を考えると、$\varphi$ の線形性から、$\varphi(\mathbf{x}) = \mathbf{x}'$ となることがすぐにわかります。したがって、$\varphi$ は $\mathbf{R}^n$ から $E$ への全射を与えます。ただし、$\mathbf{R}^n$ の相異なる2つの要素が同一の $E$ の要素に写ることがあるため、単射にはなりません。

これは、次のように確認することができます。まず、$\mathbf{R}^n$ の任意の要素

$$\mathbf{x} = c_1 \mathbf{e}_1 + \cdots + c_n \mathbf{e}_n \qquad (2\text{-}13)$$

について、これを次のように2つの部分に分解します。

$$\mathbf{x} = \mathbf{x}_1 + \mathbf{x}_2$$

ここで、$\mathbf{x}_1$ と $\mathbf{x}_2$ は、それぞれ、$\mathbf{e}_1, \cdots, \mathbf{e}_k$ と $\mathbf{e}_{k+1}, \cdots, \mathbf{e}_n$ の線形結合部分を表わします。

$$\mathbf{x}_1 = c_1 \mathbf{e}_1 + \cdots + c_k \mathbf{e}_k$$
$$\mathbf{x}_2 = c_{k+1} \mathbf{e}_{k+1} + \cdots + c_n \mathbf{e}_n$$

このとき、写像 $\varphi$ の線形性より、これらの像は、

Chapter 2 一般次元の実数ベクトル空間

$$\mathbf{x}'_1 = \varphi(\mathbf{x}_1) = c_1 \mathbf{e}'_1 + \cdots + c_k \mathbf{e}'_k$$
$$\mathbf{x}'_2 = \varphi(\mathbf{x}_2) = c_{k+1} \mathbf{e}'_{k+1} + \cdots + c_n \mathbf{e}'_n$$

と決まります。しかしながら、$\mathbf{x}'_2$ に含まれる $\mathbf{e}'_{k+1}, \cdots, \mathbf{e}'_n$ は、$\mathbf{e}'_1, \cdots, \mathbf{e}'_k$ の線形結合で書き直すことができるので、この書き換えを行なった結果は、適当な係数 $c'_1, \cdots,$ $c'_k$ を用いて、

$$\mathbf{x}'_2 = c'_1 \mathbf{e}'_1 + \cdots + c'_k \mathbf{e}'_k$$

となります。これらの結果をまとめると、写像 $\varphi$ による (2-13) の像は、次のようにまとめられます。

$$\varphi(\mathbf{x}) = (c_1 + c'_1) \mathbf{e}'_1 + \cdots + (c_k + c'_k) \mathbf{e}'_k \qquad (2\text{-}14)$$

ここでは、$\varphi$ の線形性より、$\varphi(\mathbf{x}) = \varphi(\mathbf{x}_1) + \varphi(\mathbf{x}_2)$ となることを用いています。そこで、(2-13) で定義された $\mathbf{x}$ に対して、新たに、

$$\tilde{\mathbf{x}} = (c_1 + c'_1) \mathbf{e}_1 + \cdots + (c_k + c'_k) \mathbf{e}_k$$

という要素を用意します。このとき、明らかに、

$$\varphi(\tilde{\mathbf{x}}) = (c_1 + c'_1) \mathbf{e}'_1 + \cdots + (c_k + c'_k) \mathbf{e}'_k$$

であり、$\mathbf{x}$ と $\tilde{\mathbf{x}}$ の $\varphi$ による像は一致します。したがって、$\varphi$ は単射にはなりません。

以上により、写像 $\varphi$ によって、$\mathbf{R}^n$ 全体は、$\mathbf{R}^n$ 内の $k$ 次元の部分ベクトル空間 $E$ に埋め込まれることがわかりました。先ほどの図2.3では、3次元空間が2次元の平面に圧縮される例を示しましたが、3つの標準基底の像がすべて平行になって、空間全体が1次元の直線に圧縮される場合もありえます。「1.2.2　一次変換の具体例」の図1.10（p.14）で見た、2次元平面が1次元の直線に圧縮される場合もまた、同様の状態にあたります。

それでは、次に、$m$ と $n$ が一致しない場合、つまり、次元の異なる実数ベクトル空間 $\mathbf{R}^n$ から $\mathbf{R}^m$ への写像を考えます。まず、標準基底の像 $\mathbf{e}'_1, \cdots, \mathbf{e}'_n$ によって写像の様子が決まるという点では、先ほどの議論と本質的な違いはありません。ただし、行き

64

先の空間の次元が異なることから、いくつかの制限が出てきます。たとえば、$n < m$ の場合、$n$ 個の標準基底 $\mathbf{e}_1, \cdots, \mathbf{e}_n$ の像 $\mathbf{e}'_1, \cdots, \mathbf{e}'_n$ は、最大でも $n$ 次元の部分ベクトル空間しか構成することができません。したがって、$\mathbf{e}'_1, \cdots, \mathbf{e}'_n$ が一次独立であれば、これは、$n$ 次元実数ベクトル空間 $\mathbf{R}^n$ 全体をより次元の高い $m$ 次元実数ベクトル空間 $\mathbf{R}^m$ の内部に $n$ 次元の部分ベクトル空間として埋め込むことになります。$\mathbf{R}^2$ から $\mathbf{R}^3$ への写像の例で考えると、図2.4のように、2次元平面全体が3次元空間に埋め込まれることになります。

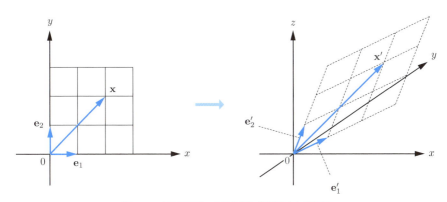

図2.4　2次元平面が3次元空間に埋め込まれる様子

　標準基底の像 $\mathbf{e}'_1, \cdots, \mathbf{e}'_n$ の中で、一次独立な要素が $n$ 個より少ない場合は、埋め込む先の空間の次元が低くなるだけで、その他の考え方は先と同じです。たとえば、一次独立な要素が $k$ 個（$k < n$）あるとすれば、$n$ 次元の実数ベクトル空間 $\mathbf{R}^n$ 全体が、$k$ 次元の部分ベクトル空間として圧縮された形で、$m$ 次元の実数ベクトル空間 $\mathbf{R}^m$ の中に埋め込まれます。

　次に $n > m$ の場合を考えると、標準基底の像 $\mathbf{e}'_1, \cdots, \mathbf{e}'_n$ は全部で $n$ 個ありますが、これらは $m$ 次元の実数ベクトルですから、一次独立な要素の個数は、必ず $m$ 個以下になります[※5]。つまり、$n$ 次元の実数ベクトル空間 $\mathbf{R}^n$ は、必ず、$m$ 次元以下の部分ベクトル空間に圧縮されることになります。

　ここまで、本項では、標準基底の像に注目して一次変換の様子を調べてきました。標準基底の線形結合によって任意の要素が表現できることから、これら標準基底の像に

---

※5　この点の厳密な証明は、p.247「5.4　演習問題」問2で行ないます。

Chapter 2　一般次元の実数ベクトル空間

よって、すべての要素の写像の様子が決まるというのが基本的な考え方になります。ただし、線形結合によって任意の要素が表現できるという意味では、必ずしも標準基底にこだわる必要はありません。実際、$\mathbf{R}^n$ における任意の基底、すなわち、$n$ 個の一次独立な要素 $\mathbf{a}_1, \cdots, \mathbf{a}_n$ を用いて、同様の議論を展開することが可能です。たとえば、$\mathbf{R}^n$ から $\mathbf{R}^m$ への一次変換 $\varphi$ が単射になる必要十分条件として、標準基底に限らない、任意の基底 $\mathbf{a}_1, \cdots, \mathbf{a}_n \in \mathbf{R}^n$ について、これらの像 $\mathbf{a}'_1, \cdots, \mathbf{a}'_n \in \mathbf{R}^m$ が一次独立であることが言えます。最後に、標準基底に限定しない、一般の基底を用いた議論の例として、この関係を証明しておきます。

まず、基底 $\mathbf{a}_1, \cdots, \mathbf{a}_n$ の像 $\mathbf{a}'_1, \cdots, \mathbf{a}'_n$ が一次独立であると仮定して、写像 $\varphi$ が単射であることを示します。これは、p.61「一次変換が単射になる条件」を思い出すと、

$$\varphi(\mathbf{x}) = \mathbf{0} \qquad\qquad (2\text{-}15)$$

を満たす $\mathbf{x} \in \mathbf{R}^n$ は $\mathbf{x} = \mathbf{0}$ に限ることを示せば十分です。今、$\mathbf{x}$ を基底 $\mathbf{a}_1, \cdots, \mathbf{a}_n$ の線形結合で表わして、

$$\mathbf{x} = c_1 \mathbf{a}_1 + \cdots + c_n \mathbf{a}_n$$

とすると、写像 $\varphi$ の線形性より、

$$\varphi(\mathbf{x}) = c_1 \varphi(\mathbf{a}_1) + \cdots + c_n \varphi(\mathbf{a}_n) = c_1 \mathbf{a}'_1 + \cdots + c_n \mathbf{a}'_n$$

が成り立ちます。したがって、(2-15) より、

$$c_1 \mathbf{a}'_1 + \cdots + c_n \mathbf{a}'_n = \mathbf{0}$$

となりますが、$\mathbf{a}'_1, \cdots, \mathbf{a}'_n$ が一次独立であることから、$c_1, \cdots, c_n$ はすべて0になり、$\mathbf{x} = \mathbf{0}$ が成り立ちます。これで、単射であることが示されました。

次に、$\varphi$ が単射であると仮定して、任意の基底 $\mathbf{a}_1, \cdots, \mathbf{a}_n \in \mathbf{R}^n$ について、これらの像 $\mathbf{a}'_1, \cdots, \mathbf{a}'_n \in \mathbf{R}^m$ が一次独立になることを示します。ここでは、p.51「一次独立であることの証明方法」の手法を用います。今、

$$c_1 \mathbf{a}'_1 + \cdots + c_n \mathbf{a}'_n = \mathbf{0}$$

となる $c_1, \cdots, c_n$ があったとすると、この左辺は、写像 $\varphi$ の線形性を用いて、

$$c_1\mathbf{a}'_1 + \cdots + c_n\mathbf{a}'_n = c_1\varphi(\mathbf{a}_1) + \cdots + c_n\varphi(\mathbf{a}_n) = \varphi(c_1\mathbf{a}_1 + \cdots + c_n\mathbf{a}_n)$$

と書き直すことができます。したがって、

$$\varphi(c_1\mathbf{a}_1 + \cdots + c_n\mathbf{a}_n) = \mathbf{0}$$

となりますが、ここでもまた、p.61「一次変換が単射になる条件」の結果を利用すると、$\varphi$ が単射であることから、

$$c_1\mathbf{a}_1 + \cdots + c_n\mathbf{a}_n = \mathbf{0}$$

が成り立ちます、$\mathbf{a}_1, \cdots, \mathbf{a}_n$ が一次独立であることから、$c_1, \cdots, c_n$ はすべて0になり、これより、$\mathbf{a}'_1, \cdots, \mathbf{a}'_n$ は一次独立であると言えます。

## 2.2.2　一次変換と正則行列の関係

「1.3.2　$2 \times 2$ 行列の逆行列」では、$2 \times 2$ 行列に限定して、逆行列、および、正則行列の考え方を説明しました。ここでは、前項の結果を利用して、一般の $n \times n$ 行列における正則行列の特徴を説明します。まず、一般の $n \times n$ 行列、すなわち、$n$ 次の正方行列 $A$ に対して、

$$AB = BA = I \tag{2-16}$$

を満たす $n \times n$ 行列 $B$ が存在するとき、これを行列 $A$ の逆行列と呼び、記号 $A^{-1}$ で表わします。ここで、$I$ は対角成分に1が並んだ $n$ 次の単位行列です[※6]。

$$I = \begin{pmatrix} 1 & & & \\ & 1 & & \\ & & \ddots & \\ & & & 1 \end{pmatrix}$$

---

※6　これ以降、行列の中で値を書いていない部分は、すべて0であるとします。

Chapter 2 一般次元の実数ベクトル空間

単位行列$I$は、$\mathbf{R}^n$から$\mathbf{R}^n$への恒等写像（任意の$\mathbf{x}$を同じ$\mathbf{x}$に写す写像）に対応する行列と見なすことができます。これは、任意の$\mathbf{x} \in \mathbf{R}^n$に対して、

$$I\mathbf{x} = \mathbf{x}$$

が成り立つことから明らかです。あるいは、$I$の各列は、$n$個の標準基底$\mathbf{e}_1, \cdots, \mathbf{e}_n$を順番に並べたものと見なすこともできます。これは、標準基底の像$\mathbf{e}_1', \cdots, \mathbf{e}_n'$がもとの標準基底に一致すると解釈することができます。

そして、前項では、$\mathbf{R}^n$から$\mathbf{R}^n$への一次変換$\varphi$において、標準基底の像が一次独立になる場合、これは全単射であることを説明しました。全単射の写像には、必ず、逆写像が存在することから、$\varphi$には逆写像$\varphi^{-1}$が存在して、合成写像$\varphi^{-1} \circ \varphi$と$\varphi \circ \varphi^{-1}$はどちらも恒等写像になります。これは言い換えると、$\varphi$と$\varphi^{-1}$に対応する行列を$A$, $B$とすると、(2-16)が成り立つことを意味します。なぜなら、任意の$\mathbf{x} \in \mathbf{R}^n$に対して、

$$\varphi^{-1} \circ \varphi(\mathbf{x}) = \varphi^{-1}(\varphi(\mathbf{x})) = \varphi^{-1}(A\mathbf{x}) = B(A\mathbf{x}) = (BA)\mathbf{x}$$

となるので、$\varphi^{-1} \circ \varphi$が恒等写像であることから、

$$(BA)\mathbf{x} = \mathbf{x}$$

が成り立ちます。特に$\mathbf{x}$として、標準基底$\mathbf{e}_1, \cdots, \mathbf{e}_n$の場合を考えると、これは、標準基底の像がすべてもとの標準基底と同じであることを意味します。したがって、「2.2.1 一次変換の性質」の(2-8)の関係、すなわち、一次変換を表わす行列は標準規定の像をならべた行列に一致するという関係から、

$$BA = I$$

と決まります、$\varphi \circ \varphi^{-1}$について同じ議論をすれば、同様に、

$$AB = I$$

も得られます。つまり、全単射の一次変換$\varphi$に対応する行列$A$は、正則行列であることが言えます ▶ 定理4 （p.69「一次変換の合成と行列の積」も参照）。

68

## 一次変換の合成と行列の積

本文の議論からもわかるように、一次変換の合成は、一般に、対応する行列の積で表わすことができます。たとえば、次の2つの一次変換 $\varphi$ と $\varphi'$ について考えます。

$$\varphi : \mathbf{R}^n \longrightarrow \mathbf{R}^m$$
$$\mathbf{x} \longmapsto \varphi(\mathbf{x})$$

$$\varphi' : \mathbf{R}^m \longrightarrow \mathbf{R}^k$$
$$\mathbf{x} \longmapsto \varphi'(\mathbf{x})$$

これらの写像は、それぞれ、$m \times n$ 行列 $A$ と $k \times m$ 行列 $A'$ で表わされるものとします。このとき、合成写像

$$\varphi' \circ \varphi : \mathbf{R}^n \longrightarrow \mathbf{R}^k$$

を考えると、任意の $\mathbf{x} \in \mathbf{R}^n$ に対して、次の計算が成り立ちます。

$$\varphi' \circ \varphi(\mathbf{x}) = \varphi'(\varphi(\mathbf{x})) = \varphi'(A\mathbf{x}) = A'(A\mathbf{x}) = (A'A)\mathbf{x}$$

これは、合成写像 $\varphi' \circ \varphi$ は、行列 $A'A$ で表わされることを示します。上記の計算では、行列の積に関する結合法則 $(AB)C = A(BC)$ が重要な役割を果たしています。「1.3.1 行列の定義と基本演算」では、行列の積をやや天下り的に定義しましたが、まさにこの定義によって、一次変換を行列の演算に自然な形で置き換えることができるのです。

これとは逆に、一次変換 $\varphi$ に対応する行列 $A$ が正則行列であれば、逆行列 $A^{-1}$ に対応する一次変換 $\varphi'$ が $\varphi$ の逆写像になることも言えます。これは、任意の $\mathbf{x} \in \mathbf{R}^n$ に対して、

$$\mathbf{x} = (A^{-1}A)\mathbf{x} = A^{-1}(A\mathbf{x}) = \varphi'(\varphi(\mathbf{x}))$$

あるいは、

$$\mathbf{x} = (AA^{-1})\mathbf{x} = A(A^{-1}\mathbf{x}) = \varphi(\varphi'(\mathbf{x}))$$

Chapter 2 一般次元の実数ベクトル空間

となることから明らかです。

以上をまとめると、$\mathbf{R}^n$ から $\mathbf{R}^n$ への一次変換 $\varphi$ が全単射であることと、$\varphi$ に対応する行列 $A$ が正則行列であることは、互いに同値になります。また、$A$ の各列は、標準基底の像 $\mathbf{e}'_1, \cdots, \mathbf{e}'_n$ を縦ベクトルとして並べたものに一致していました。一次変換 $\varphi$ が全単射であるというのは、$\mathbf{e}'_1, \cdots, \mathbf{e}'_n$ が一次独立であることと同値でしたので、行列 $A$ の各列を構成する縦ベクトルが一次独立であることと、$A$ が正則行列であることもまた、互いに同値になります ▶定理4 。

次に、$n$ 次の正方行列 $A$ が正則行列である場合、$\mathbf{R}^n$ に含まれる任意の部分ベクトル空間 $E$ について、その $A$ による像、

$$AE = \{ A\mathbf{x} \mid \mathbf{x} \in E \}$$

は、$E$ と同じ次元を持つ部分ベクトル空間になることが言えます。証明は次の通りです。まず、$E$ が $m$ 次元の部分ベクトル空間であるというのは、$m$ 個の一次独立な要素 $\mathbf{a}_1, \cdots, \mathbf{a}_m \in \mathbf{R}^n$ を用いて、

$$E = \{ c_1 \mathbf{a}_1 + \cdots + c_m \mathbf{a}_m \mid c_1, \cdots, c_m \in \mathbf{R} \}$$

と表わされることでした。このとき、任意の $\mathbf{x} = c_1 \mathbf{a}_1 + \cdots c_m \mathbf{a}_m \in E$ に対して、

$$A\mathbf{x} = A(c_1 \mathbf{a}_1 + \cdots + c_m \mathbf{a}_m) = c_1 (A\mathbf{a}_1) + \cdots + c_m (A\mathbf{a}_m)$$

となるので、

$$AE = \{ c_1 (A\mathbf{a}_1) + \cdots + c_m (A\mathbf{a}_m) \mid c_1, \cdots, c_m \in \mathbf{R} \}$$

であり、$A\mathbf{a}_1, \cdots, A\mathbf{a}_m$ が一次独立であれば、$AE$ は $m$ 次元の部分ベクトル空間であることが言えます。ここで、p.51「一次独立であることの証明方法」を思い出すと、$A\mathbf{a}_1, \cdots, A\mathbf{a}_m$ が一次独立であることを示すには、

$$c_1 (A\mathbf{a}_1) + \cdots + c_m (A\mathbf{a}_m) = \mathbf{0} \qquad \text{(2-17)}$$

70

と仮定して、これより $c_1, \cdots, c_m$ がすべて $0$ であることを導けばよいのでした。実際、(2-17) の両辺に左から $A^{-1}$ を掛けると、

$$c_1 \mathbf{a}_1 + \cdots + c_m \mathbf{a}_m = \mathbf{0}$$

となり、$\mathbf{a}_1, \cdots, \mathbf{a}_m$ は一次独立という前提なので、これより、$c_1, \cdots, c_m$ はすべて $0$ になります。したがって、$A\mathbf{a}_1, \cdots, A\mathbf{a}_m$ は一次独立であると言えます。

### 2.2.3　行列のランクと掃き出し法

　ここでは、$\mathbf{R}^n$ から $\mathbf{R}^m$ への一次変換 $\varphi$ について、対応する行列 $A$ の性質を調べます。「2.2.1　一次変換の性質」の (2-8) で見たように、行列 $A$ は標準基底 $\mathbf{e}_1, \cdots, \mathbf{e}_n \in \mathbf{R}^n$ の像 $\mathbf{e}'_1, \cdots, \mathbf{e}'_n \in \mathbf{R}^m$ を縦ベクトルとして並べた構造の $m \times n$ 行列になります。

$$A = [\mathbf{e}'_1 \ \cdots \ \mathbf{e}'_n] \tag{2-18}$$

　そして、$\mathbf{e}'_1, \cdots, \mathbf{e}'_n$ の中から最大で $k$ 個の一次独立な要素を選ぶことができて、$k+1$ 個以上の要素は必ず一次従属になるとき、$\varphi$ の像は $k$ 次元の部分ベクトル空間になることを説明しました。この値 $k$ を行列 $A$ のランクと呼び、記号 $\mathrm{rank}\, A$ で表わします ▶ 定義13 。たとえば、$2 \times 3$ 行列

$$A = \begin{pmatrix} 1 & 1 & 0 \\ 0 & 1 & 1 \end{pmatrix}$$

を考えると、この行列のランクはどのようになるでしょうか？　この場合、3つの縦ベクトル $(1,0)^{\mathrm{T}}, (1,1)^{\mathrm{T}}, (0,1)^{\mathrm{T}}$ は、任意の2つについて一次独立になることがすぐにわかります。一方、これらは2次元の実数ベクトルなので、3つの要素すべてが一次独立になることはありません。したがって、

$$\mathrm{rank}\, A = 2$$

と決まります。これより、$A$ が表わす一次変換の像は、2次元の部分ベクトル空間になることがわかります。今の場合、$A$ は $\mathbf{R}^3$ から $\mathbf{R}^2$ への写像であるため、$\mathbf{R}^3$ を $\mathbf{R}^2$ 全

Chapter 2 一般次元の実数ベクトル空間

体に写す全射を与えます。このように、行列のランクを知ることによって、対応する一次変換の様子がわかるようになります。ここでポイントになるのは、行列 $A$ のランクは、$A$ の像が構成する部分ベクトル空間

$$E = \{ A\mathbf{x} \mid \mathbf{x} \in \mathbf{R}^n \} \tag{2-19}$$

の次元に等しいという点です。実は、このことから、行列 $A$ に正則行列を掛けてもランクが変わらないということが言えます。たとえば、$B$ を $m$ 次の正則行列とすると、行列の積 $AB$ を考えることができます。このとき、

$$(AB)\mathbf{x} = A(B\mathbf{x}) \tag{2-20}$$

という計算を考えると、これは、$\mathbf{x} \in \mathbf{R}^n$ を一次変換 $B$ で $\mathbf{x}' = B\mathbf{x} \in \mathbf{R}^n$ に変換した後に、さらに、一次変換 $A$ で変換したものと考えられます。ここで、$B$ が正則行列であることから、$B$ による一次変換は全単射であり、

$$\{ B\mathbf{x} \mid \mathbf{x} \in \mathbf{R}^n \} = \mathbf{R}^n$$

という関係が成り立ちます。つまり、$\mathbf{x}$ が $\mathbf{R}^n$ 全体を動くとき、$B\mathbf{x}$ も $\mathbf{R}^n$ 全体を動きます。これにより、

$$\{ A\mathbf{x} \mid \mathbf{x} \in \mathbf{R}^n \} = \{ A(B\mathbf{x}) \mid \mathbf{x} \in \mathbf{R}^n \}$$

という関係が成り立ち、(2-19) (2-20) を用いると、

$$E = \{ (AB)\mathbf{x}) \mid \mathbf{x} \in \mathbf{R}^n \}$$

が得られます。つまり、行列 $A$ の像が構成する部分ベクトル空間 $E$ と、行列 $AB$ の像が構成する部分ベクトル空間 $E$ は一致しており、これより、

$$\mathrm{rank}\, A = \mathrm{rank}\, AB$$

が成り立ちます。

　同様に、$C$ を $n$ 次の正則行列とすると、行列の積 $CA$ を考えることができます。この

とき、

$$(CA)\mathbf{x} = C(A\mathbf{x})$$

という計算を考えると、$\mathbf{R}^n$ の行列 $CA$ による像は、(2-19) の部分ベクトル空間 $E$ を行列 $C$ で変換したものに一致することがわかります。つまり、

$$\{(CA)\mathbf{x} \mid \mathbf{x} \in \mathbf{R}^n\} = \{C\mathbf{x} \mid \mathbf{x} \in E\}$$

が成り立ちます。前項の最後に示したように、正則行列 $C$ は部分ベクトル空間の次元を変えないので、上式の右辺は $E$ と同じ $m$ 次元の部分ベクトル空間になります。したがって、上式の左辺、すなわち、$\mathbf{R}^n$ の行列 $CA$ による像は、部分ベクトル空間 $E$ と同じ次元を持つことになり、これより、

$$\mathrm{rank}\, A = \mathrm{rank}\, CA$$

が成り立ちます。

　以上の結果を利用すると、一般の行列について、そのランクを系統的に求める方法が得られます。与えられた行列 $A$ に対して、適当な正則行列を左右から掛けて変形していき、見た目ですぐにランクがわかる形に持ち込む、という方法です。実はこれは、いわゆる掃き出し法にあたります。掃き出し法とは、与えられた行列に対して次のような変形を行なうことを言います▶定義14 。

## 1. 行に関する基本操作

- 2 つの行を入れ替える。
- ある行を定数倍する（0 倍を除く）。
- ある行の定数倍を他の行に加える。

## 2. 列に関する基本操作

- 2 つの列を入れ替える。
- ある列を定数倍する（0 倍を除く）。
- ある列の定数倍を他の列に加える。

この後で示すように、これらの操作は、対応する正則行列を掛けることで得られるので、行列のランクを変えません。そして、これらの基本操作（実際には、行に関する基本操作だけで十分）をうまく繰り返すことで、任意の $m \times n$ 行列 $A$ を図2.5のような階段状の行列に変形することができます。左下の空白部分はすべて0で、これを階段の「床」の部分と見なしてください。右上の色付きの部分は任意の値ですが、右から左に階段を登っていく際に、それぞれの段における左奥部分の数字は必ず1になっています。この形の行列を便宜的に階段行列と呼ぶことにします▶定義15。このとき、色付き部分の行数（図2.5の例であれば4）がこの行列のランクに一致することが結論づけられます▶定理7。

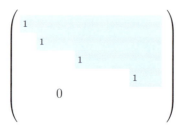

図2.5　階段行列の構造

もちろん、この説明だけでは納得がいかないと思いますので、具体例で説明します。次の $4 \times 5$ 行列を階段行列に変形することを考えます。

$$\begin{pmatrix} 0 & 2 & 6 & 0 & 4 \\ 2 & 2 & 2 & -4 & -2 \\ 3 & 3 & 3 & -7 & -1 \\ 2 & -1 & -7 & 3 & -22 \end{pmatrix} \qquad (2\text{-}21)$$

まず、左上を1にするために、1行目と2行目を入れ替えた後に、1行目全体に $\dfrac{1}{2}$ を掛けます。

$$\begin{pmatrix} 1 & 1 & 1 & -2 & -1 \\ 0 & 2 & 6 & 0 & 4 \\ 3 & 3 & 3 & -7 & -1 \\ 2 & -1 & -7 & 3 & -22 \end{pmatrix}$$

今の場合、左上が0だったため、はじめに1行目と2行目を入れ替えましたが、左上

が0以外だった場合は、最初からその値で1行目全体を割ればよいことになります。次に、1行目の定数倍を他の行に加えることで、2行目以降について、左端の列をすべて0にします。今の場合は、1行目の$-3$倍を3行目に加えて、1行目の$-2$倍を4行目に加えることで、次の結果を得ます。

$$\begin{pmatrix} 1 & 1 & 1 & -2 & -1 \\ 0 & 2 & 6 & 0 & 4 \\ 0 & 0 & 0 & -1 & 2 \\ 0 & -3 & -9 & 7 & -20 \end{pmatrix}$$

これで左端の列について、階段行列の条件を満たすことができました。今度は、1行目と1列目を除いた、右下の$3 \times 4$行列について同様の操作を行ないます。このとき、1列目の値はすべて0になっているので、行に関する基本操作によって値が変化しない点に注意してください。今の場合は、2行目に$\frac{1}{2}$を掛けた後に、2行目を3倍したものを4行目に加えて、次の結果を得ます。

$$\begin{pmatrix} 1 & 1 & 1 & -2 & -1 \\ 0 & 1 & 3 & 0 & 2 \\ 0 & 0 & 0 & -1 & 2 \\ 0 & 0 & 0 & 7 & -14 \end{pmatrix}$$

この後は、同様の操作を帰納的に繰り返していきます。今の場合、3列目については、すでに階段行列の条件が満たされているので、ここは飛ばして、右下の$2 \times 2$行列に注目します。3行目を$-1$倍した後に、3行目を$-7$倍したものを4行目に加えて、次の結果を得ます。

$$\begin{pmatrix} 1 & 1 & 1 & -2 & -1 \\ 0 & 1 & 3 & 0 & 2 \\ 0 & 0 & 0 & 1 & -2 \\ 0 & 0 & 0 & 0 & 0 \end{pmatrix} \qquad (2\text{-}22)$$

これで階段行列に変形することに成功しました。この例では、4行目のみがすべて0になっているので、それ以外の行数3がこの行列のランクになります。この行数がランクになる理由は、(2-22)に対して、さらに列に関する基本操作を行なうとわかります。

Chapter 2　一般次元の実数ベクトル空間

今の場合、1列目の定数倍を各列に加えて、2列目以降の1行目の値をすべて0にできます。

$$\begin{pmatrix} 1 & 0 & 0 & 0 & 0 \\ 0 & 1 & 3 & 0 & 2 \\ 0 & 0 & 0 & 1 & -2 \\ 0 & 0 & 0 & 0 & 0 \end{pmatrix}$$

　このとき、2行目以降の値は変化しない点に注意してください。次に2列目の定数倍を3列目以降の各列に加えて、同様に、3列目以降の2行目の値をすべて0にできます。

$$\begin{pmatrix} 1 & 0 & 0 & 0 & 0 \\ 0 & 1 & 0 & 0 & 0 \\ 0 & 0 & 0 & 1 & -2 \\ 0 & 0 & 0 & 0 & 0 \end{pmatrix}$$

　同様の操作を繰り返すと、結局、各段の1のみが残った次の行列が得られます。

$$\begin{pmatrix} 1 & 0 & 0 & 0 & 0 \\ 0 & 1 & 0 & 0 & 0 \\ 0 & 0 & 0 & 1 & 0 \\ 0 & 0 & 0 & 0 & 0 \end{pmatrix} \tag{2-23}$$

　行列の各列は、標準基底の像に対応しており、これらの中で一次独立となる最大の個数がランクになるのでした。今の場合、1を含む列（1列目、2列目、4列目）が一次独立になるので、この行列のランクは3になります。したがって、(2-21)の$4 \times 5$行列のランクもまた3であり、この行列で表わされる$\mathbf{R}^5$から$\mathbf{R}^4$への一次変換は、$\mathbf{R}^5$全体を3次元の部分ベクトル空間に写すと結論づけることができます。

　繰り返しになりますが、行列の基本操作は、正則行列を掛ける操作と同等で、行列のランクを変えない点がこの議論のポイントです。階段行列の状態で一次独立となる列の最大数（すなわち、階段行列のランク）は、もとの行列において一次独立となる列の最大数（すなわち、元の行列のランク）に一致しています。この例であれば、(2-21)の行列において、各列の縦ベクトル（すなわち、標準基底の像）の中で、一次独立となるものは最大でも3個であり、これから、この一次変換の像は3次元の部分ベクトル空間になると結論づけられるのです。

なお、ここまであまり強調していませんでしたが、一般に、あるベクトルの集合がゼロベクトルを含む場合、これらは一次独立にならない点に注意してください。なぜなら、

$$c_0 \mathbf{0} + c_1 \mathbf{a}_1 + \cdots + c_k \mathbf{a}_k = \mathbf{0}$$

とした場合、$c_0 \neq 0$、$c_1, \cdots, c_k$ はすべて0、とすることで上式を満たすことができるからです。したがって、(2-23)において、ゼロベクトルの列（3列目と5列目）を含めた場合は、一次独立にはなりません。

　最後にここで、行列の基本操作が、確かに正則行列によって表わされることを示しておきます。まず、$A$を$m \times n$行列として、$A$の$k$行目、もしくは、$k$列目を定数倍する操作は、次の正則行列で実現できます。

$$P = \begin{pmatrix} 1 & & & & \\ & \ddots & & & \\ & & c & & \\ & & & \ddots & \\ & & & & 1 \end{pmatrix}$$

　これは、単位行列の$(k, k)$成分を$c\,(c \neq 0)$に置き換えたものです。$P$を$m \times m$行列として$PA$を計算すると、その結果は、$A$において、$k$行目の成分がすべて$c$倍されたものになります。あるいは、$P$を$n \times n$行列として$AP$を計算すると、$k$列目の成分がすべて$c$倍されたものになります[7]。$P$の各列を縦ベクトルと見なすと、これらは一次独立なので、$P$は正則行列であり、その逆行列は、

$$P^{-1} = \begin{pmatrix} 1 & & & & \\ & \ddots & & & \\ & & \frac{1}{c} & & \\ & & & \ddots & \\ & & & & 1 \end{pmatrix}$$

---

※7　この点は、具体例で実際に計算して確認してください。この後の$Q$、$R$についても同様です。

Chapter 2　一般次元の実数ベクトル空間

で与えられます（図2.6）。

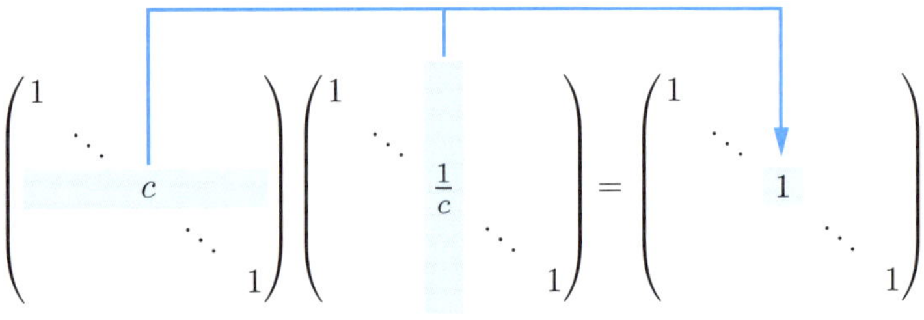

$$\begin{pmatrix} 1 & & & & \\ & \ddots & & & \\ & & c & & \\ & & & \ddots & \\ & & & & 1 \end{pmatrix} \begin{pmatrix} 1 & & & & \\ & \ddots & & & \\ & & \frac{1}{c} & & \\ & & & \ddots & \\ & & & & 1 \end{pmatrix} = \begin{pmatrix} 1 & & & & \\ & \ddots & & & \\ & & 1 & & \\ & & & \ddots & \\ & & & & 1 \end{pmatrix}$$

図2.6　$PP^{-1}$の計算

次に、$i$行目と$j$行目を入れ替える操作、もしくは、$i$列目と$j$列目を入れ替える操作は、次の正則行列で実現できます。

$$Q = \begin{pmatrix} 1 & & & & & & \\ & \ddots & & & & & \\ & & 0 & \cdots & 1 & & \\ & & \vdots & \ddots & \vdots & & \\ & & 1 & \cdots & 0 & & \\ & & & & & \ddots & \\ & & & & & & 1 \end{pmatrix}$$

これは、単位行列の第$i$列と第$j$列を入れ替えたものです。$Q$を$m \times m$行列として$QA$を計算すると、第$i$行と第$j$行を入れ替えた結果が得られます。あるいは、$Q$を$n \times n$行列として$AQ$を計算すると、第$i$列と第$j$列を入れ替えた結果が得られます。先ほどの$P$と同じ理由で、$Q$も正則行列となりますが、今の場合、同じ$Q$を2回掛けると、単位行列になることがわかります。

$$QQ = I$$

つまり、$Q^{-1} = Q$であり、$Q$自身が逆行列を与えることになります（図2.7）。

78

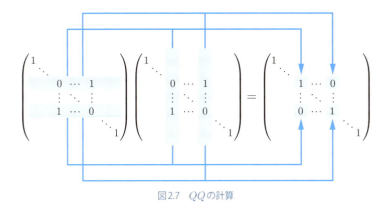

図2.7　$QQ$ の計算

最後に第 $i$ 行の $c$ 倍を第 $j$ 行に加える、もしくは、第 $i$ 列の $c$ 倍を第 $j$ 列に加えるという操作は、次の正則行列で実現されます。

$$R = \begin{pmatrix} 1 & & & & \\ & \ddots & & & \\ & & & c & \\ & & \ddots & & \\ & & & \ddots & \\ & & & & 1 \end{pmatrix}$$

これは、単位行列に対して、$(j, i)$ 成分の値を $c$ に変更したものです。$R$ を $m \times m$ 行列として $RA$ を計算すると、第 $i$ 行の $c$ 倍を第 $j$ 行に加えた結果が得られます。行列の成分で表記すると、行列 $A$ の第 $j$ 行が次のように変化するということです。

$$\begin{pmatrix} a_{j1} & \cdots & a_{jn} \end{pmatrix} \longmapsto \begin{pmatrix} a_{j1} + ca_{i1} & \cdots & a_{jn} + ca_{in} \end{pmatrix}$$

同様に、$R$ を $n \times n$ 行列として $AR$ を計算すると、第 $i$ 列の $c$ 倍を第 $j$ 列に加えた結果が得られます。行列の成分で表記すると、行列 $A$ の第 $j$ 列が次のように変化するということです。

$$\begin{pmatrix} a_{1j} \\ \vdots \\ a_{mj} \end{pmatrix} \longmapsto \begin{pmatrix} a_{1j} + ca_{1i} \\ \vdots \\ a_{mj} + ca_{mi} \end{pmatrix}$$

$R$ の各列が一次独立である、すなわち、$R$ が正則行列であることもほぼ自明ですが、具体的な逆行列については、第 $i$ 行（第 $i$ 列）の $c$ 倍を第 $j$ 行（第 $j$ 列）から引くという逆向きの操作を考えると、$R$ において、$(j, i)$ 成分の値を $c$ から $-c$ に変更したものが $R^{-1}$ であるとわかります（図2.8）。

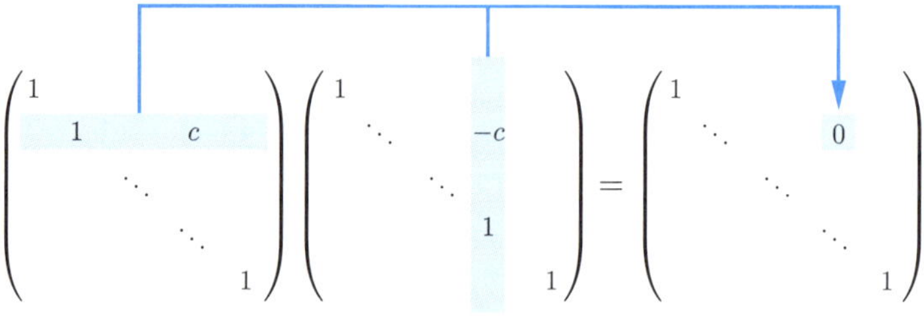

$$\begin{pmatrix} 1 & & & & \\ & 1 & c & & \\ & & \ddots & & \\ & & & \ddots & \\ & & & & 1 \end{pmatrix} \begin{pmatrix} 1 & & & & \\ & \ddots & -c & & \\ & & \ddots & & \\ & & 1 & & \\ & & & & 1 \end{pmatrix} = \begin{pmatrix} 1 & & & & \\ & \ddots & 0 & & \\ & & \ddots & & \\ & & & \ddots & \\ & & & & 1 \end{pmatrix}$$

図2.8　$RR^{-1}$ の計算

　以上の結果により、行列の基本操作が正則行列の掛け算で表わされること、すなわち、行列のランクを変えない操作であることが確認できました。

## 2.2.4　逆行列の計算方法

　前項で説明した行列の基本操作は、行列のランクを求める以外にも役立ちます。たとえば、行列の基本操作により、ある正方行列 $A$ が正則行列かどうかを確認して、正則行列である場合はその逆行列 $A^{-1}$ を求めることができます。ここでは、その具体的な手順を説明します。

　はじめに準備として、正則行列に関する基本的な性質を整理しておきます。$n$ 次の正方行列 $A$ が正則行列であるというのは、逆行列 $A^{-1}$ が存在して、

$$AA^{-1} = A^{-1}A = I$$

が成り立つということでした。$I$ は $n$ 次の単位行列です。正則行列については、逆行列の一意性が保証されます。つまり、$A^{-1}$ の他に

$$AB = I$$

となる正方行列 $B$ があったとします。このとき、上式の両辺に左から $A^{-1}$ を掛けると、

$$B = A^{-1}$$

となり、結局、$B$ は $A^{-1}$ に一致することになります。同様に、$BA = I$ となる $B$ については、右から $A^{-1}$ を掛けることで $B = A^{-1}$ が得られます。

また、「1.3.2　$2 \times 2$ 行列の逆行列」で示したように、正方行列 $A$ と $B$ がどちらも正則行列である場合、この積 $AB$ も正則行列で、その逆行列は、

$$(AB)^{-1} = B^{-1}A^{-1}$$

で与えられます。これは、次の計算で直接に確認することができます。

$$(AB)(B^{-1}A^{-1}) = A(BB^{-1})A^{-1} = AA^{-1} = I$$
$$(B^{-1}A^{-1})(AB) = B^{-1}(A^{-1}A)B = B^{-1}B = I$$

同様の計算により、複数個の正則行列の積もやはり正則行列であり、逆行列は、

$$(AB \cdots C)^{-1} = C^{-1} \cdots B^{-1}A^{-1}$$

で与えられます。

続いて、前項の結果を用いると、$n$ 次の正方行列 $A$ について、

$$\mathrm{rank}\, A = n$$

が成り立つこと、すなわち、そのランクが $n$ であることは、$A$ が正則行列であることの必要十分条件であることが証明できます ▶ 定理6 。まず、「2.2.2　一次変換と正則行列の関係」の最後に議論したように、$A$ が正則行列であれば、$\mathbf{R}^n$ の任意の一次独立な要素 $\mathbf{a}_1, \cdots, \mathbf{a}_m$ について、$A$ による像 $A\mathbf{a}_1, \cdots, A\mathbf{a}_m$ は一次独立になります。ここで、特に、一次独立な要素として標準基底 $\mathbf{e}_1, \cdots, \mathbf{e}_n$ を用いると、これらの $A$ による像 $\mathbf{e}'_1, \cdots, \mathbf{e}'_n$ は、$A$ の各列を構成する縦ベクトルに一致します。

$$A = [\mathbf{e}'_1 \ \cdots \ \mathbf{e}'_n]$$

したがって、$A$ の $n$ 個の縦ベクトルはすべて一次独立であり、$A$ のランクは $n$ になります。

Chapter 2 一般次元の実数ベクトル空間

　次に、この逆、すなわち、$A$のランクが$n$であれば、$A$は正則行列になることを示すために、行列の基本操作を利用します。前項で示したように、任意の行列$A$について、行に関する基本操作によって、図2.5（p.74）のような階段行列に変形することができます。このとき、行列の下部にある0だけが並んだ行を除いた、残りの行数がこの行列のランクに一致しました。特に$n$次の正方行列であれば、その行数は$n$なので、ランクが$n$の場合は、必ず、次のような形になります。

$$A = \begin{pmatrix} 1 & * & \cdots & \cdots \\ & 1 & * & \cdots \\ & & \ddots & \\ & & & 1 \end{pmatrix}$$

(2-24)

　これは、対角成分がすべて1で、その左下の部分がすべて0という形の行列です。そして、一旦、この形にできれば、さらに行に関する基本操作を用いて、単位行列に変形することができます。なぜなら、2行目の定数倍を1行目に加えることで$(1,2)$成分を0にすれば、2列目は、対角成分以外がすべて0になります。同じく、3行目の定数倍を加える操作を1行目と2行目に行なえば、3列目について、対角成分以外をすべて0にすることができます。同様の操作を繰り返して対角成分の右上部分をすべて0にすれば、単位行列になります。

　ここで、行に関する基本操作は、正則行列$P, Q, R$を左から掛ける操作に一致することを思い出すと、上記の結果は、$A$に左から正則行列を掛けていくことで、単位行列が得られることを示しています。つまり、この操作に用いた正則行列を$P_1, \cdots, P_k$とすると、$P = P_k \cdots P_2 P_1$として、

$$PA = I$$

が成り立ちます。さらに、正則行列の積は正則行列でしたので、$P$は正則行列であり、逆行列$P^{-1}$が存在します。そこで、上式の両辺に左から$P^{-1}$を掛けて、さらに右から$P$を掛けると、

$$P^{-1}PAP = P^{-1}IP$$

となり、これを整理して、

$$AP = I$$

が得られます。これは、$P$が$A$の逆行列$A^{-1}$になっていることを示しており、これで、$A$が正則行列であることが示されました。

さらに上記の議論から、逆行列$A^{-1}$は、行に関する基本操作に対応した正則行列$P_1, \cdots, P_k$によって計算できることがわかります。個々の操作に対応する正則行列$P_i$を考えるのは面倒な気もしますが、これを簡単に行なううまい方法があります。$n$次の正方行列$A$と$n$次の単位行列を横に並べておき、

$$[A \quad I] \tag{2-25}$$

これを$n \times 2n$行列と見なして、行に関する基本操作を行なうのです。たとえば、正則行列$P_1$に対応する基本操作を行なったとすると、これは、$A$と$I$のそれぞれに$P_1$を左から掛ける操作と一致して、その結果は、

$$[P_1 A \quad P_1 I]$$

となります。$P_1 I = P_1$なので、これは、

$$[P_1 A \quad P_1]$$

と書いてもかまいません。この後、$P_2, \cdots, P_k$に対応する操作を続けたとすると、同様の考え方により、

$$[P_k \cdots P_1 A \quad P_k \cdots P_1]$$

という結果が得られます。最終的に、左側の$A$を単位行列にすることができれば、このときに利用した$P_k \cdots P_1$が逆行列$A^{-1}$に一致するわけですが、上式の右側の部分を見ると、ちょうどうまいぐあいに、$P_k \cdots P_1$が残っています。つまり、(2-25)から出発して、$A$が単位行列になるまで行に関する基本操作を繰り返せば、右側の部分が自動的に逆行列$A^{-1}$に一致するというわけです ▶定理8 。この際、$A$の下部にすべての値が0の行ができてしまった場合は、$A$のランクは$n$より小さく、$A$には逆行列が存在しないということになります。

2.2.4 逆行列の計算方法　83

Chapter 2 一般次元の実数ベクトル空間

# 2❸ 連立一次方程式の解法

## 2.3.1 連立一次方程式と行列の基本操作

前節の最後に、行列の基本操作を用いて逆行列を求める、巧妙な方法を紹介しました。実は、この方法は、連立一次方程式の計算にも応用することができます。ここでは、行列計算の応用例として、掃き出し法による連立一次方程式の解法を説明します。この解法は、ガウスの消去法とも呼ばれます▶定理9 ※8。

今、$n$個の変数 $x_1, \cdots, x_n$ に対する $m$本の連立一次方程式が次の形で与えられているとします。

$$
\begin{aligned}
a_{11}x_1 + a_{12}x_2 + \cdots + a_{1n}x_n &= c_1 \\
a_{21}x_1 + a_{22}x_2 + \cdots + a_{2n}x_n &= c_2 \\
&\vdots \\
a_{m1}x_1 + a_{m2}x_2 + \cdots + a_{mn}x_n &= c_m
\end{aligned}
\tag{2-26}
$$

これは、行列を用いて、次のように書き直すことができます。

$$
A\mathbf{x} = \mathbf{c}
$$

ここに、$A$は方程式の左辺の係数を並べた行列で、$\mathbf{x}$と$\mathbf{c}$は、変数、および、右辺の定数項を縦に並べた縦ベクトルです。

$$
A = \begin{pmatrix} a_{11} & a_{12} & \cdots & a_{1n} \\ a_{21} & a_{22} & \cdots & a_{2n} \\ \vdots & \vdots & \ddots & \vdots \\ a_{m1} & a_{12} & \cdots & a_{mn} \end{pmatrix}, \ \mathbf{x} = \begin{pmatrix} x_1 \\ x_2 \\ \vdots \\ x_n \end{pmatrix}, \ \mathbf{c} = \begin{pmatrix} c_1 \\ c_2 \\ \vdots \\ c_m \end{pmatrix}
$$

次に、(2-26)の連立一次方程式を解く通常の手順の1つに、変数消去法があります。たとえば、$a_{11} \neq 0$ とした場合、最初の方程式を $x_1$ について解いて、これを残りの方

---

※8 本項の説明がわかりづらい場合は、「2.3.2　変数と方程式の数が一致する場合」の具体例を見てから、あらためて本項に戻ってもかまいません。

程式の $x_1$ に代入します。あるいは、最初の方程式の両辺を定数倍して $x_1$ の係数を2つ目の方程式とそろえた後に、辺々を引いて2つ目の方程式から $x_1$ を消去しても同じ結果が得られます。これを3つ目以降の方程式に対しても繰り返します。その結果、2つ目以降の方程式は、$n-1$ 個の変数 $x_2, \cdots, x_n$ に対する $m-1$ 本の連立一次方程式となります。この手順を繰り返すことで、変数の数を減らしていくのが、変数消去法の考え方です。

実は、上記の変数を消去する手順は、行列の行に関する基本操作に一致しています。具体的には、$A$ と $\mathbf{c}$ を横に並べておき、

$$[A \quad \mathbf{c}] \tag{2-27}$$

これを $m \times (n+1)$ 行列と見なして、行に関する基本操作を行ないます。たとえば、1行目を定数倍して $x_1$ の係数をそろえた後に2行目と辺々を引くという処理は、1行目の定数倍を2行目に加えるという操作に他なりません、$a_{11} = 0$ の場合は、方程式の順番を入れ替えて、$x_1$ の係数が0でないものを1つ目に持ってくればよいわけですが、これは、2つの行を入れ替えるという操作に対応します。つまり、連立一次方程式の変数を順番に消去する処理は、(2-27) の行列に対して、行に関する基本操作で $A$ を階段行列に変形する操作に合致するのです。(2-27) を上記の手順で変形していき、最終的に、$A'$ を階段行列として、

$$[A' \quad \mathbf{c}']$$

という形が得られたとすると、これは、最初の連立一次方程式を

$$A'\mathbf{x} = \mathbf{c}' \tag{2-28}$$

という形に変形したことになります、$A'$ が階段行列であることから、(2-28) の解は機械的に求めることができます。この点については、項をあらためて、いくつかのパターンに分類して見ていきます。

## 2.3.2 変数と方程式の数が一致する場合

ここでは、$n$ 個の変数 $x_1, \cdots, x_n$ に対して、$n$ 本の連立一次方程式が与えられてい

Chapter 2 一般次元の実数ベクトル空間

る場合を考えます。この場合、連立一次方程式を

$$A\mathbf{x} = \mathbf{c} \tag{2-29}$$

と表わした際に、係数を並べた行列 $A$ は $n$ 次の正方行列になります。

　ここで、特に $A$ が正則行列の場合を考えると、対応する階段行列 $A'$ は、「2.2.4　逆行列の計算方法」の (2-24) の形になります。この場合は、行に関する基本操作をさらに続けることで、単位行列まで変形することができます。(2-27) から出発して、最終的に、

$$[I \quad \mathbf{c}']$$

となります。これは、$\mathbf{c}' = (c'_1, \cdots, c'_n)^{\mathrm{T}}$ として、

$$x_1 = c'_1$$
$$\vdots$$
$$x_n = c'_n$$

と同等であり、最後に残った $\mathbf{c}'$ がそのまま連立一次方程式の解になります。

　なお、行に関する基本操作で $A$ を単位行列に変形する操作は、「2.2.4　逆行列の計算方法」で説明した逆行列を求める操作と同等です。つまり、一連の操作に対応する正則行列を $P = P_k \cdots P_1$ とすると、

$$[PA \quad P\mathbf{c}] = [I \quad \mathbf{c}']$$

という関係が成り立ち、$P$ は $A$ の逆行列 $A^{-1}$ に相当します。そして、最後に得られた解 $\mathbf{c}'$ について、

$$\mathbf{c}' = P\mathbf{c} = A^{-1}\mathbf{c}$$

という関係が成り立ちます。実は、この関係は (2-29) の両辺に左から $A^{-1}$ を掛けたものに他なりません。つまり、逆行列 $A^{-1}$ がはじめからわかっている場合は、$A^{-1}\mathbf{c}$ を計算することで即座に解が求まることになります。もちろん、一般には、最初から逆行

2.3 連立一次方程式の解法

列がわかっていることはないので、上記の手続きが役に立ちます。

簡単な例として、次の問題を解いてみましょう。

$$x_1 + 2x_2 - 2x_3 = 3$$
$$x_1 - x_2 + 3x_3 = 4$$
$$2x_1 + 3x_2 - 5x_3 = 1$$

係数と定数項を並べた行列は、次になります。ここでは、係数部分と定数項の部分が区別できるように縦棒を入れてあります。

$$\begin{pmatrix} 1 & 2 & -2 & | & 3 \\ 1 & -1 & 3 & | & 4 \\ 2 & 3 & -5 & | & 1 \end{pmatrix}$$

まず、第1行の $-1$ 倍を第2行に加える、および、第1行の $-2$ 倍を第3行に加えるという操作で次が得られます。

$$\begin{pmatrix} 1 & 2 & -2 & | & 3 \\ 0 & -3 & 5 & | & 1 \\ 0 & -1 & -1 & | & -5 \end{pmatrix}$$

第2行を $-\dfrac{1}{3}$ 倍した後、その1倍を第3行に加えます。

$$\begin{pmatrix} 1 & 2 & -2 & | & 3 \\ 0 & 1 & -\frac{5}{3} & | & -\frac{1}{3} \\ 0 & 0 & -\frac{8}{3} & | & -\frac{16}{3} \end{pmatrix}$$

最後に第3行を $-\dfrac{3}{8}$ 倍します。

$$\begin{pmatrix} 1 & 2 & -2 & | & 3 \\ 0 & 1 & -\frac{5}{3} & | & -\frac{1}{3} \\ 0 & 0 & 1 & | & 2 \end{pmatrix} \tag{2-30}$$

2.3.2 変数と方程式の数が一致する場合　87

Chapter 2　一般次元の実数ベクトル空間

　これで係数部分が階段行列になりました。この段階で、$A$ のランクは3で正則行列であることがわかります。この後は、さらに単位行列まで変形していきます。第2行の $-2$ 倍を第1行に加えます。

$$
\begin{pmatrix}
1 & 0 & \frac{4}{3} & | & \frac{11}{3} \\
0 & 1 & -\frac{5}{3} & | & -\frac{1}{3} \\
0 & 0 & 1 & | & 2
\end{pmatrix}
$$

最後に第3行の $-\dfrac{4}{3}$ 倍を第1行に加え、$\dfrac{5}{3}$ 倍を第2行に加えます。

$$
\begin{pmatrix}
1 & 0 & 0 & | & 1 \\
0 & 1 & 0 & | & 3 \\
0 & 0 & 1 & | & 2
\end{pmatrix}
$$

　以上により、この連立一次方程式の解は、$(x_1, x_2, x_3) = (1, 3, 2)$ と決まりました。

　なお、この例では、$A$ を単位行列に変形するところまで行列の基本操作を進めましたが、実用上、連立一次方程式の解を求める上では、階段行列まで変形できれば十分です。具体的には、階段行列 (2-30) に対応する方程式を書き下すと次になります。

$$
\begin{aligned}
x_1 + 2x_2 - 2x_3 &= 3 \\
x_2 - \frac{5}{3}x_3 &= -\frac{1}{3} \\
x_3 &= 2
\end{aligned}
$$

最後の方程式から、$x_3 = 2$ と決まるので、これを2つ目の方程式に代入して、

$$
x_2 = \frac{5}{3}x_3 - \frac{1}{3} = 3
$$

と $x_2$ が決まります。さらに、これらの結果を1つ目の方程式に代入して、

$$
x_1 = -2x_2 + 2x_3 + 3 = 1
$$

88

と $x_1$ が決まります。このように、下の行から順に処理をすることで、$x_3 \to x_1$ の順に解を決定することができます。

次に、$A$ が正則行列にならない場合を考えます。この場合、$A$ を階段行列に変形すると、下部に値がすべて $0$ の行が現われます。このとき、その右側にある定数項が $0$ になるかどうかで大きく状況が異なります。たとえば、次の例を考えます。

$$\begin{pmatrix} 1 & 1 & -2 & | & 1 \\ 0 & 1 & 3 & | & 3 \\ 0 & 0 & 0 & | & 2 \end{pmatrix}$$

この場合、最下行に対応する方程式をそのまま書き下すと次になります。

$$0 \cdot x_1 + 0 \cdot x_2 + 0 \cdot x_3 = 2$$

この左辺は常に $0$ になるため、この関係を満たす $(x_1, x_2, x_3)$ は存在しません。つまり、最初の連立一次方程式には解が存在しません。一方、次の例はどうでしょうか?

$$\begin{pmatrix} 1 & 1 & -2 & | & 1 \\ 0 & 1 & 3 & | & 3 \\ 0 & 0 & 0 & | & 0 \end{pmatrix} \tag{2-31}$$

この場合、最下行に対応する方程式

$$0 \cdot x_1 + 0 \cdot x_2 + 0 \cdot x_3 = 0$$

は、任意の $(x_1, x_2, x_3)$ に対して常に成立します。したがって、この行は無視することができて、残りの行に対応する方程式

$$x_1 + x_2 - 2x_3 = 1$$
$$x_2 + 3x_3 = 3$$

を解けばよいことになります。この例では、3つの変数に対して、方程式が2本しかないので、解は一意に定まりませんが、係数部分が階段行列になっているため、正則行列の場合と同じ考え方で、系統的に一般解を求めることができます。先ほどの正則行列の

Chapter 2 一般次元の実数ベクトル空間

例を思い出すと、一番下の行に対応する方程式から $x_3$ が決まりました。今の場合、一番下の行が常に成立することから、$x_3$ は任意の値を取ることができて、ここでは、変数 $t$ を用いて、

$$x_3 = t$$

と置きます。これを上記2つ目の方程式に代入して $x_2$ を求めると、

$$x_2 = -3x_3 + 3 = -3t + 3$$

が得られます。さらに、これらの結果を1つ目の方程式に代入して $x_1$ を求めると、

$$x_1 = -x_2 + 2x_3 + 1 = 5t - 2$$

と決まります。以上をまとめると、$t$ を任意の実数として、

$$x_1 = 5t - 2$$
$$x_2 = -3t + 3$$
$$x_3 = t$$

がこの連立一次方程式の一般解になります。

　一般に、$n$ 次の正方行列 $A$ のランクを $r$ とすると、これを階段行列 $A'$ に変形した場合、下から $n - r$ 個分の行がすべて0になります。したがって、上記の結果は、次のようにまとめられます。まず、行列 $[A \quad \mathbf{c}]$ に対して、行に関する基本操作を適用して、$A$ を階段行列にしたものを $[A' \quad \mathbf{c}']$ とします。このとき、$\mathbf{c}'$ の下から $n - (\mathrm{rank}\ A)$ 個分の要素がすべて0であれば、対応する連立一次方程式は解を持ちます。また、先に示したように、$\mathrm{rank}\ A = n$、すなわち、$A$ が正則行列であれば、対応する連立一次方程式の解は一意に定まります。

## 2.3.3 変数と方程式の数が一致しない場合

　ここでは、$m \neq n$ として、$m$ 個の変数 $x_1, \cdots, x_m$ に対して、$n$ 本の連立一次方程式が与えられている場合を考えます。$n > m$ と $n < m$ のそれぞれの場合で少し状況は異なりますが、基本的には、前項と同じテクニックで問題を解くことができます。特

に今の場合、係数を並べた行列$A$は$n \times m$行列になりますが、この行列のランクは最大でも$\min(n, m)$になります[9]。行列$A$に含まれる縦ベクトルは$m$個なので、$A$のランクは$m$以下になるはずですが、それぞれの縦ベクトルは$n$次元の実数ベクトルなので、これらの中で一次独立になれるのは$n$個以下に限定される点に注意してください。

それではまず、$n > m$の場合を考えます。この場合、方程式の数（$n$本）が変数の個数（$m$個）よりも多いので、すべての方程式を満たす解が存在しない可能性があります。これは、$A$のランクが$m$以下であることにちょうど対応しています。具体的に言うと、行列$[A \ \mathbf{c}]$に対して、行に関する基本変形で$A$を階段行列に変形した結果が$[A' \ \mathbf{c}']$になったとします。このとき、$A'$の下から$(n - m)$行分は必ず$0$になるので、対応する$\mathbf{c}'$の要素が$0$でなければ、この連立一次方程式は解を持ちません。

一方、$n$本の方程式の中に、実質的に同じ内容のものがあるとどうなるでしょうか？具体例として、次の連立一次方程式を考えてみます。

$$x_1 + x_2 = 3 \ \cdots \ (1)$$
$$x_1 - x_2 = 2 \ \cdots \ (2)$$
$$x_1 + 3x_2 = 4 \ \cdots \ (3)$$

この場合、$(1) \times 2 - (2)$で$(3)$が得られるので、実質的には、$(1)$、$(2)$だけで解が決まります。これは、$[A \ \mathbf{c}]$に対して行に関する基本変形を適用した際に、ちょうど、1行目と2行目からの寄与で、3行目の値が（定数項$\mathbf{c}$の要素を含めて）すべて$0$になることに対応します。具体的には、次の結果が得られます。

$$\begin{pmatrix} 1 & 1 & | & 3 \\ 0 & 1 & | & \frac{1}{2} \\ 0 & 0 & | & 0 \end{pmatrix}$$

これは、一番下の行を除けば、$(1)$、$(2)$と同等の連立一次方程式に対応することがわかります。このように、行に関する基本変形によって、実質的に同じ内容の方程式がうまく消去されることがわかります。

次に、$n < m$の場合を考えます。この場合は、方程式の数（$n$本）が変数の個数

---

[9] $\min(n, m)$は、$n$と$m$の小さいほうの値を選択するという意味です。

Chapter 2 　一般次元の実数ベクトル空間

（$m$ 個）よりも少ないので、一般には、解が一意に定まりません。これは、本質的には
(2-31) の例と同等と言えるでしょう。たとえば、次の例を考えます。

$$x_1 + x_2 - 2x_3 = 1$$
$$x_1 + 2x_2 + x_3 = 4$$

　この場合、行列 $[A \;\; \mathbf{c}]$ に対して、行に関する基本変形を適用すると、次の結果が得
られます。

$$\begin{pmatrix} 1 & 1 & -2 & | & 1 \\ 0 & 1 & 3 & | & 3 \end{pmatrix}$$

　これはあくまで意図的に用意した例ですが、(2-31) の一番下の行を除いたものと同
じ結果が得られました。したがって、(2-31) の場合と同様に、$x_3$ に任意の値 $t$ を割り
当てて、$x_1, x_2$ について解いた結果がこの連立一次方程式の一般解になります。

　以上の例からわかるように、行に関する基本変形によって、変数の個数に対する実質
的な方程式の本数の過不足、あるいは、互いに矛盾する方程式の存在が明確になりま
す。これにより、一定のアルゴリズムにもとづいて、連立一次方程式を系統的に解くこ
とが可能になるのです。

92

2.4 主要な定理のまとめ

# 2 4 主要な定理のまとめ

ここでは、本章で示した主要な事実を定理、および、定義としてまとめておきます。

## 定義8 $n$ 次元実数ベクトル空間

$n$ を任意の自然数とするとき、$n$ 個の実数の組 $(x_1, \cdots, x_n)$ をすべて集めた集合を $\mathbf{R}^n$ と表わす。

$$\mathbf{R}^n = \{(x_1, \cdots, x_n) \mid x_1, \cdots, x_n \in \mathbf{R}\}$$

$\mathbf{R}^n$ に対して、スカラー倍と和を定義したものを $n$ 次元実数ベクトル空間と呼ぶ。ここで、スカラー倍は、$k$ を任意の実数として、

$$k(a_1, \cdots, a_n) = (ka_1, \cdots, ka_n)$$

で定義される。また、$\mathbf{R}^n$ の2つの要素の和は、次で定義される。

$$(a_1, \cdots, a_n) + (b_1, \cdots, b_n) = (a_1 + b_1, \cdots, a_n + b_n)$$

## 定義9 一次従属性と一次独立性

$n$ 次元実数ベクトル空間 $\mathbf{R}^n$ の複数の要素 $\mathbf{a}_1, \cdots, \mathbf{a}_k$ について、

$$c_1 \mathbf{a}_1 + \cdots + c_k \mathbf{a}_k = \mathbf{0}$$

を満たす実数の組 $c_1, \cdots, c_k$（少なくとも1つは0でない）が存在するとき、これらは一次従属であると言う。

逆に、上記を満たす $c_1, \cdots, c_k$ が、すべて0の場合を除いて存在しないとき、これらは一次独立であると言う。

## 定義10 基底ベクトル

$n$ 次元実数ベクトル空間 $\mathbf{R}^n$ に $n$ 個の一次独立な要素 $\mathbf{a}_1, \cdots, \mathbf{a}_n$ が存在して、任意の要素 $\mathbf{x}$ がこれらの線形結合で、

$$\mathbf{x} = c_1 \mathbf{a}_1 + \cdots + c_n \mathbf{a}_n$$

Chapter 2　一般次元の実数ベクトル空間

のように表わされるとき、$\mathbf{a}_1, \cdots, \mathbf{a}_n$ を $\mathbf{R}^n$ の基底ベクトルと呼ぶ。

### 定義11. 部分ベクトル空間

$\mathbf{R}^n$ の部分集合 $E$ において、これらの要素が和、および、スカラー倍について閉じている、すなわち、

$$\text{任意の } \mathbf{a}, \mathbf{b} \in E \text{ について、} \mathbf{a} + \mathbf{b} \in E \text{ となる。}$$
$$\text{任意の } \mathbf{a} \in E \text{ と } k \in \mathbf{R} \text{ について、} k\mathbf{a} \in E \text{ となる。}$$

という2つの条件が成立する場合、$E$ を $\mathbf{R}^n$ の部分ベクトル空間と言う。

### 定義12. 一次変換

$m \times n$ 行列 $A$ を用いて定義された写像

$$\varphi : \mathbf{R}^n \longrightarrow \mathbf{R}^m$$
$$\mathbf{x} \longmapsto A\mathbf{x}$$

を一次変換と呼ぶ。

### 定理3. 一次変換の線形性

一次変換 $\varphi$ は、任意の

$$\mathbf{x} = c_1\mathbf{a}_1 + \cdots + c_n\mathbf{a}_n$$

に対して、

$$\varphi(\mathbf{x}) = c_1\varphi(\mathbf{a}_1) + \cdots + c_n\varphi(\mathbf{a}_n)$$

を満たす。これを一次変換の線形性と呼ぶ。

逆に、$\mathbf{R}^n$ から $\mathbf{R}^m$ への写像で線形性を満たすものは、$m \times n$ 行列 $A$ を用いた一次変換として表わすことができる。

### 定理4. 一次変換が全単射になる条件

$\mathbf{R}^n$ から $\mathbf{R}^n$ への一次変換 $\varphi$ について、これに対応する $n$ 次の正方行列を $A$ とする

と、次はどちらも $\varphi$ が全単射になるための必要十分条件である。

- $A$ の各列を構成する縦ベクトルは、すべて一次独立である。
- $A$ は正則行列である。

### 定理5 一次変換が単射になる条件

$\mathbf{R}^n$ から $\mathbf{R}^m$ への一次変換 $\varphi$ において、$\varphi(\mathbf{x}) = \mathbf{0}$ を満たす要素、すなわち、ゼロベクトルに写される要素が $\mathbf{x} = \mathbf{0}$ のみであることは、$\varphi$ が単射であることの必要十分件である。

### 定義13 行列のランク

行列 $A$ について、各列を構成する縦ベクトルの中で、一次独立になるものの最大の個数を行列 $A$ のランクと呼び、記号 $\text{rank}\, A$ で表わす。

### 定義14 行列の基本操作

行列に対する次の操作を行列の基本操作と呼ぶ。

#### 1. 行に関する基本操作

- 2つの行を入れ替える。
- ある行を定数倍する（0倍を除く）。
- ある行の定数倍を他の行に加える。

#### 2. 列に関する基本操作

- 2つの列を入れ替える。
- ある列を定数倍する（0倍を除く）。
- ある列の定数倍を他の列に加える。

### 定理6 正則行列と行列のランク

$n$ 次の正方行列 $A$ について、$\text{rank}\, A = n$ は、$A$ が正則行列であることの必要十分件である。言い換えると、

$$A = [\mathbf{a}_1 \ \cdots \ \mathbf{a}_n]$$

とするとき、$\mathbf{a}_1, \cdots, \mathbf{a}_n$ が一次独立であることは、$A$ が正則行列であることの必要十分条件である。

### 定義15 階段行列

図2.9の形をした、階段状の行列を階段行列と呼ぶ。

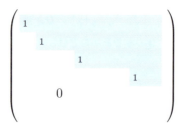

図2.9 階段行列の構造

### 定理7 行列のランクの計算方法

行列 $A$ を行に関する基本操作で階段行列に変形する。このとき、図2.9の色付き部分の行数が行列 $A$ のランクに一致する。

### 定理8 逆行列の計算方法

$n$ 次の正方行列 $A$ と $n$ 次の単位行列を $I$ を並べた $n \times 2n$ 行列

$$[A \ \ I]$$

に対して、行に関する基本操作を行なって、$A$ の部分を単位行列にしたものを

$$[I \ \ P]$$

とする。具体的には、はじめに $A$ の部分を階段行列にした後に、さらに、単位行列に変形する。このとき、$P$ の部分は $A$ の逆行列 $A^{-1}$ に一致する。

$A$ が正則行列でない場合は、階段行列の下部にすべての値が0の行ができるため、そこから単位行列にすることはできない。

2.4 主要な定理のまとめ

### 定理9 ガウスの消去法

変数 $x_1, \cdots, x_n$ に対する連立方程式

$$
\begin{aligned}
a_{11}x_1 + a_{12}x_2 + \cdots + a_{1n}x_n &= c_1 \\
a_{21}x_1 + a_{22}x_2 + \cdots + a_{2n}x_n &= c_2 \\
&\vdots \\
a_{m1}x_1 + a_{m2}x_2 + \cdots + a_{mn}x_n &= c_m
\end{aligned}
$$

について、これを行列を用いて次のように表わす。

$$
A\mathbf{x} = \mathbf{c}
$$

ここに、$A$ は方程式の左辺の係数を並べた行列で、$\mathbf{x}$ と $\mathbf{c}$ は、変数、および、右辺の定数項を縦に並べた縦ベクトルである。

$$
A = \begin{pmatrix} a_{11} & a_{12} & \cdots & a_{1n} \\ a_{21} & a_{22} & \cdots & a_{2n} \\ \vdots & \vdots & \ddots & \vdots \\ a_{m1} & a_{m2} & \cdots & a_{mn} \end{pmatrix}, \ \mathbf{x} = \begin{pmatrix} x_1 \\ x_2 \\ \vdots \\ x_n \end{pmatrix}, \ \mathbf{c} = \begin{pmatrix} c_1 \\ c_2 \\ \vdots \\ c_m \end{pmatrix}
$$

次に、$A$ と $\mathbf{c}$ を並べた $m \times (n+1)$ 行列

$$
[A \ \ \mathbf{c}]
$$

に対して、行に関する基本操作を行ない、$A$ の部分を階段行列にしたものを

$$
[A' \ \ \mathbf{c}']
$$

とする。このとき、連立方程式

$$
A'\mathbf{x} = \mathbf{c}'
$$

はもとの連立方程式と同値である、$A'$ が階段行列であることから、この連立方程式の解は容易に求めることができる。

# 2.5 演習問題

**問1** $n$個の実数ベクトル $\mathbf{a}_1, \cdots, \mathbf{a}_n$ は一次従属であり、$m = k+1, \cdots, n$ について、$\mathbf{a}_m$ は、$\mathbf{a}_1, \cdots, \mathbf{a}_{m-1}$ の線形結合で表わされるものとする。このとき、$\mathbf{a}_{k+1}, \cdots, \mathbf{a}_n$ は、すべて、$\mathbf{a}_1, \cdots, \mathbf{a}_k$ の線形結合で表わされることを証明せよ。

> **ヒント** $\mathbf{a}_m \, (m = k+1, \cdots, n)$ について、$m = k+1$ から順に帰納的に証明する。

**問2** 次の実数ベクトルの組は一次従属である。この中から、最低、何個を取り除けば、一次独立になるか求めよ。

$$\begin{pmatrix} 1 \\ -2 \\ 3 \end{pmatrix}, \begin{pmatrix} 3 \\ -5 \\ 8 \end{pmatrix}, \begin{pmatrix} 1 \\ -1 \\ 2 \end{pmatrix}, \begin{pmatrix} -8 \\ 13 \\ -21 \end{pmatrix}$$

**問3** 次の正方行列 $A$ のランクを求めよ。また、逆行列が存在する場合は、逆行列 $A^{-1}$ を求めよ。

$$A = \begin{pmatrix} 1 & 2 & 1 \\ -1 & -1 & 2 \\ 1 & 0 & -3 \end{pmatrix}$$

2.5 演習問題

**問4** 次の行列 $A$ が表わす、$\mathbf{R}^3$ から $\mathbf{R}^3$ への一次変換を考える。

$$A = \begin{pmatrix} 2 & -2 & 1 \\ 1 & 2 & -4 \\ -3 & 2 & 0 \end{pmatrix}$$

この写像による像が作る部分ベクトル空間を $E = \{A\mathbf{x} \mid \mathbf{x} \in \mathbf{R}^3\}$ とするとき、$E$ の部分ベクトル空間としての次元を求めよ。

**問5** 次の連立一次方程式の一般解を求めよ。

(1)
$$\begin{aligned} x_1 - x_2 - 2x_3 + 2x_4 &= 5 \\ 2x_1 - x_2 - 3x_3 + 3x_4 &= 10 \\ -x_1 + 3x_2 + 3x_3 - 2x_4 &= 2 \\ x_1 + 2x_2 - x_4 &= -10 \end{aligned}$$

(2)
$$\begin{aligned} x_1 - 2x_2 + 8x_3 - 3x_4 &= 7 \\ -2x_1 + 3x_2 - 13x_3 + 2x_4 &= -2 \\ 3x_1 + 3x_2 - 3x_3 + 2x_4 &= 13 \end{aligned}$$

# Chapter 3 行列式

- **3.1 行列式の定義と基本的な性質**
  - 3.1.1 行列式の定義
  - 3.1.2 行列式の交代性と多重線形性
  - 3.1.3 行列式の幾何学的意味
- **3.2 行列式の特徴**
  - 3.2.1 行列式の一意性
  - 3.2.2 転置行列と積に関する公式
  - 3.2.3 行列式と一次独立性
- **3.3 行列式の計算手法**
  - 3.3.1 ブロック型行列の行列式
  - 3.3.2 余因子展開と逆行列
- **3.4 主要な定理のまとめ**
- **3.5 演習問題**

本章では、「1.3.2 2 × 2 行列の逆行列」で導入した行列式を一般の $n$ 次元の正方行列に拡張します。定義そのものは単純ですが、その背後には交代性や多重線形性など、興味深い性質が隠されており、行列式を通して、行列の性質を読み解くことが可能になります。

# 3.1 行列式の定義と基本的な性質

## 3.1.1 行列式の定義

$m \times n$ 行列 $A$ を $\mathbf{R}^n$ から $\mathbf{R}^m$ への一次変換と見なした場合、$A$ の成分は、標準基底 $\mathbf{e}_1, \cdots, \mathbf{e}_n$ の像 $\mathbf{e}'_1, \cdots, \mathbf{e}'_n$ を縦ベクトルとして並べたものと見なすことができました。特に $n$ 次元の正方行列 $A$ の場合は、$n$ 個の $n$ 次元実数ベクトル $\mathbf{a}_1, \cdots, \mathbf{a}_n$ を縦ベクトルとして並べたものと見なすことができます。

$$A = [\mathbf{a}_1 \;\; \mathbf{a}_2 \;\; \cdots \;\; \mathbf{a}_n]$$

行列式 $\det A$ は、実数値を成分とする正方行列 $A$ に対して1つの実数値を与えるものですが、この後で明らかになるように、上記の $n$ 個の縦ベクトルの性質、特に、一次独立性を反映するという特徴があります。

行列式の計算方法を言葉で説明すると、次のようになります。まず、上記の $n$ 個の縦ベクトルのそれぞれから、互いに異なる位置の成分を取り出して、それらの積を計算します。たとえば、2次元の正方行列

$$A = \begin{pmatrix} a & b \\ c & d \end{pmatrix}$$

の場合、各列を構成する縦ベクトルは、

$$\mathbf{a}_1 = \begin{pmatrix} a \\ c \end{pmatrix}, \; \mathbf{a}_2 = \begin{pmatrix} b \\ d \end{pmatrix}$$

になります。それぞれから異なる位置の成分を取り出した場合、第1成分と第2成分の組み合わせで、$ad$と$cb$の2種類の値が得られます。

次に、それぞれの積に対して、$\mathbf{a}_1, \cdots, \mathbf{a}_n$のどの成分を取り出したかを示す数字を並べます。上記の例であれば、$ad$は、$\mathbf{a}_1$からは第1成分、$\mathbf{a}_2$からは第2成分を取り出しているので、$(1, 2)$が得られます。同様に、$cb$からは$(2, 1)$が得られます。そして、これらの数字の並びが$(1, \cdots, n)$の偶置換、もしくは、奇置換のどちらであるかを調べます。これは、$(1, \cdots, n)$から出発して、任意の2つの数字を入れ替えていった際に、偶数回、もしくは、奇数回のどちらの回数の並べ替えで、該当の数字の並びが得られるかを確認するということです[※1]。$(1, 2)$は0回の入れ替えなので偶置換、$(2, 1)$は1回の入れ替えなので奇置換となります。

最後に、偶置換であれば$+1$、奇置換であれば$-1$を掛けて、先ほどの成分の積を足し合わせれば、これが行列式$\det A$の値になります。今の例であれば、

$$\det A = (+1) \times ad + (-1) \times cb = ad - bc \tag{3-1}$$

となり、以前に定義した$2 \times 2$行列の行列式が確かに再現されます。計算規則を確認するために、念のため、3次元の場合も具体的に計算してみましょう。3次元の正方行列

$$A = \begin{pmatrix} a_{11} & a_{12} & a_{13} \\ a_{21} & a_{22} & a_{23} \\ a_{31} & a_{32} & a_{33} \end{pmatrix}$$

に対して、各列を構成する縦ベクトルは、

$$\mathbf{a}_1 = \begin{pmatrix} a_{11} \\ a_{21} \\ a_{31} \end{pmatrix}, \ \mathbf{a}_2 = \begin{pmatrix} a_{12} \\ a_{22} \\ a_{32} \end{pmatrix}, \ \mathbf{a}_3 = \begin{pmatrix} a_{13} \\ a_{23} \\ a_{33} \end{pmatrix}$$

となります。それぞれから異なる位置の成分を取り出す場合、どのような組み合わせがあるでしょうか？ 選んだ成分の位置、各成分の積、偶置換・奇置換の違いをまとめて示すと次のようになります。

---

[※1] 偶数回と奇数回のどちらになるかは、数字を入れ替える順番によって変わらない点に注意してください。

Chapter 3　行列式

$$(1, 2, 3)\quad a_{11}a_{22}a_{33}\quad 偶置換$$
$$(1, 3, 2)\quad a_{11}a_{32}a_{23}\quad 奇置換$$
$$(2, 1, 3)\quad a_{21}a_{12}a_{33}\quad 奇置換$$
$$(2, 3, 1)\quad a_{21}a_{32}a_{13}\quad 偶置換$$
$$(3, 1, 2)\quad a_{31}a_{12}a_{23}\quad 偶置換$$
$$(3, 2, 1)\quad a_{31}a_{22}a_{13}\quad 奇置換$$

したがって、先ほどのルールに従って行列式を計算すると、次の結果が得られます。

$$\det A = a_{11}a_{22}a_{33} - a_{11}a_{32}a_{23} - a_{21}a_{12}a_{33}$$
$$+ a_{21}a_{32}a_{13} + a_{31}a_{12}a_{23} - a_{31}a_{22}a_{13} \tag{3-2}$$

以上のルールを $n$ 次元の正方行列について、記号で表記すると次のようになります ▶定義16 。

$$\det A = \sum_{i_1, \cdots, i_n} \operatorname{sign}(i_1, \cdots, i_n)\, a_{i_1 1} a_{i_2 2} \cdots a_{i_n n} \tag{3-3}$$

　ここで、$i_1, \cdots, i_n$ についての和は、$n$ 個の数字 $1, \cdots, n$ を並べ替えた $n!$ 個のパターンについての和を表わし、$\operatorname{sign}(i_1, \cdots, i_n)$ は、この並べ替えが偶置換であれば $+1$、奇置換であれば $-1$ という値を取ります。これが行列式の一般的な定義となります。この式が意味する内容は前述のルールそのものなので、この定義式をそのまま暗記する必要はないでしょう。

## 3.1.2　行列式の交代性と多重線形性

　前項で説明した定義から証明できる行列式の重要な性質に、交代性と多重線形性があります ▶定理10 。まず、交代性というのは、列を構成する縦ベクトルの任意の2つを入れ替えると、行列式の符号が変わるというものです。抽象的に記号で書くと、次のようになります。

$$\det [\,\cdots\; \mathbf{a}_i \;\cdots\; \mathbf{a}_j \;\cdots\,] = -\det [\,\cdots\; \mathbf{a}_j \;\cdots\; \mathbf{a}_i \;\cdots\,] \tag{3-4}$$

これは、2次元の場合であれば、

$$\det \begin{pmatrix} a & b \\ c & d \end{pmatrix} = -\det \begin{pmatrix} b & a \\ d & c \end{pmatrix}$$

ということです。(3-1)を適用すると、これは、

$$ad - bc = -(bc - ad)$$

となり、確かに成り立つことがわかります。3次元の場合は、どの2列を入れ替えるかでいくつかのパターンが考えられますが、たとえば、1列目と2列目を入れ替えた場合であれば、

$$\det \begin{pmatrix} a_{11} & a_{12} & a_{13} \\ a_{21} & a_{22} & a_{23} \\ a_{31} & a_{32} & a_{33} \end{pmatrix} = -\det \begin{pmatrix} a_{12} & a_{11} & a_{13} \\ a_{22} & a_{21} & a_{23} \\ a_{32} & a_{31} & a_{33} \end{pmatrix}$$

ということになります。これもまた、(3-2)を適用して、それぞれの計算式を書き下すと、確かに成り立つことがわかります。具体的には、(3-2)を次のように書き換えるとすぐにわかります。

$$\det A = (a_{11}a_{22} - a_{21}a_{12})a_{33} - (a_{11}a_{23} - a_{21}a_{13})a_{32} + (a_{12}a_{23} - a_{22}a_{13})a_{31}$$

　それぞれの括弧内は、1列目の成分と2列目の成分を入れ替えると、ちょうど符号が変わる形になっています。

　このような交代性が一般に成り立つ理由は、偶置換と奇置換に対する符号 $\mathrm{sign}(i_1, \cdots, i_n)$ の違いにあります。たとえば、行列

$$A = \begin{bmatrix} \mathbf{a}_1 & \mathbf{a}_2 & \cdots \end{bmatrix}$$

に対する行列式において、ある特定の項 $a_{i1}a_{j2}\cdots$ の符号が $+1$ だったとします。これは、$(1, 2, \cdots)$ から $(i, j, \cdots)$ への並べ替えが偶置換であることを意味します。一方、これと同じ項が、行列

$$A' = \begin{bmatrix} \mathbf{a}_2 & \mathbf{a}_1 & \cdots \end{bmatrix}$$

Chapter 3 行列式

に対する行列式の中に現われたなら、その符号はどうなるでしょうか？　この場合は、$(2, 1, \cdots)$ から $(i, j, \cdots)$ への並べ替えに相当するので、これは奇置換になります。なぜなら、$(2, 1, \cdots)$ を $(1, 2, \cdots)$ に入れ替えた後で、さらに $(i, j, \cdots)$ に並べ替えたと考えれば、入れ替えの回数はちょうど1回だけ多いことになるからです。これと同じことがすべての項に対して言えるので、結局、$A$ と $A'$ の行列式は、全体として符号違いになります。同じ議論が、任意の2つの列に対して成り立つことも明らかです。

　次の多重線形性は、2つの性質に分解して考えることができます。1つ目は、$k$ を任意の定数として、

$$\det [ \ \cdots \ k\mathbf{a}_i \ \cdots \ ] = k \det [ \ \cdots \ \mathbf{a}_i \ \cdots \ ] \tag{3-5}$$

が成り立つことです。これは、行列 $A$ について、任意の列を $k$ 倍すると、その行列式は $k$ 倍になるという意味です。この理由は簡単で、(3-3) の定義を思い出すと、$i$ 列目の縦ベクトル $\mathbf{a}_i$ の成分は、和を取るすべての項にちょうど1回ずつ出現します。したがって、$\mathbf{a}_i$ を $k$ 倍すると、各項が共通に $k$ 倍されて、行列式は $k$ 倍になります。定義式にもとづいて示すと、次のようになります。

$$\begin{aligned} \det [ \ \cdots \ k\mathbf{a}_j \ \cdots \ ] &= \sum_{i_1,\cdots,i_n} \operatorname{sign}(i_1,\cdots,i_n) \, a_{i_1 1} \cdots k a_{i_j j} \cdots a_{i_n n} \\ &= k \sum_{i_1,\cdots,i_n} \operatorname{sign}(i_1,\cdots,i_n) \, a_{i_1 1} \cdots a_{i_j j} \cdots a_{i_n n} \\ &= k \det [ \ \cdots \ \mathbf{a}_j \ \cdots \ ] \end{aligned}$$

　そしてもう1つは、

$$\det [ \ \cdots \ \mathbf{a}_i + \mathbf{a}_i' \ \cdots \ ] = \det [ \ \cdots \ \mathbf{a}_i \ \cdots \ ] + \det [ \ \cdots \ \mathbf{a}_i' \ \cdots \ ] \tag{3-6}$$

が成り立つことです。これもまた、$i$ 列目の縦ベクトル $\mathbf{a}_i + \mathbf{a}_i'$ の成分が、和を取るすべての項にちょうど1回ずつ出現することから成り立ちます。定義式にもとづいて示すと、次のようになります。

$$\det [ \cdots \ \mathbf{a}_j + \mathbf{a}'_j \ \cdots ] = \sum_{i_1, \cdots, i_n} \mathrm{sign}(i_1, \cdots, i_n) \, a_{i_1 1} \cdots (a_{i_j j} + a'_{i_j j}) \cdots a_{i_n n}$$

$$= \sum_{i_1, \cdots, i_n} \mathrm{sign}(i_1, \cdots, i_n) \, a_{i_1 1} \cdots a_{i_j j} \cdots a_{i_n n}$$

$$+ \sum_{i_1, \cdots, i_n} \mathrm{sign}(i_1, \cdots, i_n) \, a_{i_1 1} \cdots a'_{i_j j} \cdots a_{i_n n}$$

$$= \det [ \cdots \ \mathbf{a}_j \ \cdots ] + \det [ \cdots \ \mathbf{a}'_j \ \cdots ]$$

これらの結果は、p.55「2.2.1 一次変換の性質」で見た、一次変換の線形性 (2-4) (2-5) と同じ形をしていることがわかります。言い換えると、行列式の計算では、行列を構成する各列の縦ベクトルについて線形性が成り立っており、この性質を多重線形性と呼びます。

### 3.1.3 行列式の幾何学的意味

p.31「行列式と面積の関係」で説明したように、2次元の実数ベクトル空間の場合、正方行列 $A$ の行列式には、平行四辺形の面積という意味がありました。本章で導入した記号を用いると、

$$A = [\mathbf{a}_1 \ \mathbf{a}_2]$$

として、2つの実数ベクトル $\mathbf{a}_1, \mathbf{a}_2 \in \mathbf{R}^2$ が張る平行四辺形の面積が $\det A$ で与えられます。より正確に言うと、$\mathbf{a}_1, \mathbf{a}_2$ の位置関係が右手系であれば正、左手系であれば負の値として計算されます。この符号の違いは、ちょうど、前項で説明した行列式の交代性に対応します。$\mathbf{a}_1, \mathbf{a}_2$ が右手系というのは、$\mathbf{a}_1$ から見て、反時計回りの位置に $\mathbf{a}_2$ があるということなので、この順序を入れ替えて $\mathbf{a}_2, \mathbf{a}_1$ にすればこれらは左手系になります。したがって、

$$\det [\mathbf{a}_1 \ \mathbf{a}_2] = - \det [\mathbf{a}_2 \ \mathbf{a}_1]$$

となるべきですが、これは、先に説明した交代性に他なりません。多重線形性についても同様に、平行四辺形の面積として図形的に解釈することができます。たとえば、

$$\det [k\mathbf{a}_1 \ \mathbf{a}_2] = k \det [\mathbf{a}_1 \ \mathbf{a}_2]$$

は、一辺の長さを$k$倍すると平行四辺形の面積が$k$倍になるということです。あるいは、

$$\det [\mathbf{a}_1 + \mathbf{a}_1' \quad \mathbf{a}_2] = \det [\mathbf{a}_1 \quad \mathbf{a}_2] + \det [\mathbf{a}_1' \quad \mathbf{a}_2]$$

は、図3.1において、3種類の平行四辺形の面積について、

$$\text{OABC} + \text{OA}'\text{B}'\text{C} = \text{OA}''\text{B}''\text{C}$$

が成り立つことを表わします[※2]。

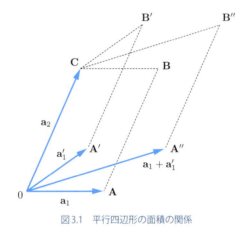

図3.1 平行四辺形の面積の関係

また、面積の意味を考えると自明ですが、単位行列

$$I = [\mathbf{e}_1 \quad \mathbf{e}_2]$$

の行列式はちょうど1になります。ここに、$\mathbf{e}_1 = (1, 0)^\mathrm{T}$, $\mathbf{e}_2 = (0, 1)^\mathrm{T}$ は $\mathbf{R}^2$ の標準基底を表わします。

さて、ここまで、2次元の実数ベクトルで考えましたが、これと同じ考え方が、3次元以上の場合にも適用できます。まず、3次元空間における右手系と左手系を定義する

---

※2 実際にこの関係が成り立つことは、補助線を引いて図形的に確認することができます。

必要がありますが、ここでは、$\mathbf{R}^3$ の一次独立な要素 $\mathbf{a}_1, \mathbf{a}_2, \mathbf{a}_3$ について、行列

$$A = [\mathbf{a}_1 \quad \mathbf{a}_2 \quad \mathbf{a}_3]$$

を考えたときに、$\det A > 0$ となるものを右手系、$\det A < 0$ となるものを左手系と定義します（p.110「3次元空間における右手系と左手系」も参照。）[※3]。そして、3つの実数ベクトル $\mathbf{a}_1, \mathbf{a}_2, \mathbf{a}_3$ が張る平行六面体を考えると、その体積は、右手系ならば正、左手系ならば負という符号の約束のもとに、$\det A$ に一致することが示されます。ここでは、図形的な議論の詳細には踏み込みませんが、一例として、$\mathbf{a}_1$ と $\mathbf{a}_2$ の第3成分が0の場合を考えると、(3-2) に $a_{31} = 0, a_{32} = 0$ を代入して、

$$\det A = a_{11}a_{22}a_{33} - a_{21}a_{12}a_{33} = (a_{11}a_{22} - a_{21}a_{12})a_{33}$$

が得られます。これは、図3.2からわかるように、（符号の違いを別にして）底面となる平行四辺形の面積 $|a_{11}a_{22} - a_{21}a_{12}|$ と高さ $|a_{33}|$ の積になっており、確かに平行六面体の体積に一致しています。

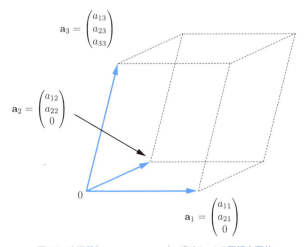

図3.2　底面積 $|a_{11}a_{22} - a_{21}a_{12}|$、高さ $|a_{33}|$ の平行六面体

---

[※3] 「3.2.3 行列式と一次独立性」で示すように、$\mathbf{a}_1, \mathbf{a}_2, \mathbf{a}_3$ が一次独立であれば、$\det A = 0$ となることはありません。

## 3次元空間における右手系と左手系

$\mathbf{R}^3$ の一次独立な要素 $\mathbf{a}_1, \mathbf{a}_2, \mathbf{a}_3$ における右手系と左手系について、本文では、行列

$$A = [\mathbf{a}_1 \ \mathbf{a}_2 \ \mathbf{a}_3]$$

に対する行列式 $\det A$ の符号を用いて定義しました。4次元以上の空間に拡張する際は、このような抽象的な定義が必要になりますが、3次元に限定するのであれば、2次元の場合と同様に、図形的に定義することも可能です。これは、「右ねじの規則」とも呼ばれるもので、$\mathbf{a}_1$ から $\mathbf{a}_2$ の方向にねじを回した際に、ねじの進む方向に $\mathbf{a}_3$ があれば、これは右手系になります。逆に、ねじの進む方向と反対側に $\mathbf{a}_3$ があれば左手系です。図3.3の例では、$\mathbf{a}_1, \mathbf{a}_2, \mathbf{a}_3$ は右手系で、$\mathbf{a}_1, \mathbf{a}_2, \mathbf{a}_3'$ は左手系となります。

右ねじの規則を用いた場合、標準的な $x,y,z$ 座標軸の取り方（$x$ 軸が手前方向、$y$ 軸が右方向、$z$ 軸が上方向）のもとに、標準基底 $\mathbf{e}_1, \mathbf{e}_2, \mathbf{e}_3$ は、右手系になります。一方、

$$\det [\mathbf{e}_1 \ \mathbf{e}_2 \ \mathbf{e}_3] = \det I = 1 > 0$$

となることから、行列式の符号を用いた定義でも確かに右手系になります。標準基底以外の一般の場合、$\mathbf{a}_1, \mathbf{a}_2, \mathbf{a}_3$ は、一次変換 $A = [\mathbf{a}_1 \ \mathbf{a}_2 \ \mathbf{a}_3]$ による標準基底の像と解釈できます。したがって、$\det A > 0$ であれば一次変換 $A$ は（右ねじの規則の意味において）右手系と左手系を入れ替えない、逆に $\det A < 0$ であれば右手系と左手系を入れ替える、という事実を認めれば、行列式の符号による定義と矛盾しないことがわかります。

なお、上記の事実を図形的に証明するのは少しばかり手間がかかりますが、直感的には、次のように理解できます。今、行列 $A$ が単位行列 $I$ に一致しているとして、ここから、この行列に含まれる各成分を連続的に変化させていきます。このとき、$A$ の各列を構成する縦ベクトルは、標準基底から連続的に変化していきますが、一次独立性を保ったまま変化する限り、右手系から左手系に変わることはできません。右手系から左手系に変わるには、必ず、一次従属となる状態（3つのベクトルが同じ平面上に存在する状態）を通過する必要があるからです。そして、このとき、行列式 $\det A$ は正の値（$\det A = 1$）から連続的に変化するので、各列の縦ベクトルが一次独立性を保つ限り、行列式の値が負になることはありません。負の値になるには、必ず、0の状態を通過する必要があり、これは、各列の縦ベクトルが一次従属になることを意味するからです。これより、行列式が正である行列の集合 $\{A \mid \det A > 0\}$ が、右手系の集合と1対1に対応することがわかります。同様に、行列式が負である行列の集合 $\{A \mid \det A < 0\}$ は、左手系の集合と1対1に対応しています。

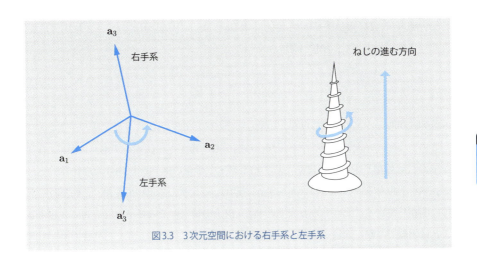

図3.3 3次元空間における右手系と左手系

交代性、すなわち、$\mathbf{a}_1, \mathbf{a}_2, \mathbf{a}_3$ の順序を入れ替えた際に符号が変化する点については、先ほどの右手系・左手系の定義に合致しています。あるいは、多重線形性についても、2次元の場合と同様の関係が平行六面体の体積について成り立ちます。図3.4の例で考えてみましょう。(a) には、$\mathbf{a}_1, \mathbf{a}_2, \mathbf{a}_3$ が作る平行六面体と $\mathbf{a}_1', \mathbf{a}_2, \mathbf{a}_3$ が作る平行六面体が示されています。(b) のように $\mathbf{a}_1'$ を平行移動すると、2つの平行六面体の関係がわかりやすくなります。この状態で、$\mathbf{a}_1 + \mathbf{a}_1', \mathbf{a}_2, \mathbf{a}_3$ が作る平行六面体を描くと、(c) のようになります。底の部分にある三角柱を上部に移動すると、この新しい平行六面体の体積は、先の2つの体積をあわせたものに一致することがわかります。これは、次の関係式に合致する結果です。

$$\det [\mathbf{a}_1 \ \mathbf{a}_2 \ \mathbf{a}_3] + \det [\mathbf{a}_1' \ \mathbf{a}_2 \ \mathbf{a}_3] = \det [\mathbf{a}_1 + \mathbf{a}_1' \ \mathbf{a}_2 \ \mathbf{a}_3]$$

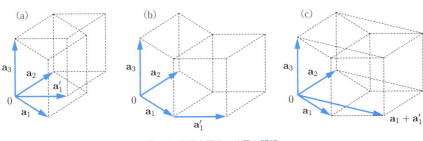

図3.4 平行六面体の体積の関係

Chapter 3　行列式

その他には、$\mathbf{R}^3$ の標準基底 $\mathbf{e}_1 = (1, 0, 0)^{\mathrm{T}}$, $\mathbf{e}_2 = (0, 1, 0)^{\mathrm{T}}$, $\mathbf{e}_3 = (0, 0, 1)^{\mathrm{T}}$ が作る立方体に対応して、単位行列

$$I = [\mathbf{e}_1 \quad \mathbf{e}_2 \quad \mathbf{e}_3]$$

の行列式がちょうど1になる点も2次元の場合と同じです。

　このように、一次独立なベクトルが作る図形の「大きさ」（2次元であれば面積、3次元であれば体積）を考えるにあたり、右手系・左手系の区別と行列式の交代性、そして、ベクトルを合成した際の「大きさ」の変化と行列式の多重線形性が、それぞれ、密接に関連していることがわかります。4次元以上の場合、その様子を図形的にとらえることは困難ですが、面積・体積の自然な拡張としての「超体積」が、行列式によって同様に計算できると考えられます。

　最後にここで、$2 \times 2$ 行列の行列式が面積を表わすという話が、どこから出てきたのかを思い出しておきましょう。「1.4.2　行列による一次変換の表現」では、一次変換 $\varphi$ に対応する行列を $A$ とすると、$A$ の各列は標準基底の像になっており、これらが張る平行四辺形の面積というのは、標準基底が張る面積1の正方形に対する拡大率に対応することを説明しました。さらに、一次変換では、標準基底の像によってすべての要素の像が決まるので、これは、$A$ が表わす一次変換そのものの拡大率と見なせる点も指摘しました。この状況は、一般の次元においても変わりません。一般に、行列式 $\det A$ の絶対値は、行列 $A$ が表わす一次変換の拡大率を与えており、右手系と左手系を入れ替える一次変換に対しては、行列式そのものは負の値になります。

112

3.2 行列式の特徴

# 3　2　行列式の特徴

## 3.2.1　行列式の一意性

　本節では、行列式の特徴を表わす、いくつかの公式を導きますが、ここでは、その準備として、行列式の一意性に関する定理を示しておきます。前節では、(3-3) で行列式を定義すると、交代性 (3-4) と多重線形性 (3-5) (3-6) が成り立つことを示しました。実は、一般に、$n$ 次元の実数ベクトル空間における $n$ 個の要素 $\mathbf{a}_1, \cdots, \mathbf{a}_n$ に対する関数

$$f : \mathbf{R}^n \longrightarrow \mathbf{R}$$
$$(\mathbf{a}_1, \cdots, \mathbf{a}_n) \longmapsto f(\mathbf{a}_1, \cdots, \mathbf{a}_n)$$

で、(3-4) (3-5) (3-6) と同等の性質を満たすものは、定数倍の任意性を除いて、(3-3) に限られることが証明されます。言い換えると、$C$ を定数として、

$$f(\mathbf{a}_1, \cdots, \mathbf{a}_n) = C \det \begin{bmatrix} \mathbf{a}_1 & \cdots & \mathbf{a}_n \end{bmatrix} \tag{3-7}$$

が成り立ちます ▶ 定理11 。つまり、交代性と多重線形性は関数 $f$ に対する強い制約を与えており、これらの性質が行列式の本質と言ってもよいのです。

　それでは、実際にこの定理を示していきます。今、$\mathbf{R}^n$ から $\mathbf{R}$ への関数 $f(\mathbf{a}_1, \cdots, \mathbf{a}_n)$ が存在して、(3-4) (3-5) (3-6) と同等の性質を満たすものとします。まず、交代性 (3-4) からすぐにわかる事実として、$\mathbf{a}_1, \cdots, \mathbf{a}_n$ の中に同じものがあれば、

$$f(\mathbf{a}_1, \cdots, \mathbf{a}_n) = 0 \tag{3-8}$$

となります。なぜなら、たとえば、$\mathbf{a}_1$ と $\mathbf{a}_2$ の位置を入れ替えると、交代性により、

$$f(\mathbf{a}_1, \mathbf{a}_2, \cdots, \mathbf{a}_n) = -f(\mathbf{a}_2, \mathbf{a}_1, \cdots, \mathbf{a}_n)$$

という関係が成り立ちますが、仮に $\mathbf{a}_1 = \mathbf{a}_2$ だったとすると、

$$f(\mathbf{a}_1, \mathbf{a}_2, \cdots, \mathbf{a}_n) = f(\mathbf{a}_2, \mathbf{a}_1, \cdots, \mathbf{a}_n)$$

3.2.1　行列式の一意性　113

Chapter 3 行列式

となるので、これらをあわせて (3-8) が得られます。

次に、$\mathbf{a}_1, \cdots, \mathbf{a}_n$ をそれぞれ標準基底の線形結合で表わして、

$$\mathbf{a}_1 = a_{11}\mathbf{e}_1 + \cdots + a_{n1}\mathbf{e}_n = \sum_{i_1=1}^{n} a_{i_1 1}\mathbf{e}_{i_1}$$

$$\vdots$$

$$\mathbf{a}_n = a_{1n}\mathbf{e}_1 + \cdots + a_{nn}\mathbf{e}_n = \sum_{i_n=1}^{n} a_{i_n n}\mathbf{e}_{i_n}$$

と置くと、多重線形性 (3-5) (3-6) により、

$$f(\mathbf{a}_1, \cdots, \mathbf{a}_n) = \sum_{i_1=1}^{n} \cdots \sum_{i_n=1}^{n} a_{i_1 1} \cdots a_{i_n n} f(\mathbf{e}_{i_1}, \cdots, \mathbf{e}_{i_n}) \qquad (3\text{-}9)$$

と展開することができます。ここで、上式右辺にある複数の和は、$i_1, \cdots, i_n$ のそれぞれに1から$n$のいずれかの値を代入した、すべての組み合わせについての和になります。ただし、$i_1, \cdots, i_n$ の中に同じ値のものがある部分については、(3-8) で説明したように $f(\mathbf{e}_{i_1}, \cdots, \mathbf{e}_{i_n})$ の部分が0になるので、実際には考える必要はありません。したがって、$(i_1, \cdots, i_n)$ が $(1, \cdots, n)$ の順序を適当に入れ替えたものに一致する場合だけを考えればよく、あらゆる入れ替えに対する和が残ります。

ここでさらに、残ったそれぞれの項に対して、次のような式変形を行ないます。まず、例として、$(i_1, i_2, \cdots, i_n) = (2, 1, 3, 4, \ldots, n)$（$1, 2, \cdots, n$ に対して、1と2を入れ替えた状態）の場合を考えて、

$$a_{21}a_{12}a_{33} \cdots a_{nn} f(\mathbf{e}_2, \mathbf{e}_1, \cdots, \mathbf{e}_n) = -a_{21}a_{12}a_{33} \cdots a_{nn} f(\mathbf{e}_1, \mathbf{e}_2, \cdots, \mathbf{e}_n)$$

と変形します。これは、前の係数部分 $a_{21}a_{12}a_{33} \cdots a_{nn}$ はそのままにして、後ろの $f(\mathbf{e}_2, \mathbf{e}_1, \cdots, \mathbf{e}_n)$ に含まれる引数の順序を $\mathbf{e}_1, \cdots, \mathbf{e}_n$ に並べ替えており、交代性 (3-4) によりマイナス符号がついています。交代性を繰り返し使えば、すべての項に対してこれと同じ変形、すなわち、$f$ に含まれる引数の順序を $\mathbf{e}_1, \cdots, \mathbf{e}_n$ にそろえることができます。一般に、$(i_1, \cdots, i_n)$ を $(1, \cdots, n)$ に並べ替えるために必要な文字の入

114

れ替え回数が偶数であれば、

$$a_{i_1 1} \cdots a_{i_n n} f(\mathbf{e}_{i_1}, \cdots, \mathbf{e}_{i_n}) = a_{i_1 1} \cdots a_{i_n n} f(\mathbf{e}_1, \cdots, \mathbf{e}_n)$$

入れ替え回数が奇数であれば、

$$a_{i_1 1} \cdots a_{i_n n} f(\mathbf{e}_{i_1}, \cdots, \mathbf{e}_{i_n}) = -a_{i_1 1} \cdots a_{i_n n} f(\mathbf{e}_1, \cdots, \mathbf{e}_n)$$

となります。この2つは、(3-3)で行列式を定義する際に用いた記号 $\mathrm{sign}(i_1, \cdots, i_n)$ を用いると、1つにまとめることができます。

$$a_{i_1 1} \cdots a_{i_n n} f(\mathbf{e}_{i_1}, \cdots, \mathbf{e}_{i_n}) = \mathrm{sign}(i_1, \cdots, i_n)\, a_{i_1 1} \cdots a_{i_n n} f(\mathbf{e}_1, \cdots, \mathbf{e}_n)$$

この結果を(3-9)に代入すると、最終的に次の結果が得られます。

$$f(\mathbf{a}_1, \cdots, \mathbf{a}_n) = \sum_{i_1, \cdots, i_n} \mathrm{sign}(i_1, \cdots, i_n)\, a_{i_1 1} \cdots a_{i_n n} f(\mathbf{e}_1, \cdots, \mathbf{e}_n)$$

上式右辺の $i_1, \cdots, i_n$ についての和は、$1, \cdots, n$ を並べ替えた $n!$ 個のパターンについての和になります。この結果は、行列式の定義式(3-3)と非常に似ています。右辺の末尾にある $f(\mathbf{e}_1, \cdots, \mathbf{e}_n)$ はすべての項に共通の値で、その前の係数に依存しない定数です。したがって、$f(\mathbf{e}_1, \cdots, \mathbf{e}_n) = C$ と置けば、

$$f(\mathbf{a}_1, \cdots, \mathbf{a}_n) = C \sum_{i_1, \cdots, i_n} \mathrm{sign}(i_1, \cdots, i_n)\, a_{i_1 1} \cdots a_{i_n n} = C \det [\mathbf{a}_1 \ \cdots \ \mathbf{a}_n]$$

となり、(3-7)の結果が得られます（p.116「組み合わせ計算の具体例」を参照）。言い換えると、行列式 $\det [\mathbf{a}_1 \ \cdots \ \mathbf{a}_n]$ というのは、(3-4) (3-5) (3-6)と同等の関係を満たす関数 $f(\mathbf{a}_1, \cdots, \mathbf{a}_n)$ の中で、特に、

$$f(\mathbf{e}_1, \cdots, \mathbf{e}_n) = 1$$

すなわち、標準基底に対する値を1と決めたものに他なりません。

### 組み合わせ計算の具体例

本文の中で、「$1,\cdots,n$ を並べ替えた $n!$ 個の組み合わせ」についての計算が登場しました。このような計算は、$n=3$ などの場合で具体例を考えると計算の様子がよくわかります。たとえば、(3-9) の和は、$n=3$ の場合、次のように展開を進めることができます。

$$f(\mathbf{a}_1,\mathbf{a}_2,\mathbf{a}_3) = \sum_{i_1=1}^{3}\sum_{i_2=1}^{3}\sum_{i_3=1}^{3} a_{i_1 1}a_{i_2 2}a_{i_3 3} f(\mathbf{e}_{i_1},\mathbf{e}_{i_2},\mathbf{e}_{i_3})$$

$$= \sum_{i_1=1}^{3}\sum_{i_2=1}^{3}\{a_{i_1 1}a_{i_2 2}a_{13}f(\mathbf{e}_{i_1},\mathbf{e}_{i_2},\mathbf{e}_1) + a_{i_1 1}a_{i_2 2}a_{23}f(\mathbf{e}_{i_1},\mathbf{e}_{i_2},\mathbf{e}_2)$$
$$+ a_{i_1 1}a_{i_2 2}a_{33}f(\mathbf{e}_{i_1},\mathbf{e}_{i_2},\mathbf{e}_3)\}$$

$$= \sum_{i_1=1}^{3}\Big[\{a_{i_1 1}a_{12}a_{13}f(\mathbf{e}_{i_1},\mathbf{e}_1,\mathbf{e}_1) + a_{i_1 1}a_{22}a_{13}f(\mathbf{e}_{i_1},\mathbf{e}_2,\mathbf{e}_1)$$
$$+ a_{i_1 1}a_{32}a_{13}f(\mathbf{e}_{i_1},\mathbf{e}_3,\mathbf{e}_1)\}$$
$$+ \{a_{i_1 1}a_{12}a_{23}f(\mathbf{e}_{i_1},\mathbf{e}_1,\mathbf{e}_2) + a_{i_1 1}a_{22}a_{23}f(\mathbf{e}_{i_1},\mathbf{e}_2,\mathbf{e}_2)$$
$$+ a_{i_1 1}a_{32}a_{23}f(\mathbf{e}_{i_1},\mathbf{e}_3,\mathbf{e}_2)\}$$
$$+ \{a_{i_1 1}a_{12}a_{33}f(\mathbf{e}_{i_1},\mathbf{e}_1,\mathbf{e}_3) + a_{i_1 1}a_{22}a_{33}f(\mathbf{e}_{i_1},\mathbf{e}_2,\mathbf{e}_3)$$
$$+ a_{i_1 1}a_{32}a_{33}f(\mathbf{e}_{i_1},\mathbf{e}_3,\mathbf{e}_3)\}\Big]$$

この段階で、$f(\mathbf{e}_{i_1},\mathbf{e}_1,\mathbf{e}_1)$ など、引数に同じ要素を含む項は交代性によって0になることがわかります。以降、このような項は書かないことにすると、次のように計算が続きます。

$$f(\mathbf{a}_1,\mathbf{a}_2,\mathbf{a}_3) = \sum_{i_1=1}^{3}\Big[\{a_{i_1 1}a_{22}a_{13}f(\mathbf{e}_{i_1},\mathbf{e}_2,\mathbf{e}_1) + a_{i_1 1}a_{32}a_{13}f(\mathbf{e}_{i_1},\mathbf{e}_3,\mathbf{e}_1)\}$$
$$+ \{a_{i_1 1}a_{12}a_{23}f(\mathbf{e}_{i_1},\mathbf{e}_1,\mathbf{e}_2) + a_{i_1 1}a_{32}a_{23}f(\mathbf{e}_{i_1},\mathbf{e}_3,\mathbf{e}_2)\}$$
$$+ \{a_{i_1 1}a_{12}a_{33}f(\mathbf{e}_{i_1},\mathbf{e}_1,\mathbf{e}_3) + a_{i_1 1}a_{22}a_{33}f(\mathbf{e}_{i_1},\mathbf{e}_2,\mathbf{e}_3)\}\Big]$$
$$= a_{31}a_{22}a_{13}f(\mathbf{e}_3,\mathbf{e}_2,\mathbf{e}_1) + a_{21}a_{32}a_{13}f(\mathbf{e}_2,\mathbf{e}_3,\mathbf{e}_1)$$
$$a_{31}a_{12}a_{23}f(\mathbf{e}_3,\mathbf{e}_1,\mathbf{e}_2) + a_{11}a_{32}a_{23}f(\mathbf{e}_1,\mathbf{e}_3,\mathbf{e}_2)$$
$$a_{21}a_{12}a_{33}f(\mathbf{e}_2,\mathbf{e}_1,\mathbf{e}_3) + a_{11}a_{22}a_{33}f(\mathbf{e}_1,\mathbf{e}_2,\mathbf{e}_3)$$

これで、確かに、1,2,3を並べ替えた $3!=6$ 通りの組み合わせの和になっていることがわかります。最後に、各項に含まれる関数 $f$ の引数の順序を入れ替えて $f(\mathbf{e}_1,\mathbf{e}_2,\mathbf{e}_3)$ に統一すると、次の結果が得られます。

$$
\begin{aligned}
f(\mathbf{a}_1, \mathbf{a}_2, \mathbf{a}_3) &= -a_{31}a_{22}a_{13}f(\mathbf{e}_1, \mathbf{e}_2, \mathbf{e}_3) + a_{21}a_{32}a_{13}f(\mathbf{e}_1, \mathbf{e}_2, \mathbf{e}_3) \\
&\quad + a_{31}a_{12}a_{23}f(\mathbf{e}_1, \mathbf{e}_2, \mathbf{e}_3) - a_{11}a_{32}a_{23}f(\mathbf{e}_1, \mathbf{e}_2, \mathbf{e}_3) \\
&\quad - a_{21}a_{12}a_{33}f(\mathbf{e}_1, \mathbf{e}_2, \mathbf{e}_3) + a_{11}a_{22}a_{33}f(\mathbf{e}_1, \mathbf{e}_2, \mathbf{e}_3) \\
&= \sum_{i_1, i_2, i_3} \mathrm{sign}(i_1, i_2, i_3)\, a_{i_1 1} a_{i_2 2} a_{i_3 3} f(\mathbf{e}_1, \mathbf{e}_2, \mathbf{e}_3)
\end{aligned}
$$

## 3.2.2 転置行列と積に関する公式

　前項の結果により、行列式の本質が少し見えてきました。ここで、行列式に関して成り立つ基本公式を2つ示します。転置行列の行列式と、行列の積に対する行列式の公式です。説明のために、ここで、行列式の定義をあらためて記載しておきます。

$$
\det A = \sum_{i_1, \cdots, i_n} \mathrm{sign}(i_1, \cdots, i_n)\, a_{i_1 1} a_{i_2 2} \cdots a_{i_n n} \tag{3-10}
$$

　まず、行列式の値は、行列を転置しても変わりません ▶**定理12**。

$$
\det A = \det A^{\mathrm{T}} \tag{3-11}
$$

　これは、行列式の定義 (3-10) から直接に示すことができます。この定義では、行列の要素は次のように表わされています。

$$
A = [\mathbf{a}_1 \ \cdots \ \mathbf{a}_n] = \begin{pmatrix} a_{11} & a_{12} & \cdots & a_{1n} \\ a_{21} & a_{22} & \cdots & a_{2n} \\ \vdots & \vdots & \ddots & \vdots \\ a_{n1} & a_{n2} & \cdots & a_{nn} \end{pmatrix}
$$

転置行列の要素は、添字の前後を入れ替えたものになるので、

$$
A^{\mathrm{T}} = \begin{pmatrix} a'_{11} & a'_{12} & \cdots & a'_{1n} \\ a'_{21} & a'_{22} & \cdots & a'_{2n} \\ \vdots & \vdots & \ddots & \vdots \\ a'_{n1} & a'_{n2} & \cdots & a'_{nn} \end{pmatrix}
$$

Chapter 3 行列式

として、$a'_{ij} = a_{ji}$ という関係が成り立ちます。これを先ほどの定義に代入すると、次が得られます。

$$\det A^{\mathrm{T}} = \sum_{i_1, \cdots, i_n} \mathrm{sign}(i_1, \cdots, i_n)\, a'_{i_1 1} a'_{i_2 2} \cdots a'_{i_n n}$$
$$= \sum_{i_1, \cdots, i_n} \mathrm{sign}(i_1, \cdots, i_n)\, a_{1 i_1} a_{2 i_2} \cdots a_{n i_n} \tag{3-12}$$

ここで、上記の和に含まれる1つの項を取り出して、$n$ 個の要素 $a_{1 i_1}, \cdots, a_{n i_n}$ の掛け算の順序を並べ替えます。後ろ側の添字 $i_1, \cdots, i_n$ は、$1, \cdots, n$ を適当な順番に並べ替えたものなので、後ろ側の添字の順序が $1, \cdots, n$ に一致するようにします。

$$a_{1 i_1} a_{2 i_2} \cdots a_{n i_n} = a_{j_1 1} a_{j_2 2} \cdots a_{j_n n} \tag{3-13}$$

このとき、右辺に含まれる前側の添字について、その並び $j_1, \cdots, j_n$ は、やはり、$1, \cdots, n$ を適当な順番に並べ替えたものになります。より正確に言うと、両辺のそれぞれで前後の添字を組にしたものの集合、$\{(1, i_1), \cdots, (n, i_n)\}$ と $\{(j_1, 1), \cdots, (j_n, n)\}$ は集合として一致します。さもなくば、(3-13) の両辺は一致しない点に注意してください。

$$\{(1, i_1), \cdots, (n, i_n)\} = \{(j_1, 1), \cdots, (j_n, n)\} \tag{3-14}$$

この関係を利用して、(3-12) に含まれる $\mathrm{sign}(i_1, \cdots, i_n)$ について、

$$\mathrm{sign}(i_1, \cdots, i_n) = \mathrm{sign}(j_1, \cdots, j_n) \tag{3-15}$$

が成り立ち、さらに、$i_1, \cdots, i_n$ についての和を $j_1, \cdots, j_n$ の和に置き換えられることを示します。まず、(3-14) をもとにして、次のような、数字の置き換えルールの集合を構成します。

$$\{(1 \to i_1), \cdots, (n \to i_n)\} = \{(j_1 \to 1), \cdots, (j_n \to n)\} \tag{3-16}$$

この等式の意味は、数字の置き換えルールを集合 $\{1, \cdots, n\}$ から集合 $\{1, \cdots, n\}$ への写像と見なすとはっきりします。$i_1, \cdots, i_n$ と $j_1, \cdots, j_n$ は、どちらも $1, \cdots, n$ を並べ替えたものなので、次の2つの写像を考えることができます。

$$\sigma : \{1, \cdots, n\} \longrightarrow \{1, \cdots, n\}$$
$$k \longmapsto i_k \quad (k = 1, \cdots, n)$$

$$\sigma' : \{1, \cdots, n\} \longrightarrow \{1, \cdots, n\}$$
$$j_k \longmapsto k \quad (k = 1, \cdots, n)$$

(3-14) の両辺が集合として一致することから、これらは写像として同じものになり、$\sigma = \sigma'$ が成り立つというのが (3-16) の意味になります。これから次の2つのことがわかります。

1. $i_1, \cdots, i_n$ が $1, \cdots, n$ を入れ替えた $n!$ 通りのすべての組み合わせを取るとき、(3-16) の対応で決まる $j_1, \cdots, j_n$ も $n!$ 通りのすべての組み合わせを取る。

2. $i_1, \cdots, i_n$ と $j_1, \cdots, j_n$ に (3-16) の対応があるとき、

$$\mathrm{sign}(i_1, \cdots, i_n) = \mathrm{sign}(j_1, \cdots, j_n)$$

が成り立つ。

まず、1つ目については、$i_1, \cdots, i_k$ が $n!$ 通りのすべての組み合わせを取るというのは、$\sigma$ が $\{1, \cdots, n\}$ から $\{1, \cdots, n\}$ へのすべての種類の写像をカバーするという意味であり、このとき、$\sigma$ に一致する $\sigma'$ もすべての種類の写像をカバーします。これは結局、$j_1, \cdots, j_n$ が $n!$ 通りのすべての組み合わせを取ることに他なりません。これは、(3-12) における $i_1, \cdots, i_n$ についての和は、$j_1, \cdots, j_n$ についての和に置き換えられることを意味します。

2つ目については、まず、$\sigma = \sigma'$ より、$1, \cdots, n$ を $i_1, \cdots, i_n$ に並べ替えるときの入れ替え回数（$\sigma$ が偶置換・奇置換のどちらであるか）と、$j_1, \cdots, j_n$ を $1, \cdots, n$ に並べ替えるときの入れ替え回数（$\sigma'$ が偶置換・奇置換のどちらであるか）が一致します。そして、$j_1, \cdots, j_n$ を $1, \cdots, n$ に並べ替える操作と、$1, \cdots, n$ を $j_1, \cdots, j_n$ に並べ替える操作は互いに逆向きの操作なので、これらに含まれる入れ替え回数も一致します。したがって、$1, \cdots, n$ を $i_1, \cdots, i_n$ に並べ替えるときと、$1, \cdots, n$ を $j_1, \cdots, j_n$ に並べ替えるときの入れ替え回数は一致して、(3-15) が成り立ちます。

少し説明が長くなりましたが、結局のところ、(3-12) に (3-13) (3-15) を代入して、$i_1, \cdots, i_n$ についての和を $j_1, \cdots, j_n$ についての和に置き換えると、

Chapter 3　行列式

$$\det A^{\mathrm{T}} = \sum_{j_1,\cdots,j_n} \mathrm{sign}(j_1,\cdots,j_n)\, a_{j_11}a_{j_22}\cdots a_{j_nn}$$

が得られます。上式の右辺は、文字が $i$ から $j$ に変わっているだけで、$\det A$ の定義と同じものなので、これで (3-11) が示されました。

　続いて、$A$ と $B$ を $n$ 次の正方行列とするとき、

$$\det AB = \det A \cdot \det B \tag{3-17}$$

が成り立ちます ▶ 定理13 。先ほどと同様に、行列式の定義にもどって行列要素の組み合わせを考えることもできますが、ここでは、前項で示した行列式の一意性、すなわち、「交代性と多重線形性を満たす関数は、行列式の定数倍になる」という結果をうまく使います。まず、

$$B = [\mathbf{b}_1 \ \cdots \ \mathbf{b}_n]$$

とすると、$AB$ の各列は、$A\mathbf{b}_1,\cdots,A\mathbf{b}_n$ に一致して、

$$AB = [A\mathbf{b}_1 \ \cdots \ A\mathbf{b}_n]$$

と書けることが直接の計算からわかります。したがって、

$$\det AB = \det [A\mathbf{b}_1 \ \cdots \ A\mathbf{b}_n]$$

となりますが、上式の右辺を $\mathbf{b}_1,\cdots,\mathbf{b}_n$ の関数 $f(\mathbf{b}_1,\cdots,\mathbf{b}_n)$ と見なすと、これは、交代性と多重線形性を満たすことが容易にわかります。つまり、これは行列式 $\det B$ の定数倍であり、

$$\det AB = C \det B \tag{3-18}$$

が成り立ちます。特に $\mathbf{b}_1,\cdots,\mathbf{b}_n$ が標準基底 $\mathbf{e}_1,\cdots,\mathbf{e}_n$ の場合を考えると、上式は、

$$\det(A[\mathbf{e}_1 \ \cdots \mathbf{e}_n]) = C \det[\mathbf{e}_1 \ \cdots \mathbf{e}_n]$$

となります。ここで、$[\mathbf{e}_1 \ \cdots \mathbf{e}_n]$ は単位行列 $I$ に一致することから、$AI = A$、および、$\det I = 1$ の関係を用いると、上式は、

$$\det A = C \qquad\qquad (3\text{-}19)$$

に一致します。(3-19) を (3-18) に代入することで、(3-17) が得られます。

なお、「1.4.2　行列による一次変換の表現」の (1-30) では、$2 \times 2$ 行列について、これと同じ関係を示しました。その際、$\det A$ と $\det B$ は「$A$ と $B$ が表わす一次変換の拡大率」に相当することから、$\det AB = \det A \cdot \det B$ が成り立つという説明をしました。ここでは、行列式の性質を用いた計算で、より厳密に (3-17) を示しましたが、こちらもまた、「$n$ 次元空間における一次変換の拡大率」という直感的な理解が成り立ちます。

また、(3-17) の応用で、逆行列の行列式に関する公式が得られます。$A$ を正則行列とするとき、$A^{-1}A = I$ の両辺の行列式を計算すると、$\det(A^{-1}A) = \det A^{-1} \cdot \det A$ であることから、

$$\det A^{-1} \cdot \det A = 1$$

すなわち、

$$\det A^{-1} = \frac{1}{\det A}$$

という関係が得られます ▶ 定理14 。$A$ が表わす一次変換と $A^{-1}$ が表わす一次変換は、互いに逆写像になっているので、それぞれの拡大率は、互いに逆数になるというわけです。

最後に、転置をしても行列式の値が変わらないという性質から、行列式の基本性質である交代性と多重線形性は行に関しても成り立つことを指摘しておきます。まず、行列に含まれる任意の2つの行を入れ替えると、行列式の値は $-1$ 倍になります。なぜなら、転置行列 $A^{\mathrm{T}}$ の2つの列を入れ替えると、$\det A^{\mathrm{T}}(= \det A)$ は $-1$ 倍になりますが、これは、もとの行列 $A$ の2つの行を入れ替えることと同じだからです。これと同様に、$A$ の各行を構成する横ベクトルを $\mathbf{a}_1, \cdots, \mathbf{a}_n$ として、

Chapter 3 行列式

$$
A = \begin{pmatrix} \mathbf{a}_1 \\ \mathbf{a}_2 \\ \vdots \\ \mathbf{a}_n \end{pmatrix}
$$

と表記するとき、任意の $i = 1, \cdots, n$ について、

$$
\det \begin{pmatrix} \vdots \\ k\mathbf{a}_i \\ \vdots \end{pmatrix} = k \det \begin{pmatrix} \vdots \\ \mathbf{a}_i \\ \vdots \end{pmatrix}
$$

および、

$$
\det \begin{pmatrix} \vdots \\ \mathbf{a}_i + \mathbf{a}_i' \\ \vdots \end{pmatrix} = \det \begin{pmatrix} \vdots \\ \mathbf{a}_i \\ \vdots \end{pmatrix} + \det \begin{pmatrix} \vdots \\ \mathbf{a}_i' \\ \vdots \end{pmatrix} \tag{3-20}
$$

という関係が成り立ちます。これらもまた、転置行列 $A^{\mathrm{T}}$ に直して考えると、列に関する多重線形性と同等であることがわかります。

### 3.2.3 行列式と一次独立性

　ここでは、行列式を利用して実数ベクトルの一次独立性を判定する方法を説明します。具体的には、$\mathbf{R}^n$ の $n$ 個の要素 $\mathbf{a}_1, \cdots, \mathbf{a}_n$ が一次独立であるためには、

$$
\det \begin{bmatrix} \mathbf{a}_1 & \cdots \mathbf{a}_n \end{bmatrix} \neq 0 \tag{3-21}
$$

が必要十分条件であることを示します。

　はじめに、$\mathbf{a}_1, \cdots, \mathbf{a}_n$ が一次従属であるときは、

$$
\det \begin{bmatrix} \mathbf{a}_1 & \cdots \mathbf{a}_n \end{bmatrix} = 0 \tag{3-22}
$$

となることを示します。今、一次従属であるという仮定から、

122

$$c_1 \mathbf{a}_1 + \cdots + c_n \mathbf{a}_n = \mathbf{0}$$

となる $c_1, \cdots, c_n$ が存在して、$c_1, \cdots, c_n$ の少なくとも 1 つは 0 ではありません。仮に $c_1 \neq 0$ とすると、

$$\mathbf{a}_1 = \frac{-1}{c_1}(c_2 \mathbf{a}_2 + \cdots + c_n \mathbf{a}_n)$$

と書けるので、これを用いると、行列式の多重線形性を用いて、

$$\det [\mathbf{a}_1 \ \cdots \mathbf{a}_n] = \frac{-1}{c_1}(c_2 \det [\mathbf{a}_2 \ \cdots \mathbf{a}_n] + \cdots + c_n \det [\mathbf{a}_n \ \cdots \mathbf{a}_n])$$

が成り立ちます。このとき、右辺の各項は、必ず同じ要素を含むため、「3.2.1 行列式の一意性」で (3-8) を示したときと同じ理由により、すべて 0 になります。つまり、(3-22) が成り立ちます。この結果の対偶を考えると、(3-21) であれば、$\mathbf{a}_1, \cdots, \mathbf{a}_n$ は一次独立であることが言えます。

　続いて、この逆、すなわち、$\mathbf{a}_1, \cdots, \mathbf{a}_n$ が一次独立であれば、(3-21) が成り立つことを示します。まず、$\mathbf{a}_1, \cdots, \mathbf{a}_n$ が一次独立であるとき、「2.4 主要な定理のまとめ」の ▶ 定理6 より、

$$A = [\mathbf{a}_1 \ \cdots \ \mathbf{a}_n] \tag{3-23}$$

は正則行列であり、逆行列 $A^{-1}$ が存在します。このとき、前項の結果 (3-17) を利用すると、

$$\det A \cdot \det A^{-1} = \det(AA^{-1}) = \det I = 1$$

が成り立ちます。これより、$\det A \neq 0$、および、$\det A^{-1} \neq 0$ であり、(3-21) が成り立ちます。これで、$\mathbf{a}_1, \cdots, \mathbf{a}_n$ が一次独立であれば (3-21) が成り立つことが示されました。

　ここで、今の 2 つの議論の流れを吟味すると、

$$\det A \neq 0 \ \Rightarrow \ \mathbf{a}_1, \cdots, \mathbf{a}_n \text{ は一次独立 } \Rightarrow \ A \text{ は正則行列 } \Rightarrow \ \det A \neq 0$$

という関係が順番に示されたことがわかります。これは、結局のところ、$n$次の正方行列$A$について、次の3つはすべて同値であることを示しています ▶定理15 。

- $\det A \neq 0$
- $A = [\mathbf{a}_1 \ \cdots \ \mathbf{a}_n]$として$\mathbf{a}_1, \cdots, \mathbf{a}_n$は一次独立
- $A$は正則行列

そして、この結果と、転置行列の行列式に関する公式(3-11)を組み合わせると、正方行列$A = [\mathbf{a}_1 \ \cdots \ \mathbf{a}_n]$に含まれる実数ベクトルについて、面白い事実がわかります。まず、$\mathbf{a}_1, \cdots, \mathbf{a}_n$が一次独立であれば、$\det A \neq 0$となりますが、このとき、(3-11)より、転置行列についても、

$$\det A^{\mathrm{T}} \neq 0$$

が成り立ちます。これは、$A^{\mathrm{T}}$の各列を構成する実数ベクトルが互いに一次独立であることを意味していますが、これらは、$A$の各行を実数ベクトルと見なしたものに他なりません。あるいは、逆に、$\mathbf{a}_1, \cdots, \mathbf{a}_n$が一次従属であれば、$\det A = 0$であることから、$\det A^{\mathrm{T}} = 0$となり、$A^{\mathrm{T}}$の各列を構成する実数ベクトル、つまり、$A$の各行を実数ベクトルと見なしたものも一次従属となります。つまり、$n$次の正方行列$A$において、各列を構成する実数ベクトルが一次独立であることと、各行を構成する実数ベクトルが一次独立であることは、互いに同値となります。図3.5で言うと、$\mathbf{a}_1, \cdots, \mathbf{a}_n$が一次独立であることと、$\mathbf{a}'_1, \cdots, \mathbf{a}'_n$が一次独立であることは互いに同値になるというわけです ▶定理15 。

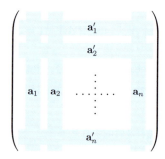

図3.5　列を構成する実数ベクトルと行を構成する実数ベクトル

## 3.3 行列式の計算手法

# 3 3 行列式の計算手法

## 3.3.1 ブロック型行列の行列式

行列式の値を計算する場合、その定義式に真面目に従うと、$1, \cdots, n$ のあらゆる並べ替えを列挙して考える必要があります。しかしながら、行列式が特別な形をしている場合は、より簡便に計算することができます。

はじめに、対角成分のみに0以外の値を持つ、対角行列の場合を考えます。

$$
A = \begin{pmatrix} a_{11} & & & \\ & a_{22} & & \\ & & \ddots & \\ & & & a_{nn} \end{pmatrix}
$$

この場合、各列から異なる成分を取り出して積を作った場合、その結果が0以外になるのは、対角成分を取り出す場合しかありません。したがって、行列式の値は、対角成分の積になります。

$$
\det A = a_{11} a_{22} \cdots a_{nn}
$$

これは、次のように、対角成分とその右上部分のみに0以外の値を持つ上三角行列でも同じです▶定義17 。

$$
A = \begin{pmatrix} a_{11} & a_{12} & \cdots & a_{1n} \\ & a_{22} & \cdots & a_{2n} \\ & & \ddots & \vdots \\ & & & a_{nn} \end{pmatrix}
$$

各列から異なる位置の0ではない成分を取り出す方法を考えると、第1列では、第1成分 $a_{11}$ を選択する必要があります。すると、第2列では、第1成分以外から選択する必要があるため、$a_{22}$ を選択することになります。以下同様に、各列からは対角成分が必ず選択されるので、行列式の値は、やはり対角成分の積になります▶定理16 。

3.3.1 ブロック型行列の行列式 **125**

Chapter 3　行列式

$$\det A = a_{11}a_{22}\cdots a_{nn}$$

　上三角行列の転置行列は、対角成分とその左下部分のみに0以外の値を持つ下三角行列になります。転置行列にしても行列式の値は変わらないので、下三角行列についても、同じ結果が成り立ちます。

　次に、三角行列に類似の行列に、次のようなブロック型に値が並んだ行列があります。

$$A = \begin{pmatrix} A_1 & B \\ & A_2 \end{pmatrix} \tag{3-24}$$

　ここで、$A_1$ と $A_2$ は、それぞれ、$m$ 次と $n-m$ 次の正方行列で、$B$ は $m \times (n-m)$ 行列です。左下の成分はすべて0になっています。この場合、$A$ の行列式は、$A_1$ と $A_2$ の行列式の積で与えられます ▶定理17 。

$$\det A = \det A_1 \cdot \det A_2$$

　これは、「3.2.1　行列式の一意性」で示した ▶定理11 を用いて示すことができます。はじめに準備として、$A_1$ が単位行列、すなわち、

$$A = \begin{pmatrix} 1 & & & \\ & \ddots & & B \\ & & 1 & \\ & & & A_2 \end{pmatrix}$$

という場合を考えます。転置行列にしても行列式の値は変わらないことを利用して、

$$\det A = \det A^{\mathrm{T}} = \det \begin{pmatrix} 1 & & & \\ & \ddots & & \\ & & 1 & \\ & B^{\mathrm{T}} & & A_2^{\mathrm{T}} \end{pmatrix}$$

と書き直した後、$B$ を固定して、上式の右辺を $A_2^{\mathrm{T}} = [\mathbf{a}_1 \ \cdots \ \mathbf{a}_{n-m}]$ の関数と見なします。

126

$$f(\mathbf{a}_1, \cdots, \mathbf{a}_{n-m}) = \det \begin{pmatrix} 1 & & & & \\ & \ddots & & & \\ & & 1 & & \\ B^{\mathrm{T}} & & \mathbf{a}_1 & \cdots & \mathbf{a}_{n-m} \end{pmatrix} \qquad \text{(3-25)}$$

このとき、行列 $A^{\mathrm{T}}$ において、$A_2^{\mathrm{T}}$ の上のブロックがゼロ行列であることから、$A_2^{\mathrm{T}}$ の列に対する操作（列の交換、および、列の定数倍）は、$A^{\mathrm{T}}$ の列に対する操作と同等になります。したがって、関数 $f(\mathbf{a}_1, \cdots, \mathbf{a}_m)$ は、$\mathbf{a}_1, \cdots, \mathbf{a}_{n-m}$ に対する交代性と多重線形性を満たしており、

$$f(\mathbf{a}_1, \cdots, \mathbf{a}_{n-m}) = C \det A_2^{\mathrm{T}} = C \det A_2 \qquad \text{(3-26)}$$

が成り立ちます。次に、定数 $C$ を決めるために、$\mathbf{a}_1, \cdots, \mathbf{a}_{n-m}$ が標準基底 $\mathbf{e}_1, \cdots, \mathbf{e}_{n-m}$ の場合を考えます。まず、(3-26) で $\mathbf{a}_1, \cdots, \mathbf{a}_{n-m}$ が標準基底 $\mathbf{e}_1, \cdots, \mathbf{e}_{n-m}$ の場合を考えると、$\det A_2 = 1$ より、

$$f(\mathbf{e}_1, \cdots, \mathbf{e}_{n-m}) = C$$

が得られます。一方、(3-25) の定義に戻ると、

$$f(\mathbf{e}_1, \cdots, \mathbf{e}_{n-m}) = \det \begin{pmatrix} 1 & & & & & \\ & \ddots & & & & \\ & & 1 & & & \\ & & & 1 & & \\ B^{\mathrm{T}} & & & & \ddots & \\ & & & & & 1 \end{pmatrix} = 1$$

が得られます。最後の等号は、先ほど示した、下三角行列の行列式は対角成分の積になるという事実を用いています。これより、$C = 1$ と決まるので、最終的に、

$$\det \begin{pmatrix} 1 & & & \\ & \ddots & & B \\ & & 1 & \\ & & & A_2 \end{pmatrix} = \det A_2 \qquad \text{(3-27)}$$

Chapter 3 行列式

という公式が得られます。

続いて、一般の $A_1$ の場合を考えます。ここでは、(3-24)において、$B$ と $A_2$ を固定して、$\det A$ を $A_1 = [\mathbf{a}_1 \ \cdots \ \mathbf{a}_m]$ の関数 $f(\mathbf{a}_1, \cdots, \mathbf{a}_m)$ と見なします。

$$f(\mathbf{a}_1, \cdots, \mathbf{a}_m) = \det A \tag{3-28}$$

このとき、行列 $A$ において、$A_1$ の下のブロックがゼロ行列であることから、$A_1$ の列に対する操作（列の交換、および、列の定数倍）は、$A$ の列に対する操作と同等であり、関数 $f(\mathbf{a}_1, \cdots, \mathbf{a}_m)$ は、$\mathbf{a}_1 \ \cdots \ \mathbf{a}_m$ に対する交代性と多重線形性を満たしており、

$$f(\mathbf{a}_1, \cdots, \mathbf{a}_m) = C \det A_1$$

が成り立ちます。定数 $C$ を決めるために、上式において、$\mathbf{a}_1, \cdots, \mathbf{a}_m$ が標準基底 $\mathbf{e}_1, \cdots, \mathbf{e}_m$ の場合を考えると、

$$f(\mathbf{e}_1, \cdots, \mathbf{e}_m) = C$$

という関係が得られます。ここで、上式の左辺を具体的に書き下すと、

$$f(\mathbf{e}_1, \cdots, \mathbf{e}_m) = \det \begin{pmatrix} 1 & & & \\ & \ddots & & B \\ & & 1 & \\ & & & A_2 \end{pmatrix}$$

となるので、先ほどの公式(3-27)を利用して、

$$f(\mathbf{e}_1, \cdots, \mathbf{e}_m) = \det A_2$$

と決まります。したがって、$C = \det A_2$ であり、

$$f(\mathbf{a}_1, \cdots, \mathbf{a}_m) = \det A_2 \cdot \det A_1$$

となります。(3-28)の定義に戻ると、これは、

$$\det A = \det A_1 \cdot \det A_2$$

となることを示しています。転置行列にしても行列式の値が変わらないことから、

$$A = \begin{pmatrix} A_1 & \\ B & A_2 \end{pmatrix}$$

という形の行列についても、同じ公式が成り立ちます。

また、この結果を繰り返し利用すると、一般に、

$$A = \begin{pmatrix} A_1 & \cdots & \cdots & \cdots \\ & A_2 & \cdots & \cdots \\ & & \ddots & \vdots \\ & & & A_n \end{pmatrix}$$

という形で、対角線上でブロック型に正方行列 $A_1, \cdots, A_n$ が並んだ行列に対して、

$$\det A = \det A_1 \cdots \det A_n \tag{3-29}$$

という関係が成り立つこともわかります。転置行列を考えて、左下部分に0以外の値が並ぶ場合も同様です。

### ● ブロック型行列の計算規則

本文では、ブロック型に値が並んだ行列に関する行列式の公式を導きました。一般に、任意の行列 $M$ について、その内部を4つのブロックに区切って、

$$M = \begin{pmatrix} A & B \\ C & D \end{pmatrix} \tag{3-30}$$

のように、ブロック型の行列と見なすことができます。ここで、$A$ と $D$ は正方行列で、$B$ と $C$ は、それぞれの位置にあわせたサイズの行列です。$A$ と $D$ のサイズは異なっていてもかまいません。このようなブロック型の行列を2つ用意して、行列の積の計算規則を当てはめると、次の関係が成り立ちます。

Chapter 3　行列式

$$\begin{pmatrix} A & B \\ C & D \end{pmatrix} \begin{pmatrix} A' & B' \\ C' & D' \end{pmatrix} = \begin{pmatrix} AA' + BC' & AB' + BD' \\ CA' + DC' & CB' + DD' \end{pmatrix}$$

　ここで、$A$と$A'$、$D$と$D'$は、それぞれ、同じサイズの正方行列とします。これは、内部の行列を普通の行列成分と見なした場合と同じ形をしています。この計算規則をうまく利用すると、行列式についてさまざまな公式を導くことができます。たとえば、(3-30)において$A$が正則行列の場合、次の関係が成り立ちます。

$$\det M = \det A \cdot \det(D - CA^{-1}B) \tag{3-31}$$

　このような関係がどこから出てくるのか不思議に感じるかもしれませんが、その答えは次の恒等式にあります。$O$と$I$は、該当部分のサイズを持ったゼロ行列と単位行列です。

$$\begin{pmatrix} A & B \\ C & D \end{pmatrix} = \begin{pmatrix} I & O \\ CA^{-1} & I \end{pmatrix} \begin{pmatrix} A & O \\ O & D - CA^{-1}B \end{pmatrix} \begin{pmatrix} I & A^{-1}B \\ O & I \end{pmatrix}$$

　実際にこれが成立することは、右辺の積を計算すれば確認できます。この両辺の行列式を計算すると、右辺については、それぞれの行列に対する行列式の積になりますが、これらに本文で説明した公式(3-29)を適用すると、(3-31)の関係が得られます。

## 3.3.2　余因子展開と逆行列

　前項のブロック型行列のような特別な形を持たない、一般の行列$A$について、より簡便に行列式を計算する方法はないのでしょうか？　余因子展開と呼ばれる手法を用いると、$n$次正方行列の行列式の計算を$n-1$次の正方行列に対する行列式の計算に帰着することができます。必ずしも簡便というわけではありませんが、この公式を繰り返し利用すると、行列式の値を帰納的に計算することが可能になります。本項では、この余因子展開の公式を導いた上で、さらに、余因子を用いて逆行列を与える公式を紹介します。

　はじめに、前項で扱ったブロック型行列の特別な場合として、$A_1$が$1 \times 1$行列の場合を考えます。右上部分がゼロ行列となる場合で考えると、次のような行列が得られます。

$$A = \begin{pmatrix} a_{11} & 0 & \cdots & 0 \\ * & & & \\ \vdots & & D & \\ * & & & \end{pmatrix}$$

$*$部分は、任意の値を取るという意味です。これは、言い換えると、1行目は第1成分以外がすべて0の行列ということです。この行列に対して前項の結果を適用すると、

$$\det A = a_{11} \det D$$

という結果が得られます。正確な定義は後ほど述べますが、ここに現われた $\det D$ は、行列 $A$ の $(1,1)$ 成分に対する<u>余因子</u>と呼ばれ、$\Delta_{11}$ と表記されます[※4]。

次に、この応用問題として、1行目の第2成分以外がすべて0である行列、

$$A = \begin{pmatrix} 0 & a_{12} & 0 & \cdots & 0 \\ & & * & & \\ \mathbf{d}_1 & \vdots & \mathbf{d}_2 & \cdots & \mathbf{d}_{n-1} \\ & & * & & \end{pmatrix}$$

の場合を考えてみます。記号の説明をすると、$A$ は $n$ 次の正方行列という前提で、$\mathbf{d}_1, \cdots, \mathbf{d}_{n-1}$ は、第2列を除いた残りの列について、第1行の成分を除いた縦ベクトルを表わします。この場合、行列式の交代性を用いて第1列と第2列を交換すると、最初の例と同じ形に持ち込むことができて、次の結果が得られます。

$$\det A = -\det \begin{pmatrix} a_{12} & 0 & \cdots & 0 \\ * & & & \\ \vdots & \mathbf{d}_1 & \cdots & \mathbf{d}_{n-1} \\ * & & & \end{pmatrix} = -a_{12} \det [\mathbf{d}_1 \ \cdots \ \mathbf{d}_{n-1}]$$

マイナス符号は列を交換したことによるものです。ここに現われた（マイナス符号込みの）行列式 $\Delta_{12} = -\det [\mathbf{d}_1 \ \cdots \ \mathbf{d}_{n-1}]$ は、行列 $A$ の $(1,2)$ 成分に対する余因子と呼ばれます。

---

[※4] $\Delta$ はギリシャ文字 $\delta$（デルタ）の大文字。

Chapter 3 行列式

最後にもう1つだけ、類似の例を考えます。次は、1行目の第3成分以外がすべて0の場合です。

$$A = \begin{pmatrix} 0 & 0 & a_{13} & 0 & \cdots & 0 \\ & & * & & & \\ \mathbf{d}_1 & \mathbf{d}_2 & \vdots & \mathbf{d}_3 & \cdots & \mathbf{d}_{n-1} \\ & & * & & & \end{pmatrix}$$

この場合は、第2列と第3列を交換した後、さらに、第2列と第1列を交換すると、次の結果が得られます。

$$\det A = \det \begin{pmatrix} a_{13} & 0 & \cdots & 0 \\ * & & & \\ \vdots & \mathbf{d}_1 & \cdots & \mathbf{d}_{n-1} \\ * & & & \end{pmatrix} = a_{13} \det [\mathbf{d}_1 \ \cdots \ \mathbf{d}_{n-1}]$$

この場合は、列の交換を2回行なったので、マイナス符号はつきません。ここで得られた行列式 $\Delta_{13} = \det [\mathbf{d}_1 \ \cdots \ \mathbf{d}_{n-1}]$ は、行列 $A$ の $(1,3)$ 成分に対する余因子と呼ばれます。

ここまでの結果を一般化すると、1行目の第 $i$ 成分（$1 \leq i \leq n$）以外がすべて0の行列 $A$ に対しては、$i$ 列目を除いた残りの列について、第1成分を除いた縦ベクトルを並べた行列を $D$ として、

$$\det A = a_{1i} \times (-1)^{i-1} \det D$$

という関係が成り立ちます。行列 $A$ の $(1,i)$ 成分に対する余因子を $\Delta_{1i} = (-1)^{i-1} \det D$ として、

$$\det A = a_{1i}\Delta_{1i} \tag{3-32}$$

と表わしてもよいでしょう。

そして、この結果に、行列式の多重線形性を組み合わせると、冒頭で説明した余因子展開、すなわち、$n$ 次の正方行列の行列式の計算を $n-1$ 次の正方行列に対する行列式の計算に帰着する公式を組み立てることができます。まず、行列 $A$ を1行目の行ベクトル $\mathbf{a}_1$ と残りの部分に分けて、

132

$$A = \begin{pmatrix} \mathbf{a}_1 \\ B \end{pmatrix}$$

と表わします。ここで、$B$ は $(n-1) \times n$ 行列になります。そして、1行目の行ベクトル $\mathbf{a}_1$ を複数の行ベクトルの和に分解して、

$$\mathbf{a}_1 = \mathbf{a}_1' + \cdots + \mathbf{a}_m'$$

と書くと、「3.2.2 転置行列と積に関する公式」の最後に示した (3-20) を用いて、

$$\det A = \det \begin{pmatrix} \mathbf{a}_1' \\ B \end{pmatrix} + \cdots + \det \begin{pmatrix} \mathbf{a}_m' \\ B \end{pmatrix} \tag{3-33}$$

という関係が成り立ちます。そこで、特に、1行目の行ベクトルを各成分の和に分解して、

$$\mathbf{a}_1 = (a_{11}, 0, \cdots, 0) + (0, a_{12}, 0, \cdots, 0) + \cdots + (0, \cdots, 0, a_{1n})$$

と表わしたものを (3-33) に代入すると、右辺の各項は、先に示した余因子を用いた公式 (3-32) で計算することができます。つまり、

$$\det A = \sum_{i=1}^{n} a_{1i} \Delta_{1i} \tag{3-34}$$

という関係が成り立ちます。それぞれの余因子は、$n-1$ 次の正方行列に対する行列式なので、これらもまた、同じ公式を適用して、$n-2$ 次の正方行列に対する行列式の計算に帰着することができます。これを繰り返していくと、最後は1次の正方行列、すなわち、1成分だけの行列になるので、その行列式は自明に決まります。

　最も単純な例として、2次の正方行列

$$A = \begin{pmatrix} a & b \\ c & d \end{pmatrix}$$

Chapter 3　行列式

の場合を考えてみましょう。上記の公式を機械的に適用すると、

$$\det A = a\Delta_{11} + b\Delta_{12}$$

となりますが、今の場合、

$$\Delta_{11} = \det(d) = d$$
$$\Delta_{12} = -\det(c) = -c$$

となるので、これまでに出てきた $2 \times 2$ 行列の行列式

$$\det A = ad - bc$$

が得られます。

　同様に、3次の正方行列

$$A = \begin{pmatrix} a_{11} & a_{12} & a_{13} \\ a_{21} & a_{22} & a_{23} \\ a_{31} & a_{32} & a_{33} \end{pmatrix}$$

の場合を考えると、次のようになります。まず、公式をそのまま適用して、

$$\det A = a_{11}\Delta_{11} + a_{12}\Delta_{12} + a_{13}\Delta_{13}$$

が得られます。続いて、それぞれの余因子は、

$$\Delta_{11} = \det\begin{pmatrix} a_{22} & a_{23} \\ a_{32} & a_{33} \end{pmatrix} = a_{22}a_{33} - a_{23}a_{32}$$
$$\Delta_{12} = -\det\begin{pmatrix} a_{21} & a_{23} \\ a_{31} & a_{33} \end{pmatrix} = -(a_{21}a_{33} - a_{23}a_{31})$$
$$\Delta_{13} = \det\begin{pmatrix} a_{21} & a_{22} \\ a_{31} & a_{32} \end{pmatrix} = a_{21}a_{32} - a_{22}a_{31}$$

と計算されるので、これらを代入して、

134

$$\det A = a_{11}(a_{22}a_{33} - a_{23}a_{32}) - a_{12}(a_{21}a_{33} - a_{23}a_{31}) + a_{13}(a_{21}a_{32} - a_{22}a_{31})$$

という結果が得られます。これは、「3.1.1　行列式の定義」で求めた結果 (3-2) と確かに一致しています。

　次に、この余因子を用いた展開を任意の行、もしくは、列に対して行なうことを考えます。はじめに、1行目に限定されない、行列 $A$ の $(i, j)$ 成分に対する余因子 $\Delta_{ij}$ を定義します。これは、$n$ 次の正方行列 $A$ から $i$ 行目と $j$ 列目を取り除いた $n-1$ 次の正方行列を $D$ として、

$$\Delta_{ij} = (-1)^{i-1}(-1)^{j-1}\det D \tag{3-35}$$

で与えられます ▶定義18 。頭の部分の $(-1)^{i-1}(-1)^{j-1}$ は、$(1,1)$ 成分から出発して、行、もしくは、列を1つ移動するごとに符号が変わることを意味します。そして、この定義を用いると、$k$ 行目について展開した公式

$$\det A = \sum_{i=1}^{n} a_{ki}\Delta_{ki} \tag{3-36}$$

および、$k$ 列目について展開した公式

$$\det A = \sum_{i=1}^{n} a_{ik}\Delta_{ik} \tag{3-37}$$

が得られます ▶定理18 。

　これらが成り立つことは、$k$ の値を具体的に決めて考えるとすぐにわかります。たとえば、2行目についての展開は、$A$ の1行目と2行目を入れ替えた後に (3-34) を適用したものと考えます。行を入れ替えたことにより、全体の符号が変わりますが、その違いは、先ほどの余因子の定義 (3-35) にうまく含まれています。3行目について展開する場合は、3行目を一番上の行に移動する必要がありますが、この場合は、2行目と3行目を入れ替えて、さらに、1行目と2行目を入れ替えるという操作になるので、全体の符号は変わりません。この効果もやはり、(3-35) に含まれています。行列 $A$ を転置したものに同じ議論を適用することで、列に関する展開も同様に成り立つことがわかります。

Chapter 3 行列式

　そして、これらの性質を利用すると、余因子を用いて逆行列を計算する公式が得られます。やや天下り的ですが、行列

$$
A = \begin{pmatrix} a_{11} & a_{12} & \cdots & a_{1n} \\ a_{21} & a_{22} & \cdots & a_{2n} \\ & & \vdots & \\ a_{n1} & a_{n2} & \cdots & a_{nn} \end{pmatrix}
$$

に対して、その余因子を並べた行列

$$
B = \begin{pmatrix} \Delta_{11} & \Delta_{21} & & \Delta_{n1} \\ \Delta_{12} & \Delta_{22} & & \Delta_{n2} \\ \vdots & \vdots & \cdots & \vdots \\ \Delta_{1n} & \Delta_{2n} & & \Delta_{nn} \end{pmatrix}
$$

を用意します。ここで、$B$ の $(i, j)$ 成分には、$A$ の $(j, i)$ 成分に対する余因子が配置されています。このとき、$A$ と $B$ の積を計算するとどうなるでしょうか？

$$
AB = \begin{pmatrix} a_{11} & a_{12} & \cdots & a_{1n} \\ a_{21} & a_{22} & \cdots & a_{2n} \\ & & \vdots & \\ a_{n1} & a_{n2} & \cdots & a_{nn} \end{pmatrix} \begin{pmatrix} \Delta_{11} & \Delta_{21} & & \Delta_{n1} \\ \Delta_{12} & \Delta_{22} & & \Delta_{n2} \\ \vdots & \vdots & \cdots & \vdots \\ \Delta_{1n} & \Delta_{2n} & & \Delta_{nn} \end{pmatrix}
$$

　まず、対角成分 $(AB)_{kk}$ に注目すると、これは、(3-36) の右辺に一致して、その値はすべて $\det A$ になることがわかります。次に、非対角成分について考えると、実は、その値はすべて $0$ になります。例として、$(1, 2)$ 成分を考えると、その値は、

$$
\sum_{i=1}^{n} a_{1i} \Delta_{2i}
$$

という計算式になります。ここで、$\Delta_{2i}$ は、$A$ の $2$ 行目と $i$ 列目を取り除いた行列から計算されるものなので、$A$ の $2$ 行目の値を変更しても、$\Delta_{2i}$ の値は変わりません。そこで、$A$ の $2$ 行目を $1$ 行目と同じ値に修正した行列 $A'$ を考えると、(3-36) で $k = 2$ の場合を考えて、

136

$$\det A' = \sum_{i=1}^{n} a_{2i}\Delta_{2i} = \sum_{i=1}^{n} a_{1i}\Delta_{2i}$$

となることがわかります。一方、$A'$ は1行目と2行目が同一なので、行に関する交代性から、$\det A'$ は0になります。他の非対角成分についても同様の議論が可能です。

以上をまとめると、$I$ を $n$ 次の単位行列として、

$$AB = \det A \cdot I$$

が成り立ちます。積 $BA$ についても (3-37) を用いて、同様の議論が成り立ち、

$$BA = \det A \cdot I$$

が得られます。これは、$\det A \neq 0$ であれば、$\dfrac{1}{\det A} \cdot B$ が行列 $A$ の逆行列 $A^{-1}$ になることを示しており、余因子を用いた逆行列の計算公式が得られたことになります。一般に、$\Delta_{ij}$ を $(i, j)$ 成分に持つ行列（すなわち、$B$ の転置行列）を行列 $A$ の余因子行列と呼び、記号 adj $A$ で表わします▶ **定義19** 。この記号を用いると、

$$A^{-1} = \frac{1}{\det A} \cdot (\mathrm{adj}\, A)^{\mathrm{T}}$$

と表わすことができます▶ **定理19** 。「3.2.3 行列式と一次独立性」では、$\det A \neq 0$ と $A$ が正則行列であることは同値であると示しましたが、この事実とも整合性の取れた結果になっています。

3.3.2 余因子展開と逆行列 **137**

Chapter 3 行列式

# 3・4 主要な定理のまとめ

ここでは、本章で示した主要な事実を定理、および、定義としてまとめておきます。

## 定義16 行列式

$n$次の正方行列$A$の$(i, j)$成分を$a_{ij}$とするとき、行列式$\det A$は次式で定義される。

$$\det A = \sum_{i_1, \cdots, i_n} \mathrm{sign}(i_1, \cdots, i_n)\, a_{i_1 1} a_{i_2 2} \cdots a_{i_n n}$$

ここに、$i_1, \cdots, i_n$についての和は、$n$個の数字$1, \cdots, n$を並べ替えた$n!$通りの組み合わせについての和を表わし、$\mathrm{sign}(i_1, \cdots, i_n)$は、この並べ替えが偶置換であれば$+1$、奇置換であれば$-1$という値を取る。

$a_{i_1 1} a_{i_2 2} \cdots a_{i_n n}$という部分は、$A$の各列を構成する実数ベクトルを$\mathbf{a}_1, \cdots, \mathbf{a}_n$として、$A = [\mathbf{a}_1 \ \cdots \ \mathbf{a}_n]$とするとき、$\mathbf{a}_1, \cdots, \mathbf{a}_n$のそれぞれから、異なる位置の成分を取り出して積を取ったものと考えてもよい。

## 定理10 行列式の交代性と多重線形性

$n$次正方行列$A$の各列を構成する実数ベクトル（縦ベクトル）を$\mathbf{a}_1, \cdots, \mathbf{a}_n$として、$A = [\mathbf{a}_1 \ \cdots \ \mathbf{a}_n]$とするとき、行列式について次の関係が成り立つ。

• 任意の2つの実数ベクトルを入れ替えると行列式の符号が変わる。

$$\det [\, \cdots \ \mathbf{a}_i \ \cdots \ \mathbf{a}_j \ \cdots \,] = -\det [\, \cdots \ \mathbf{a}_j \ \cdots \ \mathbf{a}_i \ \cdots \,]$$

• $k$を任意の定数として、任意の実数ベクトルを$k$倍すると行列式の値は$k$倍になる。

$$\det [\, \cdots \ k\mathbf{a}_i \ \cdots \,] = k \det [\, \cdots \ \mathbf{a}_i \ \cdots \,]$$

• 任意の実数ベクトルを2つの実数ベクトルの和で表わしたとき、行列式の値は、それぞれの実数ベクトルを用いた行列による行列式の和に分解される。

$$\det [\, \cdots \ \mathbf{a}_i + \mathbf{a}_i' \ \cdots \,] = \det [\, \cdots \ \mathbf{a}_i \ \cdots \,] + \det [\, \cdots \ \mathbf{a}_i' \ \cdots \,]$$

行列$A$の各行を構成する実数ベクトル（横ベクトル）についても同じ関係が成立する。

138

3.4 主要な定理のまとめ

### 定理11 行列式の一意性

$n$ 次元の実数ベクトル空間における $n$ 個の要素 $\mathbf{a}_1, \cdots, \mathbf{a}_n$ に対する関数

$$f : \mathbf{R}^n \longrightarrow \mathbf{R}$$
$$(\mathbf{a}_1, \cdots, \mathbf{a}_n) \longmapsto f(\mathbf{a}_1, \cdots, \mathbf{a}_n)$$

が交代性と多重線形性を満たすとき、$C$ を定数として、

$$f(\mathbf{a}_1, \cdots, \mathbf{a}_n) = C \det \begin{bmatrix} \mathbf{a}_1 & \cdots & \mathbf{a}_n \end{bmatrix}$$

が成立する。また、$C$ の値は、標準基底 $\mathbf{e}_1, \cdots, \mathbf{e}_n$ に対する値として決定される。

$$f(\mathbf{e}_1, \cdots, \mathbf{e}_n) = C$$

### 定理12 転置行列に対する行列式

$n$ 次の正方行列 $A$ とその転置行列 $A^{\mathrm{T}}$ について、次の関係が成り立つ。

$$\det A = \det A^{\mathrm{T}}$$

### 定理13 行列の積に対する行列式

$n$ 次の正方行列 $A, B$ について、次の関係が成り立つ。

$$\det AB = \det A \cdot \det B$$

### 定理14 逆行列の行列式

正則行列 $A$ とその逆行列 $A^{-1}$ について、次の関係が成り立つ。

$$\det A^{-1} = \frac{1}{\det A}$$

Chapter 3 行列式

### 定理15 行列式と行列の正則性

$n$次の正方行列$A$について、次の関係はすべて同値である。

- $\det A \neq 0$
- $A$は正則行列
- $A$の各列を構成する$n$個の実数ベクトル（縦ベクトル）は一次独立
- $A$の各行を構成する$n$個の実数ベクトル（行ベクトル）は一次独立

### 定義17 三角行列

次のように、対角成分とその右上部分のみに0以外の値を持つ正方行列を<u>上三角行列</u>と呼ぶ。

$$
A = \begin{pmatrix} a_{11} & a_{12} & \cdots & a_{1n} \\ & a_{22} & \cdots & a_{2n} \\ & & \ddots & \vdots \\ & & & a_{nn} \end{pmatrix}
$$

同様に、対角成分とその左下部分のみに値を持つ正方行列を<u>下三角行列</u>と呼ぶ。

### 定理16 三角行列の行列式

上三角行列、もしくは、下三角行列の行列式は、対角成分の積に一致する。

$$
\det A = a_{11} a_{22} \cdots a_{nn}
$$

### 定理17 ブロック型行列の行列式

次のようなブロック型に値が並んだ$n$次の正方行列$A$を考える。

$$
A = \begin{pmatrix} A_1 & B \\ & A_2 \end{pmatrix}
$$

$A_1$と$A_2$は、それぞれ、$m$次と$n-m$次の正方行列で、$B$は$m \times (n-m)$行列、左下の成分はすべて0になっている。このとき、$A$の行列式は、$A_1$と$A_2$の行列式の積で与えられる。

$$\det A = \det A_1 \cdot \det A_2$$

左下ではなく、右上の成分がすべて0になっている場合も同じ関係が成り立つ。

### 定義18 行列の余因子

$n$ 次の正方行列 $A$ に対して、$i$ 行目と $j$ 列目を取り除いた $n-1$ 次の正方行列を $D$ として、

$$\Delta_{ij} = (-1)^{i-1}(-1)^{j-1} \det D$$

を $(i, j)$ 成分に対する余因子と呼ぶ。

### 定理18 行列式の余因子展開

$n$ 次の正方行列 $A$ において、任意の $k = 1, \cdots, n$ について、

$$\det A = \sum_{i=1}^{n} a_{ki} \Delta_{ki}$$

が成り立つ。これを第 $k$ 行についての余因子展開と呼ぶ。

同じく、任意の $k = 1, \cdots, n$ について、

$$\det A = \sum_{i=1}^{n} a_{ik} \Delta_{ik}$$

が成り立つ。これを第 $k$ 列についての余因子展開と呼ぶ。

### 定義19 余因子行列

$n$ 次の正方行列 $A$ に対して、その余因子を成分とする行列を余因子行列と呼び、次の記号で表わす。

$$\mathrm{adj}\, A = \begin{pmatrix} \Delta_{11} & \Delta_{12} & \cdots & \Delta_{1n} \\ \Delta_{21} & \Delta_{22} & \cdots & \Delta_{2n} \\ \vdots & \vdots & \ddots & \vdots \\ \Delta_{n1} & \Delta_{n2} & \cdots & \Delta_{nn} \end{pmatrix}$$

Chapter 3　行列式

## 定理19　余因子行列と逆行列の関係

$n$次正方行列$A$が正則行列であるとき、逆行列$A^{-1}$は、余因子行列を用いて次式で与えられる。

$$A^{-1} = \frac{1}{\det A} \cdot (\mathrm{adj}\, A)^{\mathrm{T}}$$

# 3.5 演習問題

**問1** $n$次の正方行列$A$に対して、行に関する基本操作、もしくは、列に関する基本操作を行なうと、行列式の値はどのように変化するか説明せよ。

**問2** 次の正方行列について考える。

$$A = \begin{pmatrix} 1 & 0 & 2 \\ 0 & 2 & 1 \\ -2 & 0 & 6 \end{pmatrix}$$

(1) 行に関する基本操作で$A$を上三角行列に変形した後、その結果を用いて行列式$\det A$を計算せよ。

(2) 行列$A$の余因子行列$\operatorname{adj} A$、および、逆行列$A^{-1}$を求めよ。

**問3** $A$と$B$を$n$次の正方行列として、$2n$次の正方行列$D$を次のように定義する。

$$D = \begin{pmatrix} A & B \\ B & A \end{pmatrix}$$

このとき、次の関係が成り立つことを示せ。

$$\det D = \det(A+B) \cdot \det(A-B)$$

**ヒント** 問1の結果に注意しながら、行列の基本変形を用いて、左下部分がゼロ行列となるように$D$を変形する。

Chapter 3　行列式

## 問4　クラメルの公式

$n$個の変数 $x_1, \cdots, x_n$ に対する $n$本の連立一次方程式を行列を用いて次のように表わす。

$$A\mathbf{x} = \mathbf{c}$$

ここに、$A$は方程式の係数を並べた正方行列で、$\mathbf{x}$と$\mathbf{c}$は、変数、および、定数項を縦に並べた縦ベクトルである。

$$A = \begin{pmatrix} a_{11} & a_{12} & \cdots & a_{1n} \\ a_{21} & a_{22} & \cdots & a_{2n} \\ \vdots & \vdots & \ddots & \vdots \\ a_{n1} & a_{n2} & \cdots & a_{nn} \end{pmatrix}, \quad \mathbf{x} = \begin{pmatrix} x_1 \\ x_2 \\ \vdots \\ x_n \end{pmatrix}, \quad \mathbf{c} = \begin{pmatrix} c_1 \\ c_2 \\ \vdots \\ c_n \end{pmatrix}$$

$A$の各列を構成する実数ベクトルを $\mathbf{a}_1, \cdots, \mathbf{a}_n$ として、$A = [\mathbf{a}_1 \ \cdots \ \mathbf{a}_n]$ とするとき、$i$列目を$\mathbf{c}$に置き換えた行列を

$$A_i = [\mathbf{a}_1 \ \cdots \ \mathbf{a}_{i-1} \ \ \mathbf{c} \ \ \mathbf{a}_{i+1} \ \cdots \ \mathbf{a}_n]$$

と定義する。$A$が正則行列であるとき、連立一次方程式の解 $x_i \ (i = 1, \cdots, n)$は次式で与えられることを示せ。

$$x_i = \frac{\det A_i}{\det A}$$

> **ヒント**　$A$の逆行列 $A^{-1}$ を余因子行列で表わすと、次の関係が成り立つことを利用する。
>
> $$\mathbf{x} = A^{-1}\mathbf{c} = \frac{1}{\det A}(\mathrm{adj}\, A)^{\mathrm{T}}\mathbf{c}$$

144

# Chapter 4

# 行列の固有値と対角化

- **4.1 固有値問題とその解法**
  - 4.1.1 行列の固有値と対角化の関係
  - 4.1.2 固有方程式による固有値の決定
  - 4.1.3 固有空間の性質と固有値問題の関係
  - 4.1.4 固有値の性質
- **4.2 対称行列の性質と2次曲面への応用**
  - 4.2.1 ベクトルの内積と直交直和分解
  - 4.2.2 対称行列の対角化
  - 4.2.3 2次曲面の標準形
- **4.3 主要な定理のまとめ**
- **4.4 演習問題**

Chapter 4 行列の固有値と対角化

本章では、行列の固有値と固有ベクトルを見つけることにより、行列を対角行列に変換する手続きを説明します。一般に、行列の固有値と固有ベクトルを求める問題を固有値問題と呼び、線形常微分方程式の解法などに応用されています。ここでは、もう少し簡単な応用例として、対称行列の固有値問題を解くことで、2次曲面の標準形と主軸を求める方法を紹介します。

#  固有値問題とその解法

## 4.1.1 行列の固有値と対角化の関係

「1.4.3 固有値問題と行列の対角化」では、2次元の実数ベクトル空間を用いて、固有値問題について説明しました。その際にわかったことを簡潔にまとめると、次の通りです。まず、$2 \times 2$ 行列 $A$ で表わされる一次変換を考えた際に、特定の2つの方向 $\mathbf{e}'_1$, $\mathbf{e}'_2$ について、それぞれ、$\lambda_1$ 倍、および、$\lambda_2$ 倍に拡大するという特徴があるものとします。

$$A\mathbf{e}'_1 = \lambda_1 \mathbf{e}'_1$$
$$A\mathbf{e}'_2 = \lambda_2 \mathbf{e}'_2$$

このとき、$\lambda_1$, $\lambda_2$ を行列 $A$ の固有値、$\mathbf{e}'_1$, $\mathbf{e}'_2$ をそれぞれの固有値に対応する固有ベクトルと呼びます ▶ 定義21 。そして、これらの固有ベクトルを縦ベクトルとして並べた行列を $C = [\mathbf{e}'_1 \ \mathbf{e}'_2]$ とすると、

$$C^{-1}AC = \begin{pmatrix} \lambda_1 & 0 \\ 0 & \lambda_2 \end{pmatrix}$$

という関係が成り立ちます。つまり、正則行列 $C$ を用いて、正方行列 $A$ を対角行列に変換することができます。

先にこの関係を示した際は、少しばかり回りくどい説明をしましたが、前章までに学んだ知識を利用すると、同じことを一般の $n$ 次元実数ベクトル空間で示すのは、それほど難しくはありません。まず、前提として、$n$ 次元正方行列 $A$ について、$n$ 個の相異なる固有値 $\lambda_1, \cdots, \lambda_n$ と、対応する固有ベクトル $\mathbf{x}_1, \cdots, \mathbf{x}_n$ が存在するものと仮定し

ます。言い換えると、次の関係式が成り立つものとします。

$$A\mathbf{x}_1 = \lambda_1\mathbf{x}_1$$
$$\vdots$$
$$A\mathbf{x}_n = \lambda_n\mathbf{x}_n$$

(4-1)

これらは、行列 $C = [\mathbf{x}_1 \ \cdots \ \mathbf{x}_n]$ を用いると、次の1つの式にまとめることができます。両辺の積をそれぞれ計算した際に、結果として得られる行列の各列が、$\mathbf{x}_1, \cdots,$ $\mathbf{x}_n$ のそれぞれに対する関係式に一致します[※1]。

$$AC = C\begin{pmatrix} \lambda_1 & & \\ & \ddots & \\ & & \lambda_n \end{pmatrix}$$

(4-2)

この後すぐに示すように、$\lambda_1, \cdots, \lambda_n$ がすべて相異なる実数という前提があれば、$\mathbf{x}_1, \cdots, \mathbf{x}_n$ は一次独立であることが言えます。したがって、「3.4　主要な定理のまとめ」の ▶定理15 より、$C$ は正則行列であり、逆行列 $C^{-1}$ が存在します。そこで、上式の両辺に左から $C^{-1}$ を掛けると、

$$C^{-1}AC = \begin{pmatrix} \lambda_1 & & \\ & \ddots & \\ & & \lambda_n \end{pmatrix}$$

となり、行列 $A$ は対角行列に変換されます。一般に、正方行列 $A$ に対して、正則行列 $C$ を用いて上記のように対角行列に変換する操作を行列の対角化と言います ▶定義20 。

$\mathbf{x}_1, \cdots, \mathbf{x}_n$ が一次独立であることは、背理法で示すことができます。これらが一次従属であると仮定すると、この中から一次独立な要素を選択して、他の要素をその線形結合で表わすことができます。たとえば、$\mathbf{x}_n$ が、一次独立な要素 $\mathbf{x}_1, \cdots, \mathbf{x}_m$ の線形結合として表わされる、すなわち、

$$\mathbf{x}_n = c_1\mathbf{x}_1 + \cdots + c_m\mathbf{x}_m$$

(4-3)

※1　これに類似した式変形は、この後も何度か登場します。(4-2)の両辺を実際に計算して、これが(4-1)と同じ内容であることを確認しておいてください。

Chapter 4 行列の固有値と対角化

が成り立つものとすると、両辺に左から$A$を掛けて、

$$\lambda_n \mathbf{x}_n = c_1 \lambda_1 \mathbf{x}_1 + \cdots + c_m \lambda_m \mathbf{x}_m \tag{4-4}$$

が得られます。ここで、(4-3)の両辺に$\lambda_n$を掛けたものから(4-4)を辺々で引くと、

$$\mathbf{0} = c_1(\lambda_n - \lambda_1)\mathbf{x}_1 + \cdots + c_m(\lambda_n - \lambda_m)\mathbf{x}_m$$

となります。今、$\mathbf{x}_1, \cdots, \mathbf{x}_m$は一次独立という前提なので、これより、

$$c_i(\lambda_n - \lambda_i) = 0 \ (i = 1, \cdots, m)$$

が成り立ちますが、さらに、$\lambda_1, \cdots, \lambda_n$は相異なる実数という前提なので、結局、$c_i = 0 \ (i = 1, \cdots, m)$が得られます。これは、(4-3)の前提と矛盾するので、$\mathbf{x}_1, \cdots,$$\mathbf{x}_n$は一次従属にはなりえないことが示されました。この議論から、一般に、相異なる固有値に対応する固有ベクトルの集まりは、必ず、一次独立になると言えます▶定理20 。

以上の議論を振り返ると、$\lambda_1, \cdots, \lambda_n$が相異なる実数であることが、大きな役割を果たしていることがわかります。この前提がなければ、固有ベクトル$\mathbf{x}_1, \cdots, \mathbf{x}_n$の一次独立性が言えず、逆行列$C^{-1}$の存在が保証されなくなるからです。そこで、あらためて、行列の固有値問題を次のように定式化してみます▶定義21 。

[問題]

$n$次正方行列$A$について、次の条件を満たす$\mathbf{R}^n$の$n$個の一次独立な要素（すなわち$\mathbf{R}^n$の基底）$\mathbf{x}_1, \cdots, \mathbf{x}_n$を求めよ。

$$A\mathbf{x}_i = \lambda_i \mathbf{x}_i \ (i = 1, \cdots, n) \tag{4-5}$$

ここに、$\lambda_1, \cdots, \lambda_n$は、行列$A$によって決まる実数値とする[*2]。

この問題は必ず解けるとは限りませんが、仮にこの問題が解けたとすると、行列$C = [\mathbf{x}_1 \ \cdots \ \mathbf{x}_n]$を用いて、行列$A$は、

---

[*2] $\lambda_1, \cdots, \lambda_n$が複素数値の場合を含めて考えることもありますが、本書では、実数の範囲に限定して議論を進めます。

148

$$C^{-1}AC = \begin{pmatrix} \lambda_1 & & \\ & \ddots & \\ & & \lambda_n \end{pmatrix}$$

と対角化できることになります。そして、先ほどの議論でわかったのは、(4-5)を満たす $\mathbf{x}_1, \cdots, \mathbf{x}_n$ が存在して、さらに、$\lambda_1, \cdots, \lambda_n$ が相異なる実数であれば、$\mathbf{x}_1, \cdots,$ $\mathbf{x}_n$ の一次独立性が保証されて、固有値問題は解けるという事実です。

このように考えると、ここまでの議論は、固有値問題の一般的な解法としては、まだ不十分と言えます。まずは、(4-5)を満たす $\lambda_1, \cdots, \lambda_n$ と $\mathbf{x}_1, \cdots, \mathbf{x}_n$、すなわち、行列 $A$ の固有値と固有ベクトルを系統的に求める方法を考える必要があります。次項では、この点について議論を進めます。

## 4.1.2　固有方程式による固有値の決定

ここでは、前項で定義した固有値問題を系統的に解く方法を考えます。はじめに、準備として、$n$ 個の変数に対する $n$ 次の斉次連立一次方程式が解を持つ条件を整理しておきます。これは、$n$ 個の変数 $x_1, \cdots, x_n$ に対する $n$ 本の連立一次方程式で、行列を用いて次のように表わされるものを指します[※3]。

$$A\mathbf{x} = \mathbf{0} \tag{4-6}$$

ここに、$A$ は方程式の係数を並べた正方行列で、$\mathbf{x}$ は変数を縦に並べた縦ベクトル、$\mathbf{0}$ は $n$ 個の要素がすべて0のゼロベクトルです。

$$A = \begin{pmatrix} a_{11} & a_{12} & \cdots & a_{1n} \\ a_{21} & a_{22} & \cdots & a_{2n} \\ \vdots & \vdots & \ddots & \vdots \\ a_{n1} & a_{n2} & \cdots & a_{nn} \end{pmatrix}, \ \mathbf{x} = \begin{pmatrix} x_1 \\ x_2 \\ \vdots \\ x_n \end{pmatrix}, \ \mathbf{0} = \begin{pmatrix} 0 \\ 0 \\ \vdots \\ 0 \end{pmatrix}$$

この連立一次方程式が $\mathbf{x} = \mathbf{0}$ 以外の解を持つための必要十分条件は、$\det A = 0$ で与えられます▶定理21 。なぜなら、まず、$\det A \neq 0$ とすると、$A$ は正則行列であり、逆行列 $A^{-1}$ を持つので、(4-6)の両辺に左から $A^{-1}$ を掛けて、$\mathbf{x} = \mathbf{0}$ となりま

---

※3　一般に、右辺の定数項がすべて0の連立一次方程式を斉次連立一次方程式と呼びます。

Chapter 4　行列の固有値と対角化

す。つまり、$\det A = 0$ は必要条件となります。

一方、$\det A = 0$ とすると、「3.4　主要な定理のまとめ」の ▶定理15 より、$A$ の各列を構成する縦ベクトルの中で一次独立なものの個数、すなわち、行列 $A$ のランク $r = \operatorname{rank} A$ は $n$ 未満になります。したがって、「2.3　連立一次方程式の解法」で説明した解法（ガウスの消去法）を適用すると、「2.3.2　変数と方程式の数が一致する場合」の最後に説明したパターンに当てはまり、$\mathbf{x} = \mathbf{0}$ 以外の解が存在します。もう少し具体的に言うと、行列 $[A \quad \mathbf{0}]$ に対して、行に関する基本操作を適用して、$A$ を階段行列にしたものを $[A' \quad \mathbf{0}]$ としたとき、下から $n - r$ 行分は、すべての成分が0となり、たとえば、次のような形になります。

$$\begin{pmatrix} 1 & 1 & -2 & | & 1 \\ 0 & 1 & 3 & | & 3 \\ 0 & 0 & 0 & | & 0 \end{pmatrix}$$

この場合、(4-6) は、次の連立一次方程式と同等になります。

$$x_1 + x_2 - 2x_3 = 1$$
$$x_2 + 3x_3 = 3$$
$$0 \cdot x_1 + 0 \cdot x_2 + 0 \cdot x_3 = 0$$

最後の方程式は、任意の $(x_1, x_2, x_3)$ に対して成立することから、$x_3$ は任意の値を取ることができます。そこで、$x_3 = t$ として、残りの連立方程式を解くと、次の一般解が得られ、確かに $\mathbf{x} = \mathbf{0}$ 以外の解が存在します。

$$x_1 = 5t - 2$$
$$x_2 = -3t + 3$$
$$x_3 = t$$

これで、$\det A = 0$ が (4-6) が $\mathbf{x} = \mathbf{0}$ 以外の解を持つための十分条件であることもわかりました。この必要十分条件は、行列 $A$ の固有値 $\lambda_1, \cdots, \lambda_n$ を決定するのに重要な役割を果たします。今、$\lambda$ を固有値の1つとすると、次の関係式を満たす $\mathbf{x}$ が存在するはずです。

$$A\mathbf{x} = \lambda\mathbf{x}$$

150

これは、

$$(A - \lambda I)\mathbf{x} = \mathbf{0} \tag{4-7}$$

と変形すると、行列 $A - \lambda I$ を係数行列（一次方程式の係数を並べた行列）とした、$n$ 個の変数に対する $n$ 次の斉次連立一次方程式です。つまり、上式を満たす $\mathbf{x} \neq \mathbf{0}$ が存在する必要十分条件は、

$$\det(A - \lambda I) = 0 \tag{4-8}$$

で与えられます。(4-8) を行列 $A$ の固有方程式、左辺の $\lambda$ に関する多項式 $\det(A - \lambda I)$ を行列 $A$ の固有多項式と呼びます▶定義22 。

　この後の具体例からわかるように、行列式の定義に従って (4-8) の左辺を展開すると、$\lambda$ についての $n$ 次方程式が得られます。したがって、固有方程式には最大で $n$ 個の実数解が存在して、それぞれの実数解に対して、対応する固有ベクトル $\mathbf{x}$ の存在が保証されることになります。この結果と前項の議論をあわせると、「固有方程式が相異なる $n$ 個の実数解を持つ」ならば、それぞれに対応した、$n$ 個の一次独立な固有ベクトルが存在して、これは固有値問題が解けるための十分条件になります。もちろん、これは必要条件というわけではないので、固有方程式が相異なる $n$ 個の実数解を持たない場合でも、固有値問題が解けることはあり得ます。この点については、後ほど議論することにして、まずは、簡単な具体例で様子を確認してみます。

　はじめに、3つの相異なる固有値を持つ、3次正方行列の例です。

$$A = \begin{pmatrix} 0 & 1 & 1 \\ 2 & 1 & -1 \\ 2 & 0 & 0 \end{pmatrix}$$

この場合、対応する固有方程式 (4-8) は次になります。

$$\det \begin{pmatrix} -\lambda & 1 & 1 \\ 2 & 1-\lambda & -1 \\ 2 & 0 & -\lambda \end{pmatrix} = 0$$

　左辺の行列式は、第1行についての余因子展開で計算すると、

Chapter 4　行列の固有値と対角化

$$-\lambda\left\{(1-\lambda)\cdot(-\lambda)-(-1)\cdot 0\right\}-1\left\{2\cdot(-\lambda)-(-1)\cdot 2\right\}$$
$$+1\left\{2\cdot 0-(1-\lambda)\cdot 2\right\}$$
$$=-\lambda^2(\lambda-1)+2(\lambda-1)+2(\lambda-1)$$
$$=-(\lambda-1)(\lambda+2)(\lambda-2)$$

となるので、固有方程式の解は、$\lambda = 1,\ \pm 2$ と決まります。

$\lambda = 1$ のとき、固有ベクトルを決定する方程式 (4-7) は、

$$\begin{pmatrix} -1 & 1 & 1 \\ 2 & 0 & -1 \\ 2 & 0 & -1 \end{pmatrix} \begin{pmatrix} x_1 \\ x_2 \\ x_3 \end{pmatrix} = \begin{pmatrix} 0 \\ 0 \\ 0 \end{pmatrix}$$

となるので、ガウスの消去法で解を求めます。係数行列と定数項を並べた行列は、

$$\begin{pmatrix} -1 & 1 & 1 & | & 0 \\ 2 & 0 & -1 & | & 0 \\ 2 & 0 & -1 & | & 0 \end{pmatrix}$$

となりますが、2行目と3行目が一致しており、2行目を3行目から引いた後、1行目の2倍を2行目に加えると、次が得られます。

$$\begin{pmatrix} -1 & 1 & 1 & | & 0 \\ 0 & 2 & 1 & | & 0 \\ 0 & 0 & 0 & | & 0 \end{pmatrix}$$

したがって、これは、次の連立一次方程式と同等になります。

$$-x_1 + x_2 + x_3 = 0$$
$$2x_2 + x_3 = 0$$

係数行列の最下行がすべて0になったことから、$x_3$ を決定する方程式が欠けており、$x_3$ は任意の実数を取れます。そこで、$x_3 = t$ と置いて残りの方程式を解くと、最終結果は、

$$(x_1,\, x_2,\, x_3) = \left( \frac{1}{2}t,\, -\frac{1}{2}t,\, t \right)$$

152

と決まります。これは、$\mathbf{x}_1 = (1, -1, 2)^{\mathrm{T}}$ として、

$$F_1 = \{c\mathbf{x}_1 \mid c \in \mathbf{R}\}$$

が、固有値 $\lambda = 1$ に対応するすべての固有ベクトルを集めた集合になることを示しています。厳密には、$c = 0$ の場合は除外して考える必要がありますが、ここでは、便宜上、$c = 0$、すなわち、ゼロベクトル $\mathbf{0}$ も集合 $F_1$ の要素に含めてあります。

$\lambda = 2$、および、$\lambda = -2$ の場合についても同様の計算を行なうと、それぞれ、次の結果が得られます。まず、$\lambda = 2$ の場合は、$x_2 = (1, 1, 1)^{\mathrm{T}}$ として、

$$F_2 = \{c\mathbf{x}_2 \mid c \in \mathbf{R}\}$$

が対応する固有ベクトルの集合になります。$\lambda = -2$ の場合は、$x_3 = (1, -1, -1)^{\mathrm{T}}$ として、

$$F_3 = \{c\mathbf{x}_3 \mid c \in \mathbf{R}\}$$

が対応する固有ベクトルの集合になります。この結果を見ると、確かに $\mathbf{x}_1, \mathbf{x}_2, \mathbf{x}_3$ は互いに一次独立になっており、$\mathbf{R}^3$ の基底ベクトルになることがわかります。

それでは、次に、固有方程式が重解を持つ場合として、次の3次正方行列を考えます。

$$A = \begin{pmatrix} 1 & -1 & -1 \\ -1 & 1 & -1 \\ -1 & -1 & 1 \end{pmatrix} \tag{4-9}$$

この場合にどのような結果が得られるかは、まだ一般的には調べていませんが、まずは具体的に計算してみます。まず、固有方程式 (4-8) の左辺を余因子展開で計算して整理すると、次が得られます。

$$\det \begin{pmatrix} 1-\lambda & -1 & -1 \\ -1 & 1-\lambda & -1 \\ -1 & -1 & 1-\lambda \end{pmatrix} = -(\lambda - 2)^2(\lambda + 1)$$

したがって、固有値は、$\lambda = 2$（重解）、および、$\lambda = -1$ と決まります。$\lambda = -1$ に

Chapter 4　行列の固有値と対角化

対応する固有ベクトルの方程式 (4-7) は、先と同様にガウスの消去法を利用すると、$\mathbf{x}_1 = (1,\, 1,\, 1)^{\mathrm{T}}$ として、

$$F_1 = \{c\mathbf{x}_1 \mid c \in \mathbf{R}\} \tag{4-10}$$

がすべての固有ベクトルの集合と決まります。一方、重解に対応する $\lambda = 2$ のほうは、少し様子が異なります。この場合、固有ベクトルの方程式 (4-7) を書き下すと、次のようになります。

$$\begin{pmatrix} -1 & -1 & -1 \\ -1 & -1 & -1 \\ -1 & -1 & -1 \end{pmatrix} \begin{pmatrix} x_1 \\ x_2 \\ x_3 \end{pmatrix} = \begin{pmatrix} 0 \\ 0 \\ 0 \end{pmatrix}$$

　係数行列はすべての行が同じ形をしているので、ガウスの消去法を適用すると下の2行はすべての値が0になり、残る方程式は次の1つになります。

$$-x_1 - x_2 - x_3 = 0$$

　つまり、$x_2$ と $x_3$ を決定する方程式が欠けており、これらは任意の実数を取ることができます。そこで、$x_2 = t_1$, $x_3 = t_2$ として、

$$(x_1,\, x_2,\, x_3) = (-t_1 - t_2,\, t_1,\, t_2)$$

が一般解となります。この結果は、

$$\begin{pmatrix} x_1 \\ x_2 \\ x_3 \end{pmatrix} = t_1 \begin{pmatrix} -1 \\ 1 \\ 0 \end{pmatrix} + t_2 \begin{pmatrix} -1 \\ 0 \\ 1 \end{pmatrix}$$

と書き表わすこともできます。つまり、固有値 $\lambda = 2$ に対応する固有ベクトルの集合は、$\mathbf{x}_2 = (-1,\, 1,\, 0)^{\mathrm{T}}$, $\mathbf{x}_3 = (-1,\, 0,\, 1)^{\mathrm{T}}$ として、

$$F_2 = \{c_2\mathbf{x}_2 + c_3\mathbf{x}_3 \mid c_2,\, c_3 \in \mathbf{R}\} \tag{4-11}$$

と決まります。

この結果を見ると、重解を含む例においても、一次独立な固有ベクトル $\mathbf{x}_1, \mathbf{x}_2, \mathbf{x}_3$ が存在しており、固有値問題は解けたことになります。ただし、すべての固有値が相異なる場合との違いとして、重解に対応する固有ベクトルは、より大きな自由度を持っています。具体的に言うと、単解の固有値の場合、対応する固有ベクトルは定数倍を除いて一意に決まりました。言い換えると、固有ベクトルの集合は、1次元の部分ベクトル空間を構成します。一方、重解の固有値に対応する固有ベクトルは、先ほどの例の場合、2つの一次独立な要素の線形結合になっており、対応する固有ベクトルの集合は、2次元の部分ベクトル空間を構成しました。

つまり、(4-9)の行列$A$が表わす一次変換は、$\mathbf{x}_1 = (1, 1, 1)^\mathrm{T}$ の方向のベクトルは $-1$ 倍に拡大して、$\mathbf{x}_2 = (-1, 1, 0)^\mathrm{T}$ と $\mathbf{x}_3 = (-1, 0, 1)^\mathrm{T}$ が張る平面上のベクトルは、一様に2倍に拡大するという処理を行ないます（図4.1）。これは、ある2つの方向の拡大率がたまたま同じ値だったため、それらの線形結合となる方向はすべて同じ拡大率となり、部分ベクトル空間 $F_2$ の次元が2次元に拡大されたと考えることもできます。

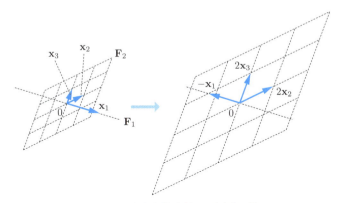

図4.1　固有値が重解を持つ一次変換の例

図4.1でもう1つ注目すべき点は、$F_1$ と $F_2$ をあわせることで、$\mathbf{R}^3$ 全体が再構成されることです。一般に、$\mathbf{R}^n$ の2つの部分ベクトル空間 $W_1, W_2$ について、これらをあわせた部分ベクトル空間 $W_1 + W_2$ は、次のように定義されます。これを部分ベクトル空間の**和空間**と言います[※4]　▶**定義23**　。

---

※4　和空間 $W_1 + W_2$ が実際に部分ベクトル空間の条件を満たすことは、p.205「4.4　演習問題」問2を参照。

Chapter 4 行列の固有値と対角化

$$W_1 + W_2 = \{\mathbf{x}_1 + \mathbf{x}_2 \mid \mathbf{x}_1 \in W_1, \, \mathbf{x}_2 \in W_2\}$$

さらに、$W_1$ と $W_2$ がゼロベクトル以外に共通の要素を含まない、つまり、$W_1 \cap W_2 = \{\mathbf{0}\}$ を満たすとき、これらの和空間を直和と呼び、$W_1 \oplus W_2$ という記号で表わします▶定義24 。今の場合、$F_1 \cap F_2 = \{\mathbf{0}\}$ が成立しており、結局のところ、

$$\mathbf{R}^3 = F_1 \oplus F_2$$

という関係が成立します。このように、固有値問題を解くことは、$n$ 次元の実数ベクトル空間 $\mathbf{R}^n$ をより次元の低い部分ベクトル空間の直和に分解することに相当します。そして、それぞれの部分ベクトル空間は、特定の固有値に対する固有ベクトルだけを集めた特別な集合（固有空間）になっています。一般に、一次変換 $A$ が、$\mathbf{R}^n$ の要素 $\mathbf{x}$ にどのような影響を及ぼすかを知りたい場合、$\mathbf{x}$ を $A$ に対する固有空間の要素の和に分解して、$\mathbf{x} = \mathbf{x}_1 + \mathbf{x}_2 + \cdots$ と表現すれば、それぞれの要素 $\mathbf{x}_1, \mathbf{x}_2, \ldots$ に対する $A$ の作用はすぐにわかるというわけです。

ただし、すべての一次変換 $A$ に対して、このような分解ができる（すなわち、固有値問題が解ける）わけではありません。先ほどの例では、固有方程式の2重解 $\lambda = 2$ に対応する固有空間 $F_2$ は、2次元のベクトル空間になりました。一般に、固有値が $p$ 重解となる場合、対応する固有空間は $p$ 次元になると期待したくなりますが、必ずしもそうはなりません。次項では、この点を詳しく議論していきます。

## 4.1.3 固有空間の性質と固有値問題の関係

固有方程式が重解を持つ場合の状況を明らかにするために、固有ベクトルの集合が作る部分ベクトル空間の性質を調べます。ここでは、部分ベクトル空間の一般的な性質として、「5.1.2 ベクトル空間の基底ベクトル」で示す次の主張（i）〜（iii）を先取りして利用します。以下で述べる部分ベクトル空間は、ここでは、$n$ 次元実数ベクトル空間 $\mathbf{R}^n$ の部分ベクトル空間と考えてください。また、部分ベクトル空間の定義は、「2.4 主要な定理のまとめ」の▶定義11 を参照してください。

(i) 部分ベクトル空間 $W$ の基底ベクトルの個数は、その選び方によらず一定となる。この個数を部分ベクトル空間の次元 $\dim W$ と呼ぶ（さらに、$m$ 次元の部

分ベクトル空間 $W$ からは、必ず、$m$ 個の基底ベクトルを選ぶことができる。あるいは逆に、$m$ 個の一次独立な要素があれば、それは基底ベクトルとなる)。
(ii) 2つの部分ベクトル空間 $W_1$, $W_2$ が $W_1 \subset W_2$ という包含関係を満たすとき、$W_1$ の基底ベクトルが任意に与えられると、これに $W_2$ の適当な要素を付け加えて、$W_2$ の基底ベクトルが構成できる。
(iii) 2つの部分ベクトル空間 $W_1$, $W_2$ が直和の条件を満たすとき、直和 $W_1 \oplus W_2$ の次元は、それぞれの部分ベクトル空間の次元の和になる。

$$\dim(W_1 \oplus W_2) = \dim W_1 + \dim W_2$$

1つ目の主張は、「2.1.2 一次独立性と基底ベクトル」で $\mathbf{R}^n$ の基底ベクトルを導入した際に、図2.2を用いて直感的に説明した内容とほぼ同じです。これと同じことが、$\mathbf{R}^n$ に限らず、任意の部分ベクトル空間に対して成り立つことを主張しています。2つ目の主張は、$W_1$ が2次元平面で、$W_2$ がそれを含む3次元空間のような場合を考えると、直感的には明らかでしょう。図4.2のように、$W_1$ の基底ベクトルに対して、$W_2$ の中で足りない方向のベクトルを付け加えれば、$W_2$ の基底ベクトルが構成できます。

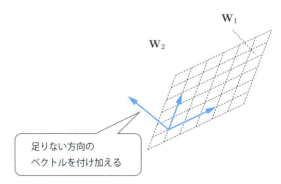

図4.2　基底ベクトルを構成する様子

3つ目の主張における直和の条件とは、$W_1$ と $W_2$ がゼロベクトル以外に共通の要素を持たない、すなわち、$W_1 \cap W_2 = \{\mathbf{0}\}$ が成立するということです。前項の最後に説明したように、これが成り立つ場合、$W_1$ と $W_2$ の和空間 $W_1 + W_2$ を特に直和と呼ぶのでした。前項の例で説明すると、(4-10) と (4-11) で定義した $F_1$、および、$F_2$ は、どちらも $\mathbf{R}^3$ の部分ベクトル空間であり、それぞれ、$\dim F_1 = 1$, $\dim F_2 = 2$ となります。さらに、$F_1 \cap F_2 = \{\mathbf{0}\}$ を満たしており、これらの直和 $F_1 \oplus F_2$ は次のように

Chapter 4 行列の固有値と対角化

決まります。

$$F_1 \oplus F_2 = \{c_1\mathbf{x}_1 + c_2\mathbf{x}_2 + c_3\mathbf{x}_3 \mid c_1,\, c_2,\, c_3 \in \mathbf{R}\}$$

$\mathbf{x}_1,\, \mathbf{x}_2,\, \mathbf{x}_3$ は一次独立なので、$\mathbf{R}^3$ の基底ベクトルとなっており、$F_1 \oplus F_2 = \mathbf{R}^3$ が成り立ちます。つまり、$\dim(F_1 \oplus F_2) = \dim \mathbf{R}^3 = 3$ であり、確かに前述の主張 $\dim F_1 + \dim F_2 = \dim(F_1 \oplus F_2)$ が成立しています。

それでは、以上の準備のもとに、固有ベクトルの集合が作る部分ベクトル空間の性質を調べていきます。はじめに、$n$ 次の正方行列 $A$ の固有値の 1 つを $\lambda$ として、この固有値に対応する固有ベクトルの集合を考えます。

$$F_\lambda = \{\mathbf{x} \mid A\mathbf{x} = \lambda\mathbf{x}\}$$

厳密には、ゼロベクトルは固有ベクトルではありませんが、ここでは、$\mathbf{x} = \mathbf{0}$ の場合も上記の集合に含めて考えます。このとき、$F_\lambda$ は、$\mathbf{R}^n$ の部分ベクトル空間を構成します。実際、$\mathbf{x}_1, \mathbf{x}_2 \in F_\lambda$ とすると、定義より $A\mathbf{x}_1 = \lambda\mathbf{x}_1$, $A\mathbf{x}_2 = \lambda\mathbf{x}_2$ となり、次の計算が成り立ちます。

$$A(k\mathbf{x}_1) = k(A\mathbf{x}_1) = k(\lambda\mathbf{x}_1) = \lambda(k\mathbf{x}_1)$$
$$A(\mathbf{x}_1 + \mathbf{x}_2) = A\mathbf{x}_1 + A\mathbf{x}_2 = \lambda\mathbf{x}_1 + \lambda\mathbf{x}_2 = \lambda(\mathbf{x}_1 + \mathbf{x}_2)$$

したがって、$k\mathbf{x}_1 \in F_\lambda$, $\mathbf{x}_1 + \mathbf{x}_2 \in F_\lambda$ であり、確かに、和とスカラー倍について閉じています。$F_\lambda$ を固有値 $\lambda$ に対する固有空間と呼びます ▶ 定義25 。このとき、p.156 の主張（i）により、$F_\lambda$ から一定数の基底ベクトルを取り出すことができて、その個数が固有空間の次元となります。

次に、相異なる固有値 $\lambda_1,\, \lambda_2$ について、それぞれの固有空間 $F_{\lambda_1}$, $F_{\lambda_2}$ を考えたとき、これらは、直和の条件 $F_{\lambda_1} \cap F_{\lambda_2} = \{\mathbf{0}\}$ を満たすことが言えます。より厳密に言うと、固有方程式のすべての相異なる実数解を $\lambda_1, \cdots, \lambda_r$ として、$i$ 番目の固有値に対する固有空間 $F_{\lambda_i}$ と、それ以外のすべての固有空間の和空間 $\underbrace{F_{\lambda_1} + \cdots + F_{\lambda_r}}_{F_{\lambda_i} \text{は除く}}$ は、ゼロベクトル以外に共通の要素を持たないことが言えます。

158

$$F_{\lambda_i} \cap (\underbrace{F_{\lambda_1} + \cdots + F_{\lambda_r}}_{F_{\lambda_i} \text{は除く}}) = \{\mathbf{0}\}$$

(4-12)

これは、背理法で示すことができます。たとえば、$F_{\lambda_1} \cap (F_{\lambda_2} + \cdots + F_{\lambda_r}) \neq \{\mathbf{0}\}$ と仮定すると、$F_{\lambda_1}$ の要素 $\mathbf{x}_1$ の中に、$F_{\lambda_2}, \cdots, F_{\lambda_r}$ の要素 $\mathbf{x}_2, \cdots, \mathbf{x}_r$ の和で、

$$\mathbf{x}_1 = \mathbf{x}_2 + \cdots + \mathbf{x}_r$$

と書き表わされるものが存在します。これは、$\mathbf{x}_1, \cdots, \mathbf{x}_r$ が一次従属であることを意味しますが、▶定理20 で示したように、相異なる固有値に属する固有ベクトルの集まりは一次独立になるので、このようなことはありえません。$F_{\lambda_1}$ 以外の固有空間を取り上げた場合でも、同じ議論が成り立ちます。

そして、この関係を利用すると、すべての相異なる固有値を $\lambda_1, \cdots, \lambda_r$ として、直和 $F = F_{\lambda_1} \oplus \cdots \oplus F_{\lambda_r}$ を順番に構成することができます。たとえば、(4-12) で $i = 2$ の場合を考えると、

$$F_{\lambda_2} \cap (\underbrace{F_{\lambda_1} + \cdots + F_{\lambda_r}}_{F_{\lambda_2} \text{は除く}}) = \{\mathbf{0}\}$$

となりますが、$F_{\lambda_1}$ は $\underbrace{F_{\lambda_1} + \cdots + F_{\lambda_r}}_{F_{\lambda_2} \text{は除く}}$ の部分集合なので、$F_{\lambda_2} \cap F_{\lambda_1} = \{\mathbf{0}\}$ である

とも言えます。したがって、$F_{\lambda_1}$ に $F_{\lambda_2}$ を直和で加えて、

$$F_{\lambda_1} \oplus F_{\lambda_2} = \{\mathbf{x}_1 + \mathbf{x}_2 \mid \mathbf{x}_1 \in F_{\lambda_1},\, \mathbf{x}_2 \in F_{\lambda_2}\}$$

が構成できて、

$$\dim(F_{\lambda_1} \oplus F_{\lambda_2}) = \dim F_{\lambda_1} + \dim F_{\lambda_2}$$

が成り立ちます。上記の次元数に関する等式は、p.157 の主張（iii）を利用しています。

次に、先と同様の理屈から $F_{\lambda_3} \cap (F_{\lambda_1} + F_{\lambda_2}) = \{\mathbf{0}\}$ となるので、$F_{\lambda_1} \oplus F_{\lambda_2}$ に $F_{\lambda_3}$ を直和で加えて、

Chapter 4 行列の固有値と対角化

$$F_{\lambda_1} \oplus F_{\lambda_2} \oplus F_{\lambda_3} = \{\mathbf{x}_1 + \mathbf{x}_2 + \mathbf{x}_3 \mid \mathbf{x}_1 \in F_{\lambda_1}, \mathbf{x}_2 \in F_{\lambda_2}, \mathbf{x}_3 \in F_{\lambda_3}\}$$

が構成できて、

$$\begin{aligned}
\dim(F_{\lambda_1} \oplus F_{\lambda_2} \oplus F_{\lambda_3}) &= \dim(F_{\lambda_1} \oplus F_{\lambda_2}) + \dim F_{\lambda_3} \\
&= \dim F_{\lambda_1} + \dim F_{\lambda_2} + \dim F_{\lambda_3}
\end{aligned}$$

が成り立ちます。この議論を繰り返すことで、最終的に、

$$F = F_{\lambda_1} \oplus \cdots \oplus F_{\lambda_r} = \{\mathbf{x}_1 + \cdots + \mathbf{x}_r \mid \mathbf{x}_1 \in F_{\lambda_1}, \cdots, \mathbf{x}_r \in F_{\lambda_r}\}$$

が構成されて、

$$\dim F = \dim F_{\lambda_1} + \cdots + \dim F_{\lambda_r}$$

が得られます ▶ 定理22 。

　このとき、$\dim F = n$ が成り立ったとすると、各固有空間の基底ベクトルを集めれば、全部で $n$ 個の一次独立な固有ベクトル（すなわち $\mathbf{R}^n$ の基底）が得られるので、これで固有値問題が解けたことになります。つまり、各固有空間の次元 $\dim F_{\lambda_i}$ $(i = 1, \cdots, r)$ が、固有値問題が解けるかどうかを決める1つの要因となるわけです。

　そして、固有空間の次元に影響を与えるのが、固有方程式における固有値の多重度です。今、$\lambda$ を固有方程式の解の1つとすると、$\det(A - \lambda I) = 0$ であることから、固有ベクトルを決定する方程式 $(A - \lambda I)\mathbf{x} = \mathbf{0}$ は必ず $\mathbf{x} \neq \mathbf{0}$ となる解を持ちます。つまり、対応する固有空間の次元は、1次元以上であることが保証されます。その一方で、この $\lambda$ が固有方程式の $p$ 重解だとすると、固有空間の次元は $p$ を超えることはできません。つまり、

$$1 \leq \dim F_\lambda \leq p \tag{4-13}$$

という不等式が成立します ▶ 定理23 。

　この関係を示す準備として、まず、相似な行列は固有値が一致するという事実を示します。一般に、2つの $n$ 次正方行列 $A$ と $B$ が、正則な $n$ 次正方行列 $P$ を用いて、

$$A = P^{-1}BP$$

160

と表わされるとき、$A$と$B$は互いに相似であると言います▶定義26。このとき、$A$の固有多項式は、次のように変形できます。

$$
\begin{aligned}
\det(A - \lambda I) &= \det(P^{-1}BP - \lambda I) = \det\left\{P^{-1}(B - \lambda I)P\right\} \\
&= \det P^{-1} \cdot \det(B - \lambda I) \cdot \det P = \det(B - \lambda I)
\end{aligned}
$$

上記の式変形では、「3.4　主要な定理のまとめ」の▶定理13と▶定理14を用いています。これは、$A$と$B$の固有多項式が一致することを示しており、これより、$A$と$B$は解の多重度を含めて、同一の固有値を持つことになります▶定理24。

そして、今、ある固有値$\lambda_0$に対応する固有空間$F_{\lambda_0}$の次元が$\dim F_{\lambda_0} = m$になったとします。これは、$F_{\lambda_0}$から$m$個の基底ベクトル、すなわち、一次独立な要素$\mathbf{x}_1$, $\cdots, \mathbf{x}_m$が取れることを意味します。そこで、これらに、$n - m$個の一次独立な要素$\mathbf{x}_{m+1}, \cdots, \mathbf{x}_n$を付け加えて、$\mathbf{R}^n$の基底ベクトルを構成します。このような操作ができるということが、p.157の（ii）の主張でした。このとき、これらの基底ベクトルを縦ベクトルとして並べた行列、

$$
C = [\mathbf{x}_1 \ \cdots \ \mathbf{x}_m \ \ \mathbf{x}_{m+1} \ \cdots \ \mathbf{x}_n]
$$

を考えると、$\mathbf{x}_1, \cdots, \mathbf{x}_n$が一次独立であることから、$C$は正則行列となり、$C^{-1}$が存在します。そこで、$A$と相似な行列$B = C^{-1}AC$を考えると、これは、次のように変形できます。

$$
\begin{aligned}
B = C^{-1}AC &= C^{-1}A[\mathbf{x}_1 \ \cdots \ \mathbf{x}_m \ \ \mathbf{x}_{m+1} \ \cdots \ \mathbf{x}_n] \\
&= [C^{-1}A\mathbf{x}_1 \ \cdots \ C^{-1}A\mathbf{x}_m \ \ C^{-1}A\mathbf{x}_{m+1} \ \cdots \ C^{-1}A\mathbf{x}_n] \\
&= [\lambda_0 C^{-1}\mathbf{x}_1 \ \cdots \ \lambda_0 C^{-1}\mathbf{x}_m \ \ C^{-1}A\mathbf{x}_{m+1} \ \cdots \ C^{-1}A\mathbf{x}_n] \\
&= [\lambda_0 \mathbf{e}_1 \ \cdots \ \lambda_0 \mathbf{e}_m \ \ C^{-1}A\mathbf{x}_{m+1} \ \cdots \ C^{-1}A\mathbf{x}_n]
\end{aligned}
$$

最後の2行分の式変形では、$\mathbf{x}_i \ (i = 1, \cdots, m)$に対して$A\mathbf{x}_i = \lambda_0 \mathbf{x}_i$が成り立つこと、および、自明に成り立つ$C\mathbf{e}_i = \mathbf{x}_i$の両辺に左から$C^{-1}$を掛けて得られる、$C^{-1}\mathbf{x}_i = \mathbf{e}_i$という関係を用いています。この最後の結果を行列の成分で表示すると、次のようになります。

Chapter 4　行列の固有値と対角化

$$
B = \begin{pmatrix} \lambda_0 & & & | & & \\ & \ddots & & | & A_1 & \\ & & \lambda_0 & | & & \\ - & - & - & + & - & - \\ & & & | & & \\ & & & | & A_2 & \\ & & & | & & \end{pmatrix}
$$

ここで、$A_1$ と $A_2$ は、後半の $[C^{-1}A\mathbf{x}_{m+1} \; \cdots \; C^{-1}A\mathbf{x}_n]$ の部分にあたる成分で、それぞれ、$m \times (n-m)$ 行列、および、$(n-m) \times (n-m)$ 行列を表わします。そして、$A$ と $B$ は相似な行列であることから、これらの固有多項式は一致して、

$$
\det(A - \lambda I) = \det(B - \lambda I) = \det \begin{pmatrix} \lambda_0 - \lambda & & & | & & \\ & \ddots & & | & A_1 & \\ & & \lambda_0 - \lambda & | & & \\ - & - & - & + & - & - \\ & & & | & & \\ & & & | & A_2 - \lambda I & \\ & & & | & & \end{pmatrix}
$$

$$
= (\lambda_0 - \lambda)^m \cdot \det(A_2 - \lambda I)
$$

が成り立ちます[5]。最後の式変形では、「3.4　主要な定理のまとめ」の ▶ 定理17 を用いています。

この結果より、$A$ の固有方程式には $(\lambda_0 - \lambda)^m$ という因子が含まれており、$\lambda_0$ は少なくとも $m$ 重解であると言えます。残りの $\det(A_2 - \lambda I)$ の部分にも $(\lambda_0 - \lambda)$ という因子が含まれる可能性があるので、$\lambda_0$ は $p$ 重解であるとして、$m \leq p$ が成り立ちます。これで (4-13) が示されました。

以上の結果を整理すると、結局のところ、次の事実が示されたことになります。まず、$n$ 次正方行列 $A$ について、固有方程式の相異なる解を $\lambda_1, \cdots, \lambda_r$ とすると、それぞれの固有空間 $F_{\lambda_1}, \cdots, F_{\lambda_r}$ の直和、

$$
F = F_{\lambda_1} \oplus \cdots \oplus F_{\lambda_r}
$$

---

[5]　前半の2つの $I$ は $n$ 次の単位行列で、後半の2つの $I$ は $(n-m)$ 次の単位行列と理解してください。

162

を構成することができ、

$$\dim F = \dim F_{\lambda_1} + \cdots + \dim F_{\lambda_r}$$

が成り立ちます。また、各固有空間の基底ベクトルを集めたものは、$F$の基底ベクトルとなります。

　このとき、$\dim F = n$であったとすると、各固有空間の基底ベクトルは、全体として一次独立な$n$個の固有ベクトルとなり、（$n$個の一次独立な固有ベクトルを選択するという）固有値問題は解けたことになります。さらにこれは、$F$の基底ベクトルが$n$個存在することを意味しており、p.156の主張（i）より、これは、$\mathbf{R}^n(\supset F)$の基底ベクトルともなります。したがって、$\mathbf{R}^n = F$が成り立ちます。

　逆に$\dim F < n$の場合、すべての固有ベクトルは$F$に含まれることを考えると、一次独立な固有ベクトルは$n$個未満となり、固有値問題は解けません。したがって、$\dim F = n$が、固有値問題が解けるための必要十分条件となります。

　また、$A$の固有方程式が$\lambda$に対する$n$次方程式であることを考えると、その解は、重解を含めても高々$n$個しかありません。つまり、固有方程式が重解を含めて$n$個の解を持ち、各固有空間が(4-13)で許される最大の次元（つまり、対応する固有値の多重度）を持つことが、$\dim F = n$を満たすための必要十分条件となります ▶ 定理25 。前項で示した、「固有方程式が$n$個の相異なる実数解を持つ場合は、固有値問題が解ける」という事実は、この条件が成立する特別な場合にあたります。

　逆に、この条件が成り立たない自明な例として、固有方程式の解が重解を含めても$n$個に満たない場合があります。この場合は、必ず$\dim F < n$となることから、固有値問題は解けないことになります。

## ジョルダン標準形

　本文では、行列の固有値問題が解ける条件を説明しました。特に、行列$A$に対する固有値問題が解ける場合、$A$は、一次独立な固有ベクトルを並べた行列$C = [\mathbf{x}_1 \cdots \mathbf{x}_n]$を用いて、

$$C^{-1}AC = \begin{pmatrix} \lambda_1 & & \\ & \ddots & \\ & & \lambda_n \end{pmatrix}$$

Chapter 4　行列の固有値と対角化

と変形できるという著しい特徴がありました。これは、$A$ は固有値を並べた対角行列と相似になると言い換えることもできます。

　それでは、一方、固有値問題が解けない場合、$A$ については、どのようなことが言えるのでしょうか？　この点については、本書では詳しくは扱いませんが、一般に、任意の行列 $A$ は、複素数の範囲に広げて考えると、ジョルダン標準形と相似になるという事実が知られています。たとえば、

$$A = \begin{pmatrix} 1 & 1 & 1 \\ 3 & 0 & -3 \\ -4 & 3 & 6 \end{pmatrix}$$

という行列を考えると、固有多項式は次のように計算されます。

$$\det(A - \lambda I) = -(\lambda - 2)^2(\lambda - 3)$$

　このとき、2重解 $\lambda = 2$ に対する固有ベクトルを決める方程式 $(A - 2I)\mathbf{x} = \mathbf{0}$ の一般解は、$t$ を任意の実数として、

$$\mathbf{x} = t \begin{pmatrix} 1 \\ 0 \\ 1 \end{pmatrix}$$

と決まります。つまり、2重解に対する固有空間が2次元にはなっておらず、固有値問題は解けないことになります。しかしながら、ジョルダン標準形の理論を用いると、

$$C = \begin{pmatrix} 1 & 2 & 0 \\ 0 & 3 & -1 \\ 1 & 0 & 1 \end{pmatrix}$$

という正則行列を用いれば、少なくとも、

$$C^{-1}AC = \begin{pmatrix} 2 & 1 & 0 \\ 0 & 2 & 0 \\ 0 & 0 & 3 \end{pmatrix}$$

と変形できることがわかります。つまり、対角成分の右上に1が現われることを許せば、どのような行列であっても、このような標準形に相似であることが言えるのです。ただし、固有方程式が実数の範囲で解を持たない場合は、複素数を含めて考える必要があります。

164

> ジョルダン標準形の正確な定義については、ここでは説明しないので、興味のある方は、より進んだ線形代数学のテキストなどを参考にしてください。

## 4.1.4　固有値の性質

　前項までの議論で、固有方程式の解の多重度と固有空間の次元の関係、そして、固有値問題が解けるための条件が整理できました。ここでは、その他に知っておくと便利な、固有値の一般的な性質を紹介します。そのための準備として、固有多項式 $\det(A - \lambda I)$ の構造をあらためて確認します。まず、$n$ 次正方行列 $A$ の $(i, j)$ 成分を $a_{ij}$ として、固有多項式を成分で書き下すと次のようになります。

$$
\det \begin{pmatrix} a_{11} - \lambda & & & * \\ & a_{22} - \lambda & & \\ & & \ddots & \\ * & & & a_{nn} - \lambda \end{pmatrix} \tag{4-14}
$$

　$*$ で示された非対角成分には、対応する $A$ の成分がそのまま入ります。このとき、上記の行列式を「3.4　主要な定理のまとめ」の ▶定義16 に従って展開すると、変数 $\lambda$ を $n-1$ 個以上含む項は、各列から対角成分にあたる部分を取り出した、

$$
(a_{11} - \lambda) \cdots (a_{nn} - \lambda)
$$

という項に限られることがわかります[※6]。そして、この積を展開すると、$\lambda$ の $n$ 次の項は $(-\lambda)^n$ となり、$\lambda$ の $n-1$ 次の項は、$(a_{11} + \cdots + a_{nn})(-\lambda)^{n-1}$ となることがわかります。それでは、一方、(4-14) を展開した際に、$\lambda$ を含まない定数項 $C$ はどのようになるでしょうか？　これは、

$$
\det(A - \lambda I) = (\lambda の1次以上の項) + C
$$

と置いて、両辺で $\lambda = 0$ とすると、$C = \det A$ が得られます。

　以上の考察により、固有多項式を $\lambda$ のべき級数に展開すると、

---

※6　$A - \lambda I$ の各列から、$\lambda$ を含む項（対角成分）を $n-1$ 個選んだ場合、残りの1個も必然的に対角成分になる点に注意してください。

Chapter 4 行列の固有値と対角化

$$\det(A - \lambda I) = (-\lambda)^n + (\operatorname{tr} A)(-\lambda)^{n-1} + \cdots + \det A \qquad (4\text{-}15)$$

となることがわかります。ここで、$\operatorname{tr} A$ は、行列 $A$ の対角成分の和を取ったもので、これを行列 $A$ の**トレース**と呼びます ▶ 定義27 。

$$\operatorname{tr} A = a_{11} + \cdots + a_{nn}$$

一方、固有方程式の（重解による重複を含めた）すべての解を $\lambda_1, \cdots, \lambda_n$ とすると、$n$ 次の項の係数が $(-1)^n$ であることに注意して、

$$\det(A - \lambda I) = (\lambda_1 - \lambda) \cdots (\lambda_n - \lambda) \qquad (4\text{-}16)$$

という因数分解が成り立ちます。固有方程式が $n$ 個の実数解を持たない場合もありますが、ここでは解が複素数の場合を含めて考えるものとします。複素数の範囲であれば、$n$ 次方程式は、重解を含めて、必ず $n$ 個の解を持つことが保証されます。(4-16) の右辺を展開したものと (4-15) は恒等的に等しくなるので、$n-1$ 次の係数、および、定数項を等値すると、次の関係が得られます[7] ▶ 定理26 。

$$\begin{aligned} \det A &= \lambda_1 \cdots \lambda_n \\ \operatorname{tr} A &= \lambda_1 + \cdots + \lambda_n \end{aligned} \qquad (4\text{-}17)$$

この関係を利用すると、たとえば、$\det A = 0$ であれば、$A$ の固有値には必ず 0 が含まれることがわかります。固有値が 0 であることから、$A$ が表わす一次変換は対応する固有空間をゼロベクトルに「押しつぶす」ことになります。したがって、この一次変換は単射ではなく、その逆写像を考えることはできません。これは、$\det A = 0$、すなわち、$A$ が非正則行列であることと合致しています。逆に、$A$ の固有値に 0 が含まれていれば、必ず $\det A = 0$、すなわち、$A$ が非正則行列となることもわかります。

続いて、転置行列 $A^{\mathrm{T}}$ の固有値は、もとの行列 $A$ と一致することを示します ▶ 定理27 。これは、転置をとっても行列式の値が変わらないことを用いて、

$$\det(A - \lambda I) = \det(A - \lambda I)^{\mathrm{T}} = \det(A^{\mathrm{T}} - \lambda I)$$

---

[7] p.205「4.4 演習問題」の問 1 で示すように、$A$ の固有値問題が解ける場合は、$A$ を対角化することで同じ関係を導くこともできます。

が成り立つことから明らかです。$A^{\mathrm{T}}$ は、$A$ と同じ固有多項式を持つので、これらの固有方程式は一致して、その解である固有値は同一になります。

最後に、$A$ が正則行列で $A^{-1}$ が存在する場合、$A$ のすべての固有値を $\lambda_1, \cdots, \lambda_n$ として、$A^{-1}$ の固有値は、$\dfrac{1}{\lambda_1}, \cdots, \dfrac{1}{\lambda_n}$ となることを示します ▶ 定理28 。これは、$A^{-1}$ の固有多項式が次のように因数分解されることからわかります。

$$\det(A^{-1} - \lambda I) = \left(\frac{1}{\lambda_1} - \lambda\right) \cdots \left(\frac{1}{\lambda_n} - \lambda\right) \tag{4-18}$$

これを示すために、やや技巧的ですが、次の式変形を行ないます。

$$\det A \cdot \det(A^{-1} - \lambda I) = \det(I - \lambda A) = (-\lambda)^n \det\left(A - \frac{1}{\lambda}I\right) \tag{4-19}$$

1つ目の等号は、「3.4　主要な定理のまとめ」の ▶ 定理13 により成り立ちます。2つ目の等号は、行列式の多重線形性によるものです。一般に $n$ 次の正方行列 $M$ に対して、行列全体を $k$ 倍することは、$n$ 個ある各列をそれぞれ $k$ 倍することと同等なので、$\det(kM) = k^n \det M$ が成り立ちます。これに $k = -\lambda, M = A - \dfrac{1}{\lambda}I$ を代入すると上記の関係が得られます。さらに、(4-16) で $\lambda$ を $\dfrac{1}{\lambda}$ に置き換えて得られる関係、

$$\det\left(A - \frac{1}{\lambda}I\right) = \left(\lambda_1 - \frac{1}{\lambda}\right) \cdots \left(\lambda_n - \frac{1}{\lambda}\right)$$

および、(4-17) を用いると、(4-19) は次のように変形できます。

$$\begin{aligned}
\det(A^{-1} - \lambda I) &= \frac{(-\lambda)^n}{\det A} \det\left(A - \frac{1}{\lambda}I\right) = \frac{(-\lambda)^n}{\lambda_1 \cdots \lambda_n}\left(\lambda_1 - \frac{1}{\lambda}\right) \cdots \left(\lambda_n - \frac{1}{\lambda}\right) \\
&= \left\{\frac{-\lambda}{\lambda_1}\left(\lambda_1 - \frac{1}{\lambda}\right)\right\} \cdots \left\{\frac{-\lambda}{\lambda_n}\left(\lambda_n - \frac{1}{\lambda}\right)\right\} \\
&= \left(\frac{1}{\lambda_1} - \lambda\right) \cdots \left(\frac{1}{\lambda_n} - \lambda\right)
\end{aligned}$$

これで (4-18) が示されました。

Chapter 4　行列の固有値と対角化

# 4/2 対称行列の性質と 2次曲面への応用

## 4.2.1　ベクトルの内積と直交直和分解

　本節では、行列の対角化の応用例として、2次曲面の標準形と主軸を求める方法を紹介します。その際、対称行列の固有値問題を解くという手続きが発生しますが、対称行列には、実数の固有値で必ず対角化できるという著しい性質があります。そして、このような対称行列に固有の性質を示す上で重要な役割を果たすのが、ベクトルの内積と直交直和分解の考え方です。ここではまず、これらの仕組みを説明します。

　はじめに、$\mathbf{R}^n$ の2つの要素 $\mathbf{x} = (x_1, \cdots, x_n)^{\mathrm{T}}$, $\mathbf{y} = (y_1, \cdots, y_n)^{\mathrm{T}}$ に対して、これらの内積を次式で定義します[※8] ▶ 定義28 。

$$(\mathbf{x},\, \mathbf{y}) = x_1 y_1 + \cdots + x_n y_n \qquad (4\text{-}20)$$

　2次元、もしくは、3次元の場合で考えると、いわゆる三平方の定理から、$\sqrt{(\mathbf{x},\, \mathbf{x})}$ は幾何ベクトルとしての $\mathbf{x}$ の長さ（大きさ）に相当することがわかります（図4.3）。そこで、一般の $n$ 次元実数ベクトルに対しても、

$$|\mathbf{x}| = \sqrt{(\mathbf{x},\, \mathbf{x})}$$

を $\mathbf{x}$ の大きさとして定義しておきます ▶ 定義29 。また、$\mathbf{x}$ と $\mathbf{y}$ は、どちらも縦に成分を並べた縦ベクトルを表わすものと約束すると、行列の積として内積を書き表わすこともできます。

$$(\mathbf{x},\, \mathbf{y}) = \mathbf{x}^{\mathrm{T}} \mathbf{y} \qquad (4\text{-}21)$$

　上式の右辺では、$\mathbf{x}^{\mathrm{T}}$ は $1 \times n$ 行列、$\mathbf{y}$ は $n \times 1$ 行列と見なして、行列の積を計算しています。

---

[※8]　内積を表わす際に $\mathbf{x} \cdot \mathbf{y}$ という記号を用いることもありますが、対称行列に関する公式を示す際は、本文で用いた括弧記号のほうが便利です。一般には、(4-20)以外にもさまざまな内積を定義することが可能で、他の内積と区別する場合は、(4-20)を特に標準内積と呼びます。

168

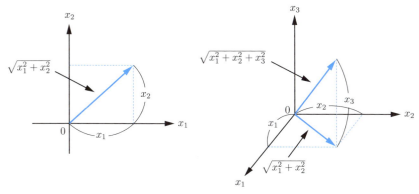

図4.3　幾何ベクトルの長さ

そして、(4-20) の定義からすぐにわかる内積の性質には、次のようなものがあります▶定理29 。まず、次は、前後のそれぞれの要素について線形性が成り立つというもので、内積の双線形性と呼ばれます。$k$ は任意の実数（スカラー）を表わします。

$$(k\mathbf{x},\ \mathbf{y}) = (\mathbf{x},\ k\mathbf{y}) = k(\mathbf{x},\ \mathbf{y})$$
$$(\mathbf{x}_1 + \mathbf{x}_2,\ \mathbf{y}) = (\mathbf{x}_1,\ \mathbf{y}) + (\mathbf{x}_2,\ \mathbf{y})$$
$$(\mathbf{x},\ \mathbf{y}_1 + \mathbf{y}_2) = (\mathbf{x},\ \mathbf{y}_1) + (\mathbf{x},\ \mathbf{y}_2)$$

次は、前後の要素を入れ替えても値が変わらない対称性です。

$$(\mathbf{x},\ \mathbf{y}) = (\mathbf{y},\ \mathbf{x})$$

最後の正定値性は、同じ要素の内積は常に正で、ゼロベクトルに限って内積が0になるというものです。

$$\mathbf{x} \neq \mathbf{0}\ \Leftrightarrow\ (\mathbf{x},\ \mathbf{x}) > 0$$
$$\mathbf{x} = \mathbf{0}\ \Leftrightarrow\ (\mathbf{x},\ \mathbf{x}) = 0$$

そして、内積に関してよく知られた定理の1つが、次のコーシー・シュワルツの不等式です▶定理30 。特に等号が成立するのは、$\mathbf{x}$ と $\mathbf{y}$ が一次従属な場合に限られます。

$$(\mathbf{x},\ \mathbf{y})^2 \leq (\mathbf{x},\ \mathbf{x})(\mathbf{y},\ \mathbf{y}) \tag{4-22}$$

Chapter 4 行列の固有値と対角化

　この定理には、次の有名な証明方法があります。まず、$\mathbf{x}$ と $\mathbf{y}$ を一次独立な要素とすると、$t$ を任意の実数として、$t\mathbf{x} + \mathbf{y} \neq \mathbf{0}$ が成り立つので、内積の正定値性より、

$$(t\mathbf{x} + \mathbf{y},\, t\mathbf{x} + \mathbf{y}) > 0$$

が成り立ちます。内積の双線形性、および、対称性を用いて上式の左辺を展開すると次のようになります。

$$(\mathbf{x},\, \mathbf{x})t^2 + 2(\mathbf{x},\, \mathbf{y})t + (\mathbf{y},\, \mathbf{y}) > 0$$

　上式の左辺を $t$ についての2次関数と見なした場合、任意の $t$ について左辺が0になることはないので、左辺を0と置いた二次方程式の判別式 $D$ は負になります。

$$D = \{2(\mathbf{x},\, \mathbf{y})\}^2 - 4(\mathbf{x},\, \mathbf{x})(\mathbf{y},\, \mathbf{y}) < 0$$

　これを整理すると、(4-22)で等号を含まない不等式が得られます。一方、$\mathbf{x}$ と $\mathbf{y}$ が一次従属の場合は、適当な定数 $c \neq 0$ を用いて、$\mathbf{x} = c\mathbf{y}$、もしくは、$\mathbf{y} = c\mathbf{x}$ という関係が成り立ちます。これらの関係を (4-22) の両辺に代入すると、内積の双線形性より、等号が成立することがすぐにわかります。

　$\mathbf{x}$ と $\mathbf{y}$ がどちらもゼロベクトルでない場合、コーシー・シュワルツの不等式より、

$$\frac{(\mathbf{x},\, \mathbf{y})^2}{|\mathbf{x}|^2 |\mathbf{y}|^2} \leq 1$$

すなわち、

$$-1 \leq \frac{(\mathbf{x},\, \mathbf{y})}{|\mathbf{x}||\mathbf{y}|} \leq 1$$

という関係が成り立つので、

$$\cos\theta = \frac{(\mathbf{x},\, \mathbf{y})}{|\mathbf{x}||\mathbf{y}|}$$

を満たす角 $\theta$ が $0 \leq \theta < 2\pi$ の範囲で一意に定まります。この角 $\theta$ を $\mathbf{x}$ と $\mathbf{y}$ がなす角と定義します※9。特に $\mathbf{x}$ と $\mathbf{y}$ のなす角が $\theta = \dfrac{\pi}{2}$ となるとき、すなわち、$\mathbf{x}$ と $\mathbf{y}$ が直交する場合は、$(\mathbf{x}, \mathbf{y}) = 0$ が成り立ちます ▶定理31 。

　内積によって、$\mathbf{R}^n$ の要素に対して、「長さ」と「角度」が計算できるようになりました。これにより、$\mathbf{R}^n$ の基底ベクトルに対して、「それぞれの長さが1で、任意の2つが直交する」という条件を与えることができます。数式で表現するならば、$\mathbf{x}_1, \cdots,$ $\mathbf{x}_n$ を基底ベクトルとして、

$$(\mathbf{x}_i, \mathbf{x}_j) = \delta_{ij} \ (i, j = 1, \cdots, n)$$

となります。$\delta_{ij}$ はクロネッカーのデルタと呼ばれる記号で、$i = j$ のときは1、$i \neq j$ のときは0という値を取ることを表わします。一般に、この条件を満たす基底ベクトルを正規直交基底と言います ▶定義30 。たとえば、標準基底 $\mathbf{e}_1, \cdots, \mathbf{e}_n$ は正規直交基底になっています。

　標準基底の他にも正規直交基底の例はいろいろ考えられますが、任意の基底ベクトル $\mathbf{x}_1, \cdots, \mathbf{x}_n$ に対して、これをうまく組み替えて、正規直交基底 $\overline{\mathbf{e}}_1, \cdots, \overline{\mathbf{e}}_n$ に作り直す手順が知られています。具体的には、次の通りです。はじめに、$\mathbf{x}_1$ の大きさを1に正規化します。

$$\overline{\mathbf{e}}_1 = \frac{1}{|\mathbf{x}_1|} \mathbf{x}_1$$

次に、$\mathbf{x}_2$ から $\overline{\mathbf{e}}_1$ 方向の成分を取り除いて、$\overline{\mathbf{e}}_1$ と直交するようにします。

$$\mathbf{x}_2' = \mathbf{x}_2 - (\mathbf{x}_2, \overline{\mathbf{e}}_1) \, \overline{\mathbf{e}}_1$$

実際に $\mathbf{x}_2'$ と $\overline{\mathbf{e}}_1$ の内積を計算すると、$(\overline{\mathbf{e}}_1, \overline{\mathbf{e}}_1) = |\overline{\mathbf{e}}_1|^2 = 1$ であることから、

$$(\mathbf{x}_2', \overline{\mathbf{e}}_1) = (\mathbf{x}_2, \overline{\mathbf{e}}_1) - (\mathbf{x}_2, \overline{\mathbf{e}}_1)(\overline{\mathbf{e}}_1, \overline{\mathbf{e}}_1) = 0$$

---

※9　2次元、もしくは、3次元の場合、この $\theta$ は幾何ベクトルとしての角に一致することもわかります。この点の証明については、読者の宿題とします。

Chapter 4　行列の固有値と対角化

となり、確かに直交することがわかります。これを大きさ1に正規化したものを次の要素とします。

$$\overline{\mathbf{e}}_2 = \frac{1}{|\mathbf{x}_2'|}\mathbf{x}_2'$$

以下、同様の作業を繰り返していきますが、一般に $k$ 番目の要素 $\overline{\mathbf{e}}_k$ まで決まったとして、$k+1$ 番目の $\mathbf{x}_{k+1}$ からは、$\overline{\mathbf{e}}_1, \cdots, \overline{\mathbf{e}}_k$ のすべての方向の成分を取り除きます。

$$\mathbf{x}_{k+1}' = \mathbf{x}_{k+1} - \{(\mathbf{x}_{k+1}, \overline{\mathbf{e}}_1)\overline{\mathbf{e}}_1 + \cdots + (\mathbf{x}_{k+1}, \overline{\mathbf{e}}_k)\overline{\mathbf{e}}_k\}$$

$i, j = 1, \cdots, k$ に対して、$(\overline{\mathbf{e}}_i, \overline{\mathbf{e}}_j) = \delta_{ij}$ が成り立っていることを利用すると、先と同様の計算で、

$$(\mathbf{x}_{k+1}', \overline{\mathbf{e}}_i) = 0 \ (i = 1, \cdots, k)$$

が成り立つことが確認できます。そして、これを大きさ1に正規化したものを $k+1$ 番目の要素とします。

$$\overline{\mathbf{e}}_{k+1} = \frac{1}{|\mathbf{x}_{k+1}'|}\mathbf{x}_{k+1}'$$

これを $n$ 番目の要素まで繰り返せば、正規直交基底が得られます。この手続きは、グラム・シュミットの正規直交化法と呼ばれます▶定義32。

ここで、任意の正規直交基底 $\overline{\mathbf{e}}_1, \cdots, \overline{\mathbf{e}}_n$ に対して、これを縦ベクトルとして各列に並べた行列、

$$L = [\overline{\mathbf{e}}_1 \ \cdots \ \overline{\mathbf{e}}_n]$$

の性質を考えます。一般に、このような行列を直交行列と言います▶定義31。まず、直接計算ですぐにわかるのは、転置行列が逆行列になるという事実です。

$$L^{\mathrm{T}} = L^{-1} \tag{4-23}$$

172

なぜなら、図4.4からわかるように、$L^\mathrm{T}L$ の $(i,j)$ 成分は、ちょうど、$\overline{\mathbf{e}}_i$ と $\overline{\mathbf{e}}_j$ の内積に一致しており、正規直交基底の条件、

$$(\overline{\mathbf{e}}_i, \overline{\mathbf{e}}_j) = \delta_{ij} \tag{4-24}$$

により、対角成分のみが1で、他の成分はすべて0となり、

$$L^\mathrm{T}L = I \tag{4-25}$$

が成り立つからです。これは、$L$ と $L^\mathrm{T}$ の表わす一次変換が互いに逆写像であり、その合成写像が恒等写像であることを意味するので、写像の順番を入れ替えても同じく恒等写像となり、

$$LL^\mathrm{T} = I$$

も成立します。これより、(4-23)が成り立ちます。また、逆に(4-23)が成り立つときは、これを(4-25)に変形して、両辺の $(i,j)$ 成分を取り出せば(4-24)が得られるので、$L$ の各列を構成する縦ベクトル $\overline{\mathbf{e}}_1, \cdots, \overline{\mathbf{e}}_n$ は正規直交基底になります[※10]。つまり、(4-23)は、$L$ が直交行列であることの必要十分条件となります[※11] ▶定理33 。

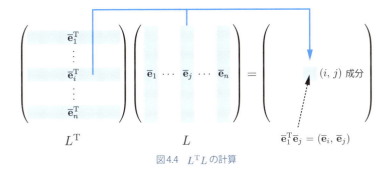

図4.4 $L^\mathrm{T}L$ の計算

次に、$L$ が表わす一次変換の性質を考えます。一般に、行列 $L$ が表わす一次変換について、$L$ の各列は標準基底 $\mathbf{e}_1, \cdots, \mathbf{e}_n$ の像に対応するというルールがありました。今

---

[※10] 厳密には、$\overline{\mathbf{e}}_1, \cdots, \overline{\mathbf{e}}_n$ が一次独立であることも示す必要がありますが、これは(4-24)から導けます。証明については、p.205「4.4 演習問題」問3を参照。

[※11] このため、文献によっては、(4-23)、もしくは、(4-25)を直交行列の定義とする場合もあります。

の場合、$L$に対応する一次変換は、標準基底（正規直交基底）を正規直交基底に移すという特徴があり、図4.5のように、基底ベクトルの長さと、それぞれがなす角を変化させずに、全体を回転させる様子が想像できます。さらに、基底ベクトルの像によって、その他のすべての要素の像が決まるというルールを思い出すと、$\mathbf{R}^n$の任意の要素$\mathbf{x}$, $\mathbf{y}$に対して、

$$(\mathbf{x}, \mathbf{y}) = (L\mathbf{x}, L\mathbf{y}) \tag{4-26}$$

という関係が成り立つものと期待されます。なぜなら、上式で$\mathbf{x} = \mathbf{y}$の場合を考えれば、

$$|\mathbf{x}|^2 = |L\mathbf{x}|^2$$

となるので、$\mathbf{x}$と$L\mathbf{x}$の長さが一致することになり、さらに両辺を$|\mathbf{x}||\mathbf{y}|(= |L\mathbf{x}||L\mathbf{y}|)$で割ると、

$$\frac{(\mathbf{x}, \mathbf{y})}{|\mathbf{x}||\mathbf{y}|} = \frac{(L\mathbf{x}, L\mathbf{y})}{|L\mathbf{x}||L\mathbf{y}|}$$

となり、$\mathbf{x}$と$\mathbf{y}$のなす角は、$L\mathbf{x}$と$L\mathbf{y}$のなす角に一致するからです。

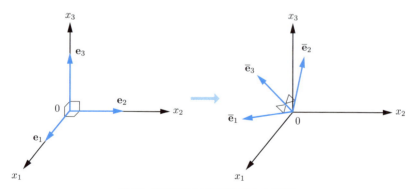

図4.5　直交行列による基底ベクトルの変換

実際に(4-26)が成り立つことを確認するのは、それほど難しくありません。(4-21)の記法を用いて計算すると、

$$(L\mathbf{x}, L\mathbf{y}) = (L\mathbf{x})^{\mathrm{T}}(L\mathbf{y}) = (\mathbf{x}^{\mathrm{T}}L^{\mathrm{T}})(L\mathbf{y}) = \mathbf{x}^{\mathrm{T}}(L^{\mathrm{T}}L)\mathbf{y}$$

となるので、これに (4-25) を代入すると、(4-26) が得られます ▶定理34 。

　最後に、「互いに直交する部分ベクトル空間」という考え方を説明します。今、$\mathbf{R}^n$ の部分集合 $E$ が部分ベクトル空間になっているものとします。このとき、$E$ のすべての要素と直交する $\mathbf{R}^n$ の要素を集めた集合を $E^\perp$ とします ▶定義32 。

$$E^\perp = \{\mathbf{x} \in \mathbf{R}^n \mid \forall \mathbf{y} \in E \,;\, (\mathbf{x}, \mathbf{y}) = 0\}$$

　このとき、$E^\perp$ はやはり部分ベクトル空間となり、直和の条件 $E \cap E^\perp = \{\mathbf{0}\}$ を満たします。さらには、$E$ と $E^\perp$ の直和が $\mathbf{R}^n$ 全体に一致するという大きな特徴があります ▶定理35 。このように定義される $E^\perp$ を $E$ の直交余空間と言います。また、$\mathbf{R}^n$ を $E$ と $E^\perp$ の直和に分解する次の関係を直交直和分解と呼びます。

$$E \oplus E^\perp = \mathbf{R}^n \tag{4-27}$$

　まず、$E^\perp$ が部分ベクトル空間になることは、直接の計算で確認できます。$\mathbf{x}_1, \mathbf{x}_2 \in E^\perp$ とすると、任意の $\mathbf{y} \in E$ に対して、定義より $(\mathbf{x}_1, \mathbf{y}) = (\mathbf{x}_2, \mathbf{y}) = 0$ となります。したがって、内積の双線形性より、

$$(\mathbf{x}_1 + \mathbf{x}_2, \mathbf{y}) = (\mathbf{x}_1, \mathbf{y}) + (\mathbf{x}_2, \mathbf{y}) = 0$$
$$(k\mathbf{x}_1, \mathbf{y}) = k(\mathbf{x}_1, \mathbf{y}) = 0$$

となり、$\mathbf{x}_1 + \mathbf{x}_2 \in E^\perp$, $k\mathbf{x}_1 \in E^\perp$ が成立します。

　次に直和の条件については、仮に $\mathbf{x} \in E$ かつ $\mathbf{x} \in E^\perp$ とすると、$\mathbf{x}$ は自分自身と直交しており、$(\mathbf{x}, \mathbf{x}) = 0$ を満たす必要があります。内積の正定値性を考えると、これは $\mathbf{x} = \mathbf{0}$ の場合しかあり得ず、$E \cap E^\perp = \{\mathbf{0}\}$ であると言えます。

　そして、(4-27) は、次の議論から確認ができます。まず、$E$ の基底ベクトルを用意して、これにグラム・シュミットの正規直交化法を適用したもの（つまり、$E$ の正規直交基底）を $\overline{\mathbf{e}}_1, \cdots, \overline{\mathbf{e}}_m$ とします。ここでは、$\dim E = m$ としています。$E$ から基底ベクトルが取れることは、「4.1.3　固有空間の性質と固有値問題の関係」の冒頭で示した主張 (i) により保証されます。さらに、主張 (ii) を用いて、$\overline{\mathbf{e}}_1, \cdots, \overline{\mathbf{e}}_m$ に

Chapter 4　行列の固有値と対角化

$\mathbf{R}^n (\supset E)$ の要素を付け加えて、$\mathbf{R}^n$ の基底ベクトルを構成します。この基底ベクトルにグラム・シュミットの正規直交化法を適用すると、最初の $m$ 個はすでに正規直交基底になっているので変化せず、残りの $\overline{\mathbf{e}}_{m+1}, \cdots, \overline{\mathbf{e}}_n$ が追加されて、$\mathbf{R}^n$ の正規直交基底 $\overline{\mathbf{e}}_1, \cdots, \overline{\mathbf{e}}_n$ が得られます。このとき、$\overline{\mathbf{e}}_1, \cdots, \overline{\mathbf{e}}_m$ は、$E$ の正規直交基底なので、

$$\overline{\mathbf{e}}_1, \cdots, \overline{\mathbf{e}}_m \in E \tag{4-28}$$

であり、さらに、$\overline{\mathbf{e}}_{m+1}, \cdots, \overline{\mathbf{e}}_n$ は、これらと直交するので、

$$\overline{\mathbf{e}}_{m+1}, \cdots, \overline{\mathbf{e}}_n \in E^\perp \tag{4-29}$$

となります。より正確に言うと、任意の $\mathbf{x} \in E$ について、これを $\overline{\mathbf{e}}_1, \cdots, \overline{\mathbf{e}}_m$ の線形結合で表わして、$\mathbf{x} = x_1 \overline{\mathbf{e}}_1 + \cdots + x_m \overline{\mathbf{e}}_m$ とすれば、内積の双線形性より、

$$(\overline{\mathbf{e}}_i, \mathbf{x}) = x_1 (\overline{\mathbf{e}}_i, \overline{\mathbf{e}}_1) + \cdots + x_m (\overline{\mathbf{e}}_i, \overline{\mathbf{e}}_m) = 0 \ (i = m+1, \cdots, n)$$

となることから、(4-29) が成り立ちます。したがって、基底ベクトルの定義から、

$$E = \{x_1 \overline{\mathbf{e}}_1 + \cdots + x_m \overline{\mathbf{e}}_m \mid x_1, \cdots, x_m \in \mathbf{R}\}$$
$$E^\perp = \{x_{m+1} \overline{\mathbf{e}}_{m+1} + \cdots + x_n \overline{\mathbf{e}}_n \mid x_{m+1}, \cdots, x_n \in \mathbf{R}\}$$
$$\mathbf{R}^n = \{x_1 \overline{\mathbf{e}}_1 + \cdots + x_n \overline{\mathbf{e}}_n \mid x_1, \cdots, x_n \in \mathbf{R}\}$$

が成り立つことを考えると、これらの直和は、

$$\begin{aligned} E \oplus E^\perp &= \{\mathbf{x}_1 + \mathbf{x}_2 \mid \mathbf{x}_1 \in E, \ \mathbf{x}_2 \in E^\perp\} \\ &= \{(x_1 \overline{\mathbf{e}}_1 + \cdots + x_m \overline{\mathbf{e}}_m) + \\ &\qquad (x_{m+1} \overline{\mathbf{e}}_{m+1} + \cdots + x_n \overline{\mathbf{e}}_n) \mid x_1, \cdots, x_n \in \mathbf{R}\} \\ &= \mathbf{R}^n \end{aligned}$$

となり、(4-27) が成り立ちます。これで直交直和分解が成り立つことが示されました。

なお、直交する部分ベクトル空間が直和の条件を満たすことは、複数の部分ベクトル空間に分かれる場合でも成り立ちます。つまり、$r$ 個の部分ベクトル空間 $E_1, \cdots, E_r$ があり、任意の2つが互いに直交しているものとします。このとき、$i = 1, \cdots, r$ とし

176

て、$i$番目の部分ベクトル空間 $E_i$ と、それ以外のすべての部分ベクトル空間の和空間 $\underbrace{E_1 + \cdots + E_r}_{E_i \text{は除く}}$ は、ゼロベクトル以外に共通の要素を持たないことが言えます。

$$E_i \cap \underbrace{(E_1 + \cdots + E_r)}_{E_i \text{は除く}} = \{\mathbf{0}\} \tag{4-30}$$

これは、背理法で示すことができます。たとえば、$E_1 \cap (E_2 + \cdots + E_r) \neq \{\mathbf{0}\}$ と仮定すると、$E_1$ の要素 $\mathbf{x}_1 (\neq \mathbf{0})$ の中に、$E_2, \cdots, E_r$ の要素 $\mathbf{x}_2, \cdots, \mathbf{x}_r$ の和で、

$$\mathbf{x}_1 = \mathbf{x}_2 + \cdots + \mathbf{x}_r$$

と書き表わされるものが存在します。ここで、上式の両辺と $\mathbf{x}_1$ の内積を取ると、$(\mathbf{x}_1, \mathbf{x}_i) = 0 \, (i = 2, \cdots, r)$ より、$(\mathbf{x}_1, \mathbf{x}_1) = 0$ が成り立ちます。これは、$\mathbf{x}_1 = \mathbf{0}$ を意味するので、$\mathbf{x}_1 \neq \mathbf{0}$ という前提に矛盾します。

記憶力のよい方であれば、この最後の議論は、「4.1.3 固有空間の性質と固有値問題の関係」で (4-12) を示した際の議論と似ていることに気づいたかもしれません。この例から想像されるように、ベクトルの直交性と固有値・固有ベクトルには深い関係があり、これにより、任意の対称行列は直交行列で対角化できるという定理が導かれます。次項では、対称行列を定義した上で、この点の議論をさらに深めていきます。

## 4.2.2 対称行列の対角化

$n$ 次の正方行列 $A$ で、転置行列 $A^{\mathrm{T}}$ が自分自身に一致するもの、すなわち、

$$A^{\mathrm{T}} = A \tag{4-31}$$

が成り立つものを対称行列と呼びます ▶定義33 。次の例のように、行列の成分で表示すると、非対角成分が対角成分をはさんで対称に配置された形になります。

$$\begin{pmatrix} 2 & 6 & 3 \\ 6 & 1 & -4 \\ 3 & -4 & 5 \end{pmatrix}$$

前項の (4-25)(4-26) では、直交行列 $L$ に関して、$L^{\mathrm{T}} L = I$ という関係から、$(\mathbf{x}, \mathbf{y}) = (L\mathbf{x}, L\mathbf{y})$ という内積に関わる性質を導きました。それでは、対称行列の場合、

Chapter 4　行列の固有値と対角化

(4-31)の関係から、内積に関する類似の性質を導くことはできるでしょうか？　今の場合、$\mathbf{x}, \mathbf{y} \in \mathbf{R}^n$ を縦ベクトルと見なして行列の積を計算すると、(4-31)より、次の関係が成り立ちます。

$$\mathbf{x}^{\mathrm{T}}(A\mathbf{y}) = \mathbf{x}^{\mathrm{T}}(A^{\mathrm{T}}\mathbf{y}) = (\mathbf{x}^{\mathrm{T}}A^{\mathrm{T}})\mathbf{y} = (A\mathbf{x})^{\mathrm{T}}\mathbf{y}$$

前項の(4-21)を用いると、上記は、次のような内積の関係に書き直すことができます ▶ 定理36 。

$$(\mathbf{x},\, A\mathbf{y}) = (A\mathbf{x},\, \mathbf{y}) \tag{4-32}$$

そして、これらの関係を用いると、対称行列の固有値と固有ベクトルには、強い制約があることが示されます。まず、固有方程式 $\det(A - \lambda I) = 0$ は、$\lambda$ についての $n$ 次方程式なので、複素数の範囲で考えれば、重解を含めて必ず $n$ 個の解 $\lambda = \lambda_1, \cdots, \lambda_n$ を持ちます。このとき、固有値の1つを $\lambda_0$ として、固有ベクトル $\mathbf{x}$ を決定する方程式、

$$A\mathbf{x} = \lambda_0 \mathbf{x} \tag{4-33}$$

を考えると、「4.1.2　固有方程式による固有値の決定」で説明したように、ガウスの消去法を用いて $\mathbf{x} \neq \mathbf{0}$ である解を決定することができます。今の場合、$\lambda_0$ は複素数の可能性があるので、$\mathbf{x}$ の各成分も複素数になる可能性があります。しかしながら、(4-31)の条件より、$\lambda_0$ は必ず実数であることが示されます。具体的には、次の手順で計算を進めます。まず、(4-33)の両辺で、行列 $A$、および、固有ベクトル $\mathbf{x}$ に含まれるすべての成分、そして、$\lambda_0$ の複素共役を取ります。下記の $*$ は複素共役を表わす記号です[12]。

$$A\mathbf{x}^* = \lambda_0^* \mathbf{x}^*$$

$A$ は実数を成分とする行列なので、複素共役を取っても値は変わりません。さらに、上式の両辺の転置を取ります。ここでは、$A^{\mathrm{T}} = A$ の関係を用います。

---

[12]　$i$ を虚数単位として、複素数 $z = a + bi\,(a, b \in \mathbf{R})$ の複素共役は、$z^* = a - bi$ と定義されます。複素数を成分とするベクトル $\mathbf{x}$ について、$\mathbf{x}^*$ は各成分に対して複素共役を取ったものを表わします。

$$\mathbf{x}^{*\mathrm{T}}A = \lambda_0^* \mathbf{x}^{*\mathrm{T}} \tag{4-34}$$

そして、(4-33) の両辺に左から $\mathbf{x}^{*\mathrm{T}}$ を掛けた式、および、(4-34) の両辺に右から $\mathbf{x}$ を掛けた式を並べます。

$$\mathbf{x}^{*\mathrm{T}}A\mathbf{x} = \lambda_0 \mathbf{x}^{*\mathrm{T}}\mathbf{x}$$
$$\mathbf{x}^{*\mathrm{T}}A\mathbf{x} = \lambda_0^* \mathbf{x}^{*\mathrm{T}}\mathbf{x}$$

これらは左辺が一致しているので、それぞれの右辺を等置して、

$$\lambda_0 \mathbf{x}^{*\mathrm{T}}\mathbf{x} = \lambda_0^* \mathbf{x}^{*\mathrm{T}}\mathbf{x} \tag{4-35}$$

が得られます。ここで、$\mathbf{x}^{*\mathrm{T}}\mathbf{x}$ を成分で書き下すと、

$$\mathbf{x}^{*\mathrm{T}}\mathbf{x} = x_1^* x_1 + \cdots + x_n^* x_n = |x_1|^2 + \cdots + |x_n|^2$$

となるので、$\mathbf{x} \neq \mathbf{0}$ であれば、$\mathbf{x}^{*\mathrm{T}}\mathbf{x} > 0$ が成り立つことから (4-35) の両辺を $\mathbf{x}^{*\mathrm{T}}\mathbf{x}$ で割って、

$$\lambda_0 = \lambda_0^*$$

が得られます。$\lambda_0$ は複素共役を取っても値が変化しないことから、実際には実数値であることがわかります。これより、$A$ の固有方程式は、重解を含めて必ず $n$ 個の実数解を持つことになります ▶定理37 。これは、計算の範囲を複素数まで広げて、必ず存在する $n$ 個の解を求めてみると、結果としてそれらがすべて実数解になっていたと考えてください。そして、$\lambda_0$ が実数であることから、(4-33) をガウスの消去法で解く際は、複素数を用いる必要がなく、実数の範囲で固有ベクトル $\mathbf{x}$ が決まることになります。

結局のところ、すべて実数の範囲で考えればよいことがわかりましたが、ここで、さらに (4-32) を利用すると、異なる固有値に属する固有ベクトルは、必ず直交することがわかります ▶定理38 。$\mathbf{x}_1$ と $\mathbf{x}_2$ を相異なる固有値 $\lambda_1$ と $\lambda_2$ に対する固有ベクトルとして、(4-32) より、

$$(\mathbf{x}_1, A\mathbf{x}_2) = (A\mathbf{x}_1, \mathbf{x}_2)$$

4.2.2 対称行列の対角化 179

Chapter 4 行列の固有値と対角化

が成り立ちます。このとき、左辺と右辺は、それぞれ次のように変形できます。

$$(\mathbf{x}_1, A\mathbf{x}_2) = (\mathbf{x}_1, \lambda_2\mathbf{x}_2) = \lambda_2(\mathbf{x}_1, \mathbf{x}_2)$$
$$(A\mathbf{x}_1, \mathbf{x}_2) = (\lambda_1\mathbf{x}_1, \mathbf{x}_2) = \lambda_1(\mathbf{x}_1, \mathbf{x}_2)$$

$\lambda_1 \neq \lambda_2$ という前提なので、これらが一致するのは、$(\mathbf{x}_1, \mathbf{x}_2) = 0$ の場合に限られます。つまり、$\mathbf{x}_1$ と $\mathbf{x}_2$ は直交しています。

したがって、重複を除いた、相異なる固有値を $\lambda_1, \cdots, \lambda_r$ として、それぞれに対する固有空間を $E_{\lambda_1}, \cdots, E_{\lambda_r}$ とすると、これらは互いに直交する部分ベクトル空間になります。そのため、前項の (4-30) に示した直和の条件が成り立ち、

$$E = E_{\lambda_1} \oplus \cdots \oplus E_{\lambda_r}$$

という直和が構成されます。一般の正方行列の場合は固有方程式が実数解を持たない、つまり、固有空間が1つも存在しない場合がありますが、対称行列 $A$ については、重解を含めて $n$ 個の実数解を持つことが保証されているので、少なくとも1つは固有空間が存在する点に注意してください。たとえば、固有方程式が単一の $n$ 重解 $\lambda = \lambda_0$ を持つ場合、固有空間は $E_{\lambda_0}$ の1つになります。

また、それぞれの固有空間は互いに直交しているので、各固有空間において、グラム・シュミットの正規直交化法を用いて正規直交基底を取ると、これらをあわせたものは $E$ の正規直交基底となります。このようにして構成した $E$ の正規直交基底を $\overline{\mathbf{e}}_1$, $\cdots, \overline{\mathbf{e}}_p$ とします。ここでは、$\dim E = p$ としています。

次に、$E$ に直交余空間 $E^\perp$ を加えて、前項の (4-27) に示した直交直和分解を行ないます。

$$\mathbf{R}^n = E \oplus E^\perp \tag{4-36}$$

実はこのとき、$E^\perp = \{\mathbf{0}\}$ であり、$\mathbf{R}^n = E$ となることが示されます。この後、少し説明が長くなりますが、これは背理法を用いて示すことができます。まず、$E^\perp \neq \{\mathbf{0}\}$ と仮定して、$E^\perp$ において、グラム・シュミットの正規直交化法を用いて正規直交基底 $\overline{\mathbf{e}}'_1, \cdots, \overline{\mathbf{e}}'_q$ を用意します。ここでは、$\dim E^\perp = q$ としています。$E$ の要素と $E^\perp$ の要素は互いに直交しているので、

180

$$(\overline{\mathbf{e}}_i, \overline{\mathbf{e}}'_j) = 0 \ (i = 1, \cdots, p \ \ j = 1, \cdots, q) \tag{4-37}$$

が成り立ちます。

次に、$E$ と $E^\perp$ の正規直交基底をすべて縦ベクトルとして並べた行列 $L$ を用意します。

$$L = [\overline{\mathbf{e}}_1 \ \cdots \ \overline{\mathbf{e}}_p \ \ \overline{\mathbf{e}}'_1 \ \cdots \ \overline{\mathbf{e}}'_q] \tag{4-38}$$

$\overline{\mathbf{e}}_1, \cdots, \overline{\mathbf{e}}_p$ と $\overline{\mathbf{e}}'_1, \cdots, \overline{\mathbf{e}}'_q$ は、全体として $\mathbf{R}^n$ の正規直交基底をなしているので、$L$ は直交行列になります。

そして、この行列 $L$ を用いて、$L^{\mathrm{T}}AL$ という行列の積を考えます。これは、(4-38) の表記を用いると、次のように表わすことができます。

$$L^{\mathrm{T}}AL = \begin{pmatrix} \overline{\mathbf{e}}_1^{\mathrm{T}} \\ \vdots \\ \overline{\mathbf{e}}_p^{\mathrm{T}} \\ \overline{\mathbf{e}}_1'^{\mathrm{T}} \\ \vdots \\ \overline{\mathbf{e}}_q'^{\mathrm{T}} \end{pmatrix} [A\overline{\mathbf{e}}_1 \ \cdots \ A\overline{\mathbf{e}}_p \ \ A\overline{\mathbf{e}}'_1 \ \cdots \ A\overline{\mathbf{e}}'_q] = \begin{pmatrix} A_1 & A_2 \\ A_3 & A_4 \end{pmatrix}$$

ここで、$\overline{\mathbf{e}}_1^{\mathrm{T}}$ などは、縦ベクトルを転置して横ベクトルにしたものを表わします。また、右辺の $A_1, A_2, A_3, A_4$ は、それぞれ、対応する位置の $p \times p$ 行列、$p \times q$ 行列、$q \times p$ 行列、$q \times q$ 行列で、具体的には次で与えられます。

$$A_1 = \begin{pmatrix} \overline{\mathbf{e}}_1^{\mathrm{T}} \\ \vdots \\ \overline{\mathbf{e}}_p^{\mathrm{T}} \end{pmatrix} [A\overline{\mathbf{e}}_1 \ \cdots \ A\overline{\mathbf{e}}_p]$$

$$A_2 = \begin{pmatrix} \overline{\mathbf{e}}_1^{\mathrm{T}} \\ \vdots \\ \overline{\mathbf{e}}_p^{\mathrm{T}} \end{pmatrix} [A\overline{\mathbf{e}}'_1 \ \cdots \ A\overline{\mathbf{e}}'_q]$$

Chapter 4 行列の固有値と対角化

$$A_3 = \begin{pmatrix} \overline{\mathbf{e}}_1'^{\mathrm{T}} \\ \vdots \\ \overline{\mathbf{e}}_q'^{\mathrm{T}} \end{pmatrix} [A\overline{\mathbf{e}}_1 \ \cdots \ A\overline{\mathbf{e}}_p]$$

$$A_4 = \begin{pmatrix} \overline{\mathbf{e}}_1'^{\mathrm{T}} \\ \vdots \\ \overline{\mathbf{e}}_q'^{\mathrm{T}} \end{pmatrix} [A\overline{\mathbf{e}}_1' \ \cdots \ A\overline{\mathbf{e}}_q']$$

ここで、$A_1$, $A_2$, $A_3$, $A_4$ のそれぞれについて、$(i, j)$ 成分を個別に計算してみます。まず、$A_1$ の場合は、

$$(A_1)_{ij} = \overline{\mathbf{e}}_i^{\mathrm{T}} A\overline{\mathbf{e}}_j = (\overline{\mathbf{e}}_i, A\overline{\mathbf{e}}_j) = (\overline{\mathbf{e}}_i, \overline{\lambda}_j\overline{\mathbf{e}}_j) = \overline{\lambda}_j(\overline{\mathbf{e}}_i, \overline{\mathbf{e}}_j) = \overline{\lambda}_j\delta_{ij}$$

となります。ここで、$\overline{\lambda}_j$ は $\overline{\mathbf{e}}_j$ が属する固有空間の固有値を表わします。最後の等号は、$\overline{\mathbf{e}}_1, \cdots, \overline{\mathbf{e}}_p$ が正規直交基底であることから成り立ちます。これは、$A_1$ は、$\overline{\lambda}_1$, $\cdots, \overline{\lambda}_p$ を対角成分とする対角行列であることを表わしており、

$$A_1 = \begin{pmatrix} \overline{\lambda}_1 & & \\ & \ddots & \\ & & \overline{\lambda}_p \end{pmatrix} \tag{4-39}$$

が得られます。ここで、$\overline{\mathbf{e}}_1, \cdots, \overline{\mathbf{e}}_p$ は、$A$ のすべての固有空間の正規直交基底を集めたものであることを思い出すと、$\overline{\lambda}_1, \cdots, \overline{\lambda}_p$ は $A$ のすべての相異なる固有値 $\lambda_1, \cdots, \lambda_r$ を網羅する点に注意してください。たとえば、$\lambda_1$ に等しいものが $\overline{\lambda}_1$ と $\overline{\lambda}_2$ の2つであったとすると、これは、$\overline{\mathbf{e}}_1$ と $\overline{\mathbf{e}}_2$ が固有空間 $E_{\lambda_1}$ の基底ベクトルであり、$\dim E_{\lambda_1}$ $= 2$ が成り立つことを意味します。

$A_2$ については、(4-32) を利用して計算すると、次のようになります。

$$(A_2)_{ij} = \overline{\mathbf{e}}_i^{\mathrm{T}} A\overline{\mathbf{e}}_j' = (\overline{\mathbf{e}}_i, A\overline{\mathbf{e}}_j') = (A\overline{\mathbf{e}}_i, \overline{\mathbf{e}}_j') = (\overline{\lambda}_i\overline{\mathbf{e}}_i, \overline{\mathbf{e}}_j') = \overline{\lambda}_i(\overline{\mathbf{e}}_i, \overline{\mathbf{e}}_j') = 0$$

最後の等号は、(4-37) によります。したがって、$A_2$ はゼロ行列になります。$A_3$ も同様の計算ができて、こちらもゼロ行列になります。

182

$$(A_3)_{ij} = \overline{\mathbf{e}}_i'^{\mathrm{T}} A \overline{\mathbf{e}}_j = (\overline{\mathbf{e}}_i', A\overline{\mathbf{e}}_j) = (\overline{\mathbf{e}}_i', \overline{\lambda}_j \overline{\mathbf{e}}_j) = \overline{\lambda}_j (\overline{\mathbf{e}}_i', \overline{\mathbf{e}}_j) = 0$$

したがって、ここまでの結果をまとめると、$L^{\mathrm{T}} A L$ は次の形になります。

$$L^{\mathrm{T}} A L = \begin{pmatrix} A_1 & \\ & A_4 \end{pmatrix} \tag{4-40}$$

そして、$A$ が対称行列であることから $(L^{\mathrm{T}} A L)^{\mathrm{T}} = L^{\mathrm{T}} A L$ が成り立ち、$L^{\mathrm{T}} A L$ も対称行列となります。これは、上式の右辺に含まれる $A_4$ も対称行列であることを意味します。

この $A_4$ も対称行列になるという点が重要で、これにより、$A_4$ をあらためて $A$ と思って同じ議論を繰り返すことができます。先に触れたように、対称行列は、少なくとも 1 つの固有値 $\lambda'$ に対する固有空間を持つので、ある $q$ 次の直交行列 $L'$ を用いて、

$$L'^{\mathrm{T}} A_4 L' = \begin{pmatrix} \lambda' & \\ & A_4' \end{pmatrix}$$

と変形することができます。$\lambda'$ 以外の固有値を持つ場合、その部分は、$A_4'$ に含まれていると考えてください。

ここでさらに、この $L'$ を含む $n$ 次正方行列 $\overline{L}$ を次で定義します。

$$\overline{L} = \begin{pmatrix} I & \\ & L' \end{pmatrix}$$

上記の $I$ は $p$ 次の単位行列です。$L'$ が直交行列であることから、$\overline{L}$ も直交行列になる点に注意してください。$L'$ の各列を構成する縦ベクトルが $\mathbf{R}^q$ の正規直交基底であることから、$\overline{L}$ の各列を構成する縦ベクトルが $\mathbf{R}^n$ の正規直交基底になることは、直接計算ですぐに確認できるでしょう。各列を構成する縦ベクトルが正規直交基底になることが、直交行列の定義でした。

そして、(4-40) の両辺に、左から $\overline{L}^{\mathrm{T}}$、右から $\overline{L}$ を掛けると、次の計算が成り立ちます。

Chapter 4　行列の固有値と対角化

$$\overline{L}^{\mathrm{T}}(L^{\mathrm{T}}AL)\overline{L} = \begin{pmatrix} I & \\ & L'^{\mathrm{T}} \end{pmatrix} \begin{pmatrix} A_1 & \\ & A_4 \end{pmatrix} \begin{pmatrix} I & \\ & L' \end{pmatrix}$$

$$= \begin{pmatrix} IA_1I & \\ & L'^{\mathrm{T}}A_4L' \end{pmatrix} \tag{4-41}$$

$$= \begin{pmatrix} A_1 & & \\ & \lambda' & \\ & & A_4' \end{pmatrix}$$

ここで、$C = L\overline{L}$ と置くと、$L$ と $\overline{L}$ はどちらも直交行列であることから、$L^{\mathrm{T}} = L^{-1}, \overline{L}^{\mathrm{T}} = \overline{L}^{-1}$ であり、

$$C^{\mathrm{T}}C = (L\overline{L})^{\mathrm{T}}(L\overline{L}) = (\overline{L}^{\mathrm{T}}L^{\mathrm{T}})(L\overline{L}) = (\overline{L}^{-1}L^{-1})(L\overline{L})$$
$$= \overline{L}^{-1}(L^{-1}L)\overline{L} = \overline{L}^{-1}\overline{L} = I$$

が成り立ちます。つまり。$C^{\mathrm{T}} = C^{-1}$ であり、$C$は直交行列になっています。そこで、(4-41) の左辺を

$$\overline{L}^{\mathrm{T}}(L^{\mathrm{T}}AL)\overline{L} = (\overline{L}^{\mathrm{T}}L^{\mathrm{T}})A(L\overline{L}) = C^{\mathrm{T}}AC = C^{-1}AC$$

と書き直し、右辺の $A_1$ に (4-39) を代入すると次の結果が得られます。

$$C^{-1}AC = \begin{pmatrix} \overline{\lambda}_1 & & & & \\ & \ddots & & & \\ & & \overline{\lambda}_p & & \\ & & & \lambda' & \\ & & & & A_4' \end{pmatrix}$$

さらにこの両辺に左から$C$を掛けて、$C$の各列を構成する縦ベクトルを $\mathbf{x}_1, \cdots, \mathbf{x}_n$ として、$C = [\mathbf{x}_1 \ \cdots \ \mathbf{x}_n]$を代入します。

$$A[\mathbf{x}_1 \ \cdots \ \mathbf{x}_n] = [\mathbf{x}_1 \ \cdots \ \mathbf{x}_n] \begin{pmatrix} \overline{\lambda}_1 & & & & \\ & \ddots & & & \\ & & \overline{\lambda}_p & & \\ & & & \lambda' & \\ & & & & A_4' \end{pmatrix}$$

この両辺を個別に計算すると、次の結果が得られます。

$$[A\mathbf{x}_1 \ \cdots \ A\mathbf{x}_n] = [\overline{\lambda}_1\mathbf{x}_1 \ \cdots \ \overline{\lambda}_p\mathbf{x}_p \ \ \lambda'\mathbf{x}_{p+1} \ \cdots]$$

右辺の最後の $\cdots$ の部分は、ここでは具体的にわからなくてもかまいません。ここで重要なのは、上式より、$\mathbf{x}_1, \cdots, \mathbf{x}_p$ は、それぞれ、$A$ の固有値 $\overline{\lambda}_1, \cdots, \overline{\lambda}_p$ の固有ベクトルであり、さらに、$\mathbf{x}_{p+1}$ は $A$ の固有値 $\lambda'$ の固有ベクトルになっているという点です。これより、$\lambda'$ は $A$ のすべての固有値 $\lambda_1, \cdots, \lambda_r$ のいずれかと一致するはずです。ここで、一例として、$\lambda' = \lambda_1$ だったとします。さらにこのとき、これも一例として、$\overline{\lambda}_1, \cdots, \overline{\lambda}_p$ の中で、$\lambda_1$ と一致するものが $\overline{\lambda}_1$ と $\overline{\lambda}_2$ の2つだったとします。(4-39) の直後に議論したように、これは、固有値 $\lambda_1$ に対応する固有空間 $E_{\lambda_1}$ について、$\dim E_{\lambda_1} = 2$ が成り立つことを意味します。しかしながら、これは、$\mathbf{x}_1, \mathbf{x}_2, \mathbf{x}_{p+1}$ がすべて固有値 $\lambda_1$ の固有ベクトルであり、$E_{\lambda_1}$ に属するという事実に矛盾します。なぜなら、$C$ は直交行列なので、その列を構成する縦ベクトル $\mathbf{x}_1, \mathbf{x}_2, \mathbf{x}_{p+1}$ は一次独立であり、2次元の部分ベクトル空間 $E_{\lambda_1}$ に同時に属することはありえないからです。

このような矛盾が生じた原因は、この議論のはじめに、$E^\perp \neq \{\mathbf{0}\}$ と仮定した点にあります。したがって、$E^\perp = \{\mathbf{0}\}$ でなければならず、

$$\mathbf{R}^n = E \tag{4-42}$$

が成り立ち、$E$ の正規直交基底 $\overline{\mathbf{e}}_1, \cdots, \overline{\mathbf{e}}_p$ は、実際には、$\mathbf{R}^n$ の正規直交基底 $\overline{\mathbf{e}}_1, \cdots, \overline{\mathbf{e}}_n$ を構成することになります。

さらに、この前提のもとに、(4-38) 以降の議論を繰り返すと、(4-40) において、$A_4$ を除いた関係式が成り立ちます。つまり、

$$L = [\overline{\mathbf{e}}_1 \ \cdots \ \overline{\mathbf{e}}_n]$$

として、

$$L^{\mathrm{T}}AL = \begin{pmatrix} \overline{\lambda}_1 & & \\ & \ddots & \\ & & \overline{\lambda}_n \end{pmatrix}$$

が成り立ちます。$L$ は直交行列であり、$L^{\mathrm{T}} = L^{-1}$ が成り立つことを思い出すと、$A$ は直交行列 $L$ を用いて、

$$L^{-1}AL = \begin{pmatrix} \overline{\lambda}_1 & & \\ & \ddots & \\ & & \overline{\lambda}_n \end{pmatrix}$$

のように対角化できることが結論づけられます。「4.1.3 固有空間の性質と固有値問題の関係」では、すべての固有空間の直和 $F$ が $\mathbf{R}^n$ に一致することが、固有値問題が解けるための必要十分条件であることを示しました。今の場合、(4-42) から確かにこの条件が成立しており、対称行列についての固有値問題は必ず解ける（したがって、対称行列は必ず対角化できる）ことが示されたわけです。

### ● 対称行列が対角化できることの別証明

本文において、対称行列 $A$ が対角化できることを証明する際、すべての固有値に対する固有空間の直和、

$$E = E_{\lambda_1} \oplus \cdots \oplus E_{\lambda_r} \tag{4-43}$$

を構成した後に、さらにこの直交余空間 $E^\perp$ を追加して、$\mathbf{R}^n = E \oplus E^\perp$ という直交直和分解を行ないました。この結果、本文 (4-40) のように $A$ を部分的に対角化することができましたが、この際、残りの右下部分 $A_4$ が、再度、対称行列になり、同じ議論を繰り返すことができるというのが重要なポイントでした。

実は、これと同様の議論は、すべての固有空間の直和 (4-43) の代わりに、$A$ の任意の 1 つの固有空間 $E_{\lambda_1}$ を用いて、$\mathbf{R}^n = E_{\lambda_1} \oplus E_{\lambda_1}^\perp$ という直交直和分解を構成しても行なうことができます。この場合、$A$ はある直交行列 $L$ を用いて、

$$L^{\mathrm{T}}AL = \begin{pmatrix} \lambda_1 & & & \\ & \ddots & & \\ & & \lambda_1 & \\ & & & A_4 \end{pmatrix}$$

と変形されます。左上の $\lambda_1$ の個数は、$\dim E_{\lambda_1}$ に一致します。そして、右下の $A_4$ が再び対称行列になることから、$A_4$ に同じ議論を適用して、さらに対角化を進めることができます。本文の議論では、最初にすべての固有空間を網羅したので、実際には $A_4$ は存在しな

いという結論になりましたが、こちらの議論の場合は、$\lambda_1$以外の固有値に対する固有空間が追加されていくことになります。$A$の大きさは有限なので、この議論を繰り返すことで、$A$全体が対角化されることが示されます。これは、厳密には、数学的帰納法で示すことになります。文献によっては、こちらの証明法もよく見られるので、参考にしてください。

　以上により、本項の主題となる主張、対称行列$A$は直交行列で対角化できるという事実が示されました。また、上記の議論から、対角化に必要となる直交行列$L$は、それぞれの固有空間の正規直交基底を集めたものを$\overline{\mathbf{e}}_1, \cdots, \overline{\mathbf{e}}_n$として、これを各列に並べた行列であることもわかります ▶ 定理39 。

　ただし、各固有空間における正規直交基底の取り方は一意ではないので、直交行列$L$の取り方には、その分の自由度があります。特に、ある正規直交基底を用いて構成した直交行列を$L$として、$\det L < 0$となった場合、これは、$\overline{\mathbf{e}}_1, \cdots, \overline{\mathbf{e}}_n$が左手系になっていることを意味します。このとき、正規直交基底の取り方の任意性を利用して、どれか1つの基底ベクトルの符号を変えて、$\overline{\mathbf{e}}_i \to -\overline{\mathbf{e}}_i$とすれば（すなわち、$L$の特定の列の符号を変えれば）、$A$を対角化するという条件を満たしたまま、$\det L > 0$にすることができます（p.110「3次元空間における右手系と左手系」も参照）。

## 4.2.3　2次曲面の標準形

　ここまでの議論により、2次曲面の標準形を求める方法について説明する準備が整いました。はじめに、変数$x_1, \cdots, x_n$に関する二次方程式で、次の形で与えられるものを考えます。

$$\mathbf{x}^\mathrm{T} A \mathbf{x} + 2\mathbf{b}^\mathrm{T} \mathbf{x} + c = 0 \tag{4-44}$$

　ここで、$\mathbf{x}$は変数$x_1, \cdots, x_n$を並べて作った縦ベクトルで、$A$は$n$次の対称行列、$\mathbf{b}$は$n$個の定数を並べた縦ベクトル、そして、$c$はスカラーの定数値を表わします。

$$\mathbf{x} = \begin{pmatrix} x_1 \\ \vdots \\ x_n \end{pmatrix}, \ A = \begin{pmatrix} a_{11} & a_{12} & \cdots & a_{1n} \\ a_{12} & a_{22} & \cdots & a_{2n} \\ \vdots & \vdots & \ddots & \vdots \\ a_{1n} & a_{2n} & \cdots & a_{nn} \end{pmatrix}, \ \mathbf{b} = \begin{pmatrix} b_1 \\ \vdots \\ b_n \end{pmatrix}$$

Chapter 4 行列の固有値と対角化

$n = 2$、および、$n = 3$ の場合を具体的に成分で書き下すと、それぞれ、次のようになります。

$$a_{11}x_1^2 + a_{22}x_2^2 + 2a_{12}x_1x_2 + 2(b_1x_1 + b_2x_2) + c = 0$$
$$a_{11}x_1^2 + a_{22}x_2^2 + a_{33}x_3^2 + 2(a_{12}x_1x_2 + a_{23}x_2x_3 + a_{13}x_1x_3)$$
$$+ 2(b_1x_1 + b_2x_2 + b_3x_3) + c = 0$$

$n = 2$ の場合、これは、$(x_1, x_2)$ 平面上の曲線を定めます。$n = 3$ であれば、$(x_1, x_2, x_3)$ 空間上の曲面になります。このように、一般に、(4-44)の形の方程式で定められる図形を $n$ 次元空間上の2次曲面と言います▶定義34 。

特に、$A$ が正則行列になる場合を有心2次曲面と言いますが、この場合は、図形を平行移動することで1次の項が消去できます▶定理40 [※13]。具体的には、(4-44)の左辺にある2次関数を $F(\mathbf{x})$ として、新しい2次関数 $F'(\mathbf{x}) = F(\mathbf{x} - \mathbf{x}_0)$ を考えます。$F'(\mathbf{x}) = 0$ は、もとの図形を $\mathbf{x}_0$ だけ平行移動したもので、具体的に計算すると次のように整理できます[※14]。

$$F'(\mathbf{x}) = (\mathbf{x} - \mathbf{x}_0)^{\mathrm{T}}A(\mathbf{x} - \mathbf{x}_0) + 2\mathbf{b}^{\mathrm{T}}(\mathbf{x} - \mathbf{x}_0) + c$$
$$= \mathbf{x}^{\mathrm{T}}A\mathbf{x} - \mathbf{x}^{\mathrm{T}}A\mathbf{x}_0 - \mathbf{x}_0^{\mathrm{T}}A\mathbf{x} + \mathbf{x}_0^{\mathrm{T}}A\mathbf{x}_0 + 2\mathbf{b}^{\mathrm{T}}\mathbf{x} - 2\mathbf{b}^{\mathrm{T}}\mathbf{x}_0 + c \quad \text{(4-45)}$$
$$= \mathbf{x}^{\mathrm{T}}A\mathbf{x} - 2(A\mathbf{x}_0 - \mathbf{b})^{\mathrm{T}}\mathbf{x} + (\mathbf{x}_0^{\mathrm{T}}A\mathbf{x}_0 - 2\mathbf{b}^{\mathrm{T}}\mathbf{x}_0 + c)$$

最後の等号については、自明に成り立つ恒等式 $\mathbf{a}^{\mathrm{T}}\mathbf{b} = \mathbf{b}^{\mathrm{T}}\mathbf{a}$ から得られる関係、

$$\mathbf{x}^{\mathrm{T}}A\mathbf{x}_0 = \mathbf{x}^{\mathrm{T}}(A\mathbf{x}_0) = (A\mathbf{x}_0)^{\mathrm{T}}\mathbf{x}$$

および、$A$ が対称行列であることから得られる関係、

$$\mathbf{x}_0^{\mathrm{T}}A\mathbf{x} = \mathbf{x}_0^{\mathrm{T}}A^{\mathrm{T}}\mathbf{x} = (A\mathbf{x}_0)^{\mathrm{T}}\mathbf{x}$$

を用いて変形しています。したがって、(4-45)における $\mathbf{x}$ の1次の項の係数について、

$$A\mathbf{x}_0 - \mathbf{b} = \mathbf{0}$$

---

[※13] 有心2次曲面は、1次の項が消去できることから、この後の図4.7の例のようにある点を中心に対称な図形となります。これが「有心」という名称の由来になります。

[※14] たとえば、$F'(\mathbf{x}_0) = F(\mathbf{0})$ より、もとの図形の原点部分が新しい図形の $\mathbf{x}_0$ の位置に対応することがわかります。

を満たすように $\mathbf{x}_0$ を選択すれば、1次の項が消去できます。今は、$A$ が正則行列の場合を考えているので、これは、$\mathbf{x}_0 = A^{-1}\mathbf{b}$ と決まります。この関係を (4-45) に代入すると、次の結果が得られます。

$$
\begin{aligned}
F'(\mathbf{x}) &= \mathbf{x}^{\mathrm{T}} A \mathbf{x} + (A^{-1}\mathbf{b})^{\mathrm{T}} A (A^{-1}\mathbf{b}) - 2\mathbf{b}^{\mathrm{T}}(A^{-1}\mathbf{b}) + c \\
&= \mathbf{x}^{\mathrm{T}} A \mathbf{x} + (A^{-1}\mathbf{b})^{\mathrm{T}}\mathbf{b} - 2\mathbf{b}^{\mathrm{T}}(A^{-1}\mathbf{b}) + c \\
&= \mathbf{x}^{\mathrm{T}} A \mathbf{x} - \mathbf{b}^{\mathrm{T}}(A^{-1}\mathbf{b}) + c
\end{aligned}
\tag{4-46}
$$

最後の等号については、恒等式 $\mathbf{a}^{\mathrm{T}}\mathbf{b} = \mathbf{b}^{\mathrm{T}}\mathbf{a}$ から得られる関係、

$$
(A^{-1}\mathbf{b})^{\mathrm{T}}\mathbf{b} = \mathbf{b}^{\mathrm{T}}(A^{-1}\mathbf{b})
$$

を用いています。(4-46) の最後の定数項 $-\mathbf{b}^{\mathrm{T}}(A^{-1}\mathbf{b}) + c$ について、これをあらためて定数 $c$ と置けば、結局のところ、二次方程式 $F'(\mathbf{x}) = 0$ は、

$$
\mathbf{x}^{\mathrm{T}} A \mathbf{x} + c = 0
\tag{4-47}
$$

と同等になります。つまり、上式が表わす図形について調べれば、一般の有心2次曲面の性質がわかることになります[※15]。そしてさらに、(4-47) が表わす図形は、原点を中心に回転することで、さらに単純な方程式で書き表わすことができます。なぜなら、$A$ は対称行列なので、前項で示したように、直交行列 $L$ を用いて、

$$
L^T A L = \begin{pmatrix} \lambda_1 & & \\ & \ddots & \\ & & \lambda_n \end{pmatrix}
$$

と対角化することができます。ここで、$\lambda_1, \cdots, \lambda_n$ は重解による重複を含めた $n$ 個の固有値です。そこで、(4-47) の左辺をあらためて $F(\mathbf{x}) = \mathbf{x}^{\mathrm{T}} A \mathbf{x} + c$ と置いて、これを $L$ で変換した図形 $F'(\mathbf{x}) = F(L\mathbf{x})$ を考えます。ここで言う変換の意味はすぐ後で説明することにして、まずは $F'(\mathbf{x})$ を具体的に計算すると、次の結果が得られます。

---

[※15] 元の図形 $F(\mathbf{x}) = 0$ を平行移動したものが $F'(\mathbf{x}) = 0$ なので、厳密に言うと、平行移動によって変化しない性質については、(4-47) を調べれば十分ということです。

Chapter 4 行列の固有値と対角化

$$F'(\mathbf{x}) = (L\mathbf{x})^{\mathrm{T}} A(L\mathbf{x}) + c = \mathbf{x}^{\mathrm{T}}(L^{\mathrm{T}} A L)\mathbf{x} + c = \mathbf{x}^{\mathrm{T}} \begin{pmatrix} \lambda_1 & & \\ & \ddots & \\ & & \lambda_n \end{pmatrix} \mathbf{x} + c$$

$$= \lambda_1 x_1^2 + \cdots + \lambda_n x_n^2 + c$$

したがって、この図形は次の方程式で表わされます。これを**2次曲面の標準形**と言います ▶ **定理41** 。

$$\lambda_1 x_1^2 + \cdots + \lambda_n x_n^2 + c = 0 \tag{4-48}$$

なお、今の場合は、$A$ が正則行列という前提なので、$\det A \neq 0$ であり、「4.1.4　固有値の性質」の (4-17) より、$\lambda_1, \cdots, \lambda_n$ の中に 0 になるものはありません。ただし、一般には、$\lambda_1, \cdots, \lambda_n$ に 0 が含まれる場合（つまり、すべての変数 $x_1, \cdots, x_n$ が方程式に含まれない場合）を含めて、(4-48) を標準形と呼ぶこともあります。

ここで、直交行列 $L$ による図形の変換について、その意味を説明しておきます。今の議論では、

$$F'(\mathbf{x}) = F(L\mathbf{x}) \tag{4-49}$$

と定義した上で、次の方程式で表わされる、2種類の図形を考えています。

$$F(\mathbf{x}) = 0 \tag{4-50}$$
$$F'(\mathbf{x}) = 0 \tag{4-51}$$

(4-49) の定義より、$\mathbf{x} = \mathbf{x}_0$ における $F'(\mathbf{x})$ の値は、$\mathbf{x} = L\mathbf{x}_0$ における $F(\mathbf{x})$ の値に一致します。つまり、(4-50) が表わす図形において、$L\mathbf{x}$ の位置を $\mathbf{x}$ の位置に動かしたものが、(4-51) が表わす図形に一致します。これは言い換えると、もとの図形 (4-50) の座標軸（標準基底）を $L$ で変換したものを新しい座標軸とすれば、新しい座標軸で記述した図形の方程式が (4-51) で与えられるということです（図4.6）。

そして、$L$ は直交行列であることから、$L$ の各列を構成する縦ベクトル、すなわち、$L$ が表わす一次変換による標準基底の像は、再び、正規直交基底になるという特徴がありました。つまり、$L$ による座標系の変換は、「4.2.1　ベクトルの内積と直交直和分解」の図4.5に示したように、基底ベクトルの直交性を保ったまま、基底ベクトル全体を回

190

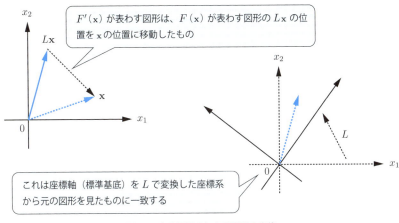

図4.6　直交行列 $L$ による図形の変換

転するという操作に対応しています。

以上の議論をまとめると、(4-44) の方程式で記述される図形、すなわち、一般の2次曲面が与えられた場合、$A$ が正則行列であれば、これを適切に平行移動、および、回転することで、この図形の方程式は、(4-48) の標準形に一致します。特に、標準形における2次の係数 $\lambda_1, \cdots, \lambda_n$ は $A$ の固有値に一致するので、はじめに $A$ の固有値を求めてしまえば、この図形の性質は、ほぼこれで決まることになります。また、2次曲面を標準形にする座標軸の方向をこの2次曲面の主軸と言います。先ほどの議論から、$A$ の固有値問題を解いて、$A$ を対角化する直交行列 $L$ を求めれば、$L$ の各列を構成する縦ベクトルが主軸の方向に対応することもわかります。

なお、$n=2$ の場合、すなわち、2次元の平面上では、(4-44) で表わされる図形には、楕円と双曲線、そして、原点で交わる2直線があります。これらの違いが現われる理由は、2次形式の性質から理解することができます。この点を明らかにするために、2次形式の説明をしておきます。一般に、$n$ 次の対称行列 $A$ を用いて、次式で定義される関数を変数 $x_1, \cdots, x_n$ についての2次形式と呼びます ▶ 定義35 。

$$F(\mathbf{x}) = \mathbf{x}^{\mathrm{T}} A \mathbf{x} \tag{4-52}$$

ここで、$\mathbf{x}$ は、変数 $x_1, \cdots, x_n$ を成分とする縦ベクトルです。これは、ちょうど、2次曲面の標準形において、定数項 $c$ を除いたものに一致しています。また、$A$ が対称行列でない場合は、

Chapter 4 行列の固有値と対角化

$$A_S = \frac{1}{2}(A + A^T)$$

と定義すると、$A_S$ は対称行列であり、さらに、

$$\mathbf{x}^T A \mathbf{x} = \mathbf{x}^T A_S \mathbf{x}$$

が成り立つことが示せます[※16]。したがって、(4-52) で $A$ が対称行列でなかった場合、これを対称行列 $A_S$ に置き換えても、関数 $F(\mathbf{x})$ としては同じものになります。つまり、2次形式を考える際に $A$ を対称行列に限定するのは、議論の一般性を損なうものではありません。

そして、2次曲面の標準形を導いたときと同様に、$A$ を対角化する直交行列 $L$ を用いて、標準基底を $L$ で変換した正規直交基底の方向（つまり、主軸の方向）に新しい座標軸を取ると、この新しい座標のもとで、(4-52) は、次の標準形に書き直されます ▶ 定理42 。

$$F'(\mathbf{x}) = F(L\mathbf{x}) = \lambda_1 x_1^2 + \cdots + \lambda_n x_n^2 \tag{4-53}$$

このとき、それぞれの固有値の符号に着目します。たとえば、$\lambda_1 > 0$ の場合は、$x_2, \cdots, x_n$ を固定して $x_1$ のみを変化させた場合、$F'(\mathbf{x})$ は $x_1 = 0$ で最小となり、そこから離れると $x_1$ の2次関数として増加していきます。逆に、$\lambda_1 < 0$ の場合は、$x_1 = 0$ で最大となり、そこから離れると $x_1$ の2次関数として減少していきます。$\lambda_1 = 0$ であれば、$F'(\mathbf{x})$ の値は $x_1$ によって変化しません。

$n = 2$ の場合に典型例をグラフに表わすと、図4.7のようになります。左は、$\lambda_1 > 0$, $\lambda_2 > 0$ の場合で、原点が最小値で、すべての方向について関数の値が増加します。右は、$\lambda_1 < 0$, $\lambda_2 > 0$ の場合で、原点から $x_1$ 方向に進むと値が減少して、$x_2$ 方向に進むと値が増加するという特徴があります。つまり、原点は、$x_1$ 方向に見ると最大値を取り、$x_2$ 方向に見ると最小値を取るという特殊な状態にあります。グラフの形が馬の鞍に似ていることから、このような点を鞍点と呼びます。

---

※16 証明については、p.206「4.4 演習問題」問5を参照。

192

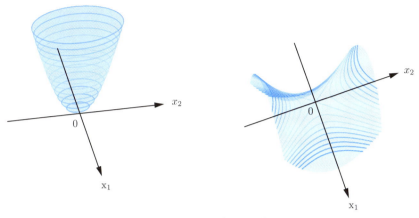

図4.7 $n=2$ における2次形式のグラフの例

そして、$n=2$ の場合、(4-48)が表わす図形は、このグラフが一定の高さになる部分を切り取った断面になります。もしくは、グラフ上に描いた等高線の1つと言ってもよいでしょう。$n=2$ の場合に、(4-48)を次のように書き直すと、定数 $-c$ が「高さ」に相当することがわかります。

$$\lambda_1 x_1^2 + \lambda_2 x_2^2 = -c$$

したがって、$\lambda_1 > 0, \lambda_2 > 0$ の場合、$-c > 0$ であれば、図4.7（左）に示した等高線のように楕円が得られます。$\lambda_1 < 0, \lambda_2 > 0$ の場合は、$-c$ の符号により、図4.7（右）に示した等高線のように、異なる方向の双曲線が得られます。特に $c=0$ の場合は、双曲線の頂点が原点で接触して、2本の直線になることが図形的に理解できます。

なお、一般に、2次形式 $F(\mathbf{x}) = \mathbf{x}^T A \mathbf{x}$ が、$\mathbf{x} \neq \mathbf{0}$ である任意の $\mathbf{x} \in \mathbf{R}^n$ について $F(\mathbf{x}) > 0$ を満たすとき、この2次形式は正定値であると言います。(4-53)の標準形で表わすとすぐにわかるように、$A$ の固有値 $\lambda_1, \cdots, \lambda_n$ がすべて正の値であることが、$F(\mathbf{x})$ が正定値であることの必要十分条件となります。同様に、$\mathbf{x} \neq \mathbf{0}$ である任意の $\mathbf{x} \in \mathbf{R}^n$ について $F(\mathbf{x}) < 0$ を満たすとき、この2次形式は負定値であると言います。$A$ の固有値 $\lambda_1, \cdots, \lambda_n$ がすべて負の値であることが、$F(\mathbf{x})$ が負定値であることの必要十分条件となります ▶定理43 。主軸の方向を具体的に決定するには、固有値問題を解いて固有ベクトルを決定する必要がありますが、2次形式が正定値／負定値であるかを調べるには、固有方程式を解いて、固有値だけ求めればよいことになります。

### 4.2.3 2次曲面の標準形

Chapter 4　行列の固有値と対角化

　それでは最後に、2次曲面の具体例を見ておきましょう。ここでは、次の二次方程式が表わす図形を考えます。

$$F(x,\,y) = 3x^2 + 3y^2 - 2xy - 4 = 0$$

　これは、$(x,\,y)$ 平面上の曲線を表わすはずですが、どのような図形になるか想像できるでしょうか？　まずは、上記の方程式を行列を用いて書き直すと、次のようになります。

$$F(\mathbf{x}) = \mathbf{x}^{\mathrm{T}} A \mathbf{x} - 4 = 0 \tag{4-54}$$

　ここに、$\mathbf{x}$ と $A$ は、次の縦ベクトル、および、$2 \times 2$ の対称行列になります。

$$\mathbf{x} = \begin{pmatrix} x \\ y \end{pmatrix}, \quad A = \begin{pmatrix} 3 & -1 \\ -1 & 3 \end{pmatrix}$$

　先ほどの議論では、この図形を平行移動することにより、1次の項を消去した (4-47) の形にすることができました。ただし、今の場合は、はじめから1次の項はなく、すでに (4-47) の形になっています。したがって、この後は、行列 $A$ の固有値を求めることで、(4-48) の標準形が決まります。今の場合、$A$ の固有方程式を計算すると、

$$\det(A - \lambda I) = \det \begin{pmatrix} 3 - \lambda & -1 \\ -1 & 3 - \lambda \end{pmatrix} = (\lambda - 4)(\lambda - 2)$$

となることから、固有値は $\lambda = 2,\,4$ と決まります。したがって、標準形は、次のように決まります。

$$2x^2 + 4y^2 - 4 = 0 \tag{4-55}$$

　固有値がどちらも正の値であることから、これは、原点を中心とする楕円を表わします。$x = 0$ とすると $y = \pm 1$、あるいは、$y = 0$ とすると $x = \pm\sqrt{2}$ となることから、$(0,\,\pm 1),\,(\pm\sqrt{2},\,0)$ がこの楕円の頂点となります。

　ただし、(4-48) の標準形が表わすのは、(4-47) が表わす2次曲線について、その主軸の方向が座標軸に一致するように回転したものでした。回転する前の主軸の方向は、

194

$A$ を対角化する直行行列 $L$ の各列を構成する縦ベクトル、すなわち、行列 $A$ の固有ベクトルとして決まります。今の場合、固有値 $\lambda = 2, 4$ に対応する固有ベクトル $\overline{\mathbf{e}}_1, \overline{\mathbf{e}}_2$ を求めると、大きさ 1 に正規化したものは、それぞれ、次のようになります。

$$\overline{\mathbf{e}}_1 = \begin{pmatrix} \frac{1}{\sqrt{2}} \\ \frac{1}{\sqrt{2}} \end{pmatrix}, \ \overline{\mathbf{e}}_2 = \begin{pmatrix} -\frac{1}{\sqrt{2}} \\ \frac{1}{\sqrt{2}} \end{pmatrix}$$

そこで、実際に、標準基底を主軸の方向に回転する一次変換を表わす直行行列

$$L = [\overline{\mathbf{e}}_1, \ \overline{\mathbf{e}}_2] = \begin{pmatrix} \frac{1}{\sqrt{2}} & -\frac{1}{\sqrt{2}} \\ \frac{1}{\sqrt{2}} & \frac{1}{\sqrt{2}} \end{pmatrix}$$

を用いて、標準基底を $L$ で変換した座標軸から (4-54) を見た方程式 $F(L\mathbf{x}) = 0$ を求めてみます。具体的に計算すると、

$$\begin{aligned} F(L\mathbf{x}) &= (\mathbf{x}^\mathrm{T} L^\mathrm{T}) A (L\mathbf{x}) - 4 = \mathbf{x}^\mathrm{T} (L^\mathrm{T} A L) \mathbf{x} - 4 \\ &= \begin{pmatrix} x & y \end{pmatrix} \begin{pmatrix} 2 & 0 \\ 0 & 4 \end{pmatrix} \begin{pmatrix} x \\ y \end{pmatrix} - 4 = 2x^2 + 4y^2 - 4 \end{aligned}$$

となることから、$F(L\mathbf{x}) = 0$ は、確かに (4-55) に一致します。つまり、図 4.8 のように、主軸 $\overline{\mathbf{e}}_1, \overline{\mathbf{e}}_2$ の方向をそれぞれ $x$ 軸、および、$y$ 軸と見なして、(4-55) を描いたものが、(4-54) が表わす図形ということになります。

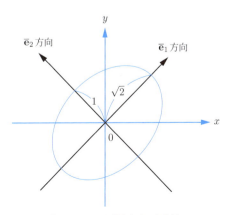

図 4.8　(4-54) が表わす 2 次曲線

Chapter 4 行列の固有値と対角化

# 4.3 主要な定理のまとめ

### 定義20 行列の対角化
正方行列 $A$ に対して、同じサイズの正則行列 $C$ を用いて、$C^{-1}AC$ が対角行列になるように変換することを行列の対角化と言う。

### 定義21 固有値問題
$n$ 次正方行列 $A$ について、次の条件を満たす $\mathbf{R}^n$ の $n$ 個の一次独立な要素 $\mathbf{x}_1, \cdots, \mathbf{x}_n$ を求める問題を $A$ についての固有値問題と呼ぶ。

$$A\mathbf{x}_i = \lambda_i \mathbf{x}_i \ (i = 1, \cdots, n)$$

ここに、$\lambda_1, \cdots, \lambda_n$ は、行列 $A$ によって決まる実数値で、$A$ の固有値と呼ぶ。また、上記の関係を満たす $\mathbf{x}_i$ を固有値 $\lambda_i$ に対応する固有ベクトルと呼ぶ。

### 定理20 固有ベクトルの一次独立性
相異なる固有値に対応する固有ベクトルを集めたものは、一次独立になる。

### 定理21 斉次連立一次方程式の解が存在する条件
$n$ 個の変数 $x_1, \cdots, x_n$ に対する $n$ 本の連立一次方程式で、行列を用いて次のように表わされるものを斉次連立一次方程式と呼ぶ。

$$A\mathbf{x} = \mathbf{0}$$

ここに、$A$ は方程式の係数を並べた正方行列で、$\mathbf{x}$ は変数を縦に並べた縦ベクトル、$\mathbf{0}$ は $n$ 個の要素がすべて $0$ のゼロベクトルとする。この連立一次方程式が $\mathbf{x} = \mathbf{0}$ 以外の解を持つための必要十分条件は、$\det A = 0$ で与えられる。

### 定義22 固有多項式と固有方程式
$n$ 次正方行列 $A$ に対して、$\lambda$ を変数とする $n$ 次多項式 $\det(A - \lambda I)$ を行列 $A$ の固有多項式と呼ぶ。ここに、$I$ は $n$ 次の単位行列とする。
また、$\lambda$ に対する $n$ 次方程式 $\det(A - \lambda I) = 0$ を行列 $A$ の固有方程式と呼ぶ。

196

4.3 主要な定理のまとめ

### 定義23 部分ベクトル空間の和空間

$\mathbf{R}^n$ の2つの部分ベクトル空間 $W_1, W_2$ について、次で定義される部分ベクトル空間 $W_1 + W_2$ を $W_1$ と $W_2$ の和空間と呼ぶ。

$$W_1 + W_2 = \{\mathbf{x}_1 + \mathbf{x}_2 \mid \mathbf{x}_1 \in W_1, \mathbf{x}_2 \in W_2\}$$

### 定義24 部分ベクトル空間の直和

$\mathbf{R}^n$ の2つの部分ベクトル空間 $W_1, W_2$ がゼロベクトル以外に共通の要素を持たない、すなわち、$W_1 \cap W_2 = \{\mathbf{0}\}$ という条件を満たすとき、これらは直和の条件を満たすと言う。

また、このとき、これらの和空間を直和と呼び、$W_1 \oplus W_2$ という記号で表わす。

### 定義25 固有空間

正方行列 $A$ の固有値の1つを $\lambda$ として、この固有値に対応する固有ベクトル全体にゼロベクトルを加えて構成される部分ベクトル空間、

$$F_\lambda = \{\mathbf{x} \mid A\mathbf{x} = \lambda\mathbf{x}\}$$

を固有値 $\lambda$ に対応する固有空間と呼ぶ。

### 定理22 固有空間の直和

正方行列 $A$ のすべての相異なる固有値を $\lambda_1, \cdots, \lambda_r$ とすると、それぞれの固有空間 $F_{\lambda_1}, \cdots, F_{\lambda_r}$ の直和 $F$ が構成できる。

$$F = F_{\lambda_1} \oplus \cdots \oplus F_{\lambda_r}$$

また、直和 $F$ の次元は、各固有空間の次元の和に一致する。

$$\dim F = \dim F_{\lambda_1} + \cdots + \dim F_{\lambda_r}$$

### 定理23 固有空間の次元の上限

正方行列 $A$ の固有方程式の実数解 $\lambda$ が $p$ 重解であるとき、固有値 $\lambda$ に対応する固有空間 $F_\lambda$ の次元について、次の不等式が成立する。

197

Chapter 4 行列の固有値と対角化

$$1 \leq \dim F_\lambda \leq p$$

### 定義26 相似な正方行列

2つの$n$次正方行列$A$と$B$が、正則な$n$次正方行列$P$を用いて、

$$A = P^{-1}BP$$

と表わされるとき、$A$と$B$は互いに相似であると言う。

### 定理24 相似な正方行列の固有多項式

相似な正方行列$A$と$B$の固有多項式は一致する。つまり、$A$と$B$は解の多重度を含めて、同一の固有値を持つ。

### 定理25 固有値問題が解ける条件

$n$次正方行列$A$の固有値問題が解けるための必要十分条件は、$A$の固有方程式に、重解を含めて$n$個の実数解が存在し、各固有空間の次元が対応する固有値の多重度に一致することである。

特に、$A$の固有方程式が$n$個の相異なる実数解を持つ場合、$n$個の固有空間はすべて1次元となり、上記の条件が満たされる。

### 定義27 行列のトレース

正方行列$A$の対角成分の和を行列$A$のトレースと呼び、記号$\operatorname{tr} A$で表わす。

### 定理26 行列式・トレースと固有値の関係

$n$次正方行列$A$の固有方程式を複素数の範囲で解いて得られる、重解を含めた$n$個の解を$\lambda_1, \cdots, \lambda_n$として、次の関係が成り立つ。

$$\det A = \lambda_1 \cdots \lambda_n$$
$$\operatorname{tr} A = \lambda_1 + \cdots + \lambda_n$$

### 定理27 転置行列の固有値

正方行列$A$とその転置行列$A^{\mathrm{T}}$の固有多項式は同一であり、これらは同じ固有値を持つ。

4.3 主要な定理のまとめ

### 定理28 逆行列の固有値

$n$次正方行列$A$の固有方程式を複素数の範囲で解いて得られる、重解を含めた$n$個の解を$\lambda_1, \cdots, \lambda_n$とする。$A$が正則行列のとき、逆行列$A^{-1}$について、同様に固有方程式を複素数の範囲で解くと、その解は、$\dfrac{1}{\lambda_1}, \cdots, \dfrac{1}{\lambda_n}$になる。

### 定義28 実数ベクトルの内積

$\mathbf{R}^n$の2つの要素$\mathbf{x} = (x_1, \cdots, x_n)^{\mathrm{T}}$, $\mathbf{y} = (y_1, \cdots, y_n)^{\mathrm{T}}$について、次式で計算されるスカラー値$(\mathbf{x}, \mathbf{y})$を$\mathbf{x}$と$\mathbf{y}$の内積と言う。

$$(\mathbf{x}, \mathbf{y}) = x_1 y_1 + \cdots + x_n y_n$$

### 定義29 実数ベクトルの大きさ

$\mathbf{R}^n$の2つの要素$\mathbf{x}$に対して、次で定義されるスカラー値$|\mathbf{x}|$を$\mathbf{x}$の大きさと言う。

$$|\mathbf{x}| = \sqrt{(\mathbf{x}, \mathbf{x})}$$

### 定理29 内積の基本性質

実数ベクトルの内積は、次の基本性質を満たす。ここで、$\mathbf{x}$, $\mathbf{y}$などは$\mathbf{R}^n$の任意の要素で、$k$は任意の実数値を表わす。

- 双線形性

$$(k\mathbf{x}, \mathbf{y}) = (\mathbf{x}, k\mathbf{y}) = k(\mathbf{x}, \mathbf{y})$$
$$(\mathbf{x}_1 + \mathbf{x}_2, \mathbf{y}) = (\mathbf{x}_1, \mathbf{y}) + (\mathbf{x}_2, \mathbf{y})$$
$$(\mathbf{x}, \mathbf{y}_1 + \mathbf{y}_2) = (\mathbf{x}, \mathbf{y}_1) + (\mathbf{x}, \mathbf{y}_2)$$

- 対称性

$$(\mathbf{x}, \mathbf{y}) = (\mathbf{y}, \mathbf{x})$$

- 正定値性

$$\mathbf{x} \neq \mathbf{0} \ \Leftrightarrow \ (\mathbf{x}, \mathbf{x}) > 0$$
$$\mathbf{x} = \mathbf{0} \ \Leftrightarrow \ (\mathbf{x}, \mathbf{x}) = 0$$

Chapter 4 行列の固有値と対角化

### 定理30. コーシー・シュワルツの不等式

$\mathbf{R}^n$ の任意の要素 $\mathbf{x},\mathbf{y}$ について、次の不等式が成り立つ。特に等号が成立するのは、$\mathbf{x}$ と $\mathbf{y}$ が一次従属な場合に限られる。

$$(\mathbf{x},\ \mathbf{y})^2 \leq (\mathbf{x},\ \mathbf{x})(\mathbf{y},\ \mathbf{y})$$

### 定理31. 実数ベクトルがなす角

$\mathbf{R}^n$ の2つの要素 $\mathbf{x},\mathbf{y}$ について、次式によって $0 \leq \theta < 2\pi$ を満たす角 $\theta$ が一意に定まる。これを $\mathbf{x}$ と $\mathbf{y}$ がなす角と呼ぶ。

$$\cos\theta = \frac{(\mathbf{x},\ \mathbf{y})}{|\mathbf{x}||\mathbf{y}|}$$

特に $\mathbf{x}$ と $\mathbf{y}$ のなす角が $\theta = \dfrac{\pi}{2}$ になるとき、すなわち、$\mathbf{x}$ と $\mathbf{y}$ が直交する場合は、$(\mathbf{x},\ \mathbf{y}) = 0$ が成り立つ。

### 定義30. 正規直交基底

$\mathbf{R}^n$ の基底ベクトル $\mathbf{x}_1,\cdots,\mathbf{x}_n$ が次の条件を満たすとき、これを正規直交基底と呼ぶ。

$$(\mathbf{x}_i,\ \mathbf{x}_j) = \delta_{ij}\ (i, j = 1,\cdots,n)$$

ここに $\delta_{ij}$ はクロネッカーのデルタと呼ばれる記号で、$i = j$ のときは1、$i \neq j$ のときは0という値を取る。

### 定理32. グラム・シュミットの正規直交化法

$\mathbf{R}^n$ の任意の基底ベクトル $\mathbf{x}_1,\cdots,\mathbf{x}_n$ に対して、次の手続きによって、正規直交基底 $\overline{\mathbf{e}}_1,\cdots,\overline{\mathbf{e}}_n$ を構成することができる。

はじめに、$\overline{\mathbf{e}}_1$ を次式で定義する。

$$\overline{\mathbf{e}}_1 = \frac{1}{|\mathbf{x}_1|}\mathbf{x}_1$$

$k = 1,\cdots,n-1$ について、$\overline{\mathbf{e}}_1,\cdots,\overline{\mathbf{e}}_k$ まで決まったとして、$\overline{\mathbf{e}}_{k+1}$ を次式で定義

200

する。

$$\mathbf{x}'_{k+1} = \mathbf{x}_{k+1} - \{(\mathbf{x}_{k+1}, \overline{\mathbf{e}}_1)\,\overline{\mathbf{e}}_1 + \cdots + (\mathbf{x}_{k+1}, \overline{\mathbf{e}}_k)\,\overline{\mathbf{e}}_k\}$$
$$\overline{\mathbf{e}}_{k+1} = \frac{1}{|\mathbf{x}'_{k+1}|}\mathbf{x}'_{k+1}$$

### 定義31 直交行列

任意の正規直交基底 $\overline{\mathbf{e}}_1, \cdots, \overline{\mathbf{e}}_n$ に対して、これを縦ベクトルとして並べた正方行列、

$$L = [\overline{\mathbf{e}}_1 \ \cdots \ \overline{\mathbf{e}}_n]$$

を直交行列と呼ぶ。

### 定理33 直交行列の性質

正方行列 $L$ が直交行列となるための必要十分条件は、$L^{\mathrm{T}} = L^{-1}$、すなわち、$L^{\mathrm{T}}L = LL^{\mathrm{T}} = I$ で与えられる。

### 定理34 直交行列による一次変換

$n$ 次の正方行列 $L$ が直交行列であるとき、$\mathbf{R}^n$ の任意の要素 $\mathbf{x},\ \mathbf{y}$ について、次の関係が成り立つ。

$$(\mathbf{x},\ \mathbf{y}) = (L\mathbf{x},\ L\mathbf{y})$$

これは、$L$ が表わす一次変換は、実数ベクトルの大きさ、および、2つの実数ベクトルがなす角を変化させないことを意味する。

### 定義32 直交余空間

$E$ を $\mathbf{R}^n$ の部分ベクトル空間とするとき、$E$ のすべての要素と直行する $\mathbf{R}^n$ の要素を集めた集合、

$$E^{\perp} = \{\mathbf{x} \in \mathbf{R}^n \mid \forall \mathbf{y} \in E\ ;\ (\mathbf{x},\ \mathbf{y}) = 0\}$$

を $E$ の直交余空間と呼ぶ。

Chapter 4 行列の固有値と対角化

### 定理35 直交直和分解

$E$ を $\mathbf{R}^n$ の部分ベクトル空間とするとき、$E$ の直交余空間 $E^\perp$ も $\mathbf{R}^n$ の部分ベクトル空間となり、これらは、直和の条件 $E \cap E^\perp = \{\mathbf{0}\}$ を満たす。

さらに、これらの直和は、$\mathbf{R}^n$ に一致する。

$$E \oplus E^\perp = \mathbf{R}^n$$

### 定義33 対称行列

正方行列 $A$ が $A^\mathrm{T} = A$ を満たすとき、$A$ を対称行列と呼ぶ。

### 定理36 対称行列と内積の関係

$n$ 次の正方行列 $A$ が対称行列であるとき、$\mathbf{R}^n$ の任意の要素 $\mathbf{x}$, $\mathbf{y}$ について、次の関係が成り立つ。

$$(\mathbf{x}, A\mathbf{y}) = (A\mathbf{x}, \mathbf{y})$$

### 定理37 対称行列の固有値

$n$ 次の正方行列 $A$ が対称行列であるとき、$A$ の固有方程式は、重解を含めて必ず $n$ 個の実数解を持つ。つまり、$A$ は、重解による重複を含めて、必ず $n$ 個の固有値を持つ。

### 定理38 対称行列の固有ベクトル

$A$ が対称行列であるとき、$A$ の異なる固有値に属する固有ベクトルは、必ず直行する。

### 定理39 対称行列の対角化

対称行列 $A$ の相異なる固有値を $\lambda_1, \cdots, \lambda_r$ として、それぞれの固有値に対応する固有空間を $E_{\lambda_1}, \cdots, E_{\lambda_r}$ とする。このとき、これらすべての固有空間の直和を構成することができて、それは、$\mathbf{R}^n$ に一致する。

$$\mathbf{R}^n = E_{\lambda_1} \oplus \cdots \oplus E_{\lambda_r}$$

また、各固有空間の正規直交基底を集めたものを $\overline{\mathbf{e}}_1, \cdots, \overline{\mathbf{e}}_n$ とすると、これは、$\mathbf{R}^n$ の正規直交基底となり、これらを並べた直交行列、

$$L = [\bar{\mathbf{e}}_1 \ \cdots \ \bar{\mathbf{e}}_n]$$

によって、$A$は対角化できる。

### 定義34 2次曲面

変数 $x_1, \cdots, x_n$ に対する次の形の二次方程式で定義される図形を 2次曲面 と呼ぶ。

$$\mathbf{x}^{\mathrm{T}} A\mathbf{x} + 2\mathbf{b}^{\mathrm{T}}\mathbf{x} + c = 0 \qquad (4\text{-}56)$$

ここで、$\mathbf{x}$は変数 $x_1, \cdots, x_n$ を並べて作った縦ベクトルで、$A$は$n$次の対称行列、$\mathbf{b}$は$n$個の定数を並べた縦ベクトル、そして、$c$はスカラーの定数値を表わす。

### 定理40 有心2次曲面

(4-56)で定義された2次曲面において、$A$が正則行列であるものを 有心2次曲面 と呼ぶ。有心2次曲面は、平行移動によって、1次の項を消去して、

$$\mathbf{x}^{\mathrm{T}} A\mathbf{x} + c = 0 \qquad (4\text{-}57)$$

と変形することができる。一般に、上記の定数項$c$は、(4-56)の$c$とは異なる値である。

### 定理41 2次曲面の標準形

(4-57)の形式の2次曲面は、直交行列を用いた座標変換により、次の形に変形できる。

$$\lambda_1 x_1^2 + \cdots + \lambda_n x_n^2 + c = 0$$

ここに、$\lambda_1, \cdots, \lambda_n$ は、$A$の重解による重複を含めた$n$個の固有値を表わす。

### 定義35 2次形式

変数 $x_1, \cdots, x_n$ に対する次の形の2次関数を 2次形式 と呼ぶ。

$$F(\mathbf{x}) = \mathbf{x}^{\mathrm{T}} A\mathbf{x} \qquad (4\text{-}58)$$

Chapter 4 行列の固有値と対角化

　ここで、$A$ は $n$ 次の対称行列で、$\mathbf{x}$ は変数 $x_1, \cdots, x_n$ を成分とする縦ベクトルである。

## 定理42 2次形式の標準形

　(4-58) で定義される2次形式は、直交行列 $L$ を用いた座標変換により、次の形に変形できる。

$$F'(\mathbf{x}) = F(L\mathbf{x}) = \lambda_1 x_1^2 + \cdots + \lambda_n x_n^2$$

　ここに、$\lambda_1, \cdots, \lambda_n$ は、$A$ の重解による重複を含めた $n$ 個の固有値を表わす。

## 定理43 2次形式の正定値と負定値

　(4-58) で定義される2次形式が、$\mathbf{x} \neq \mathbf{0}$ である任意の $\mathbf{x} \in \mathbf{R}^n$ について $F(\mathbf{x}) > 0$ を満たすとき、この2次形式は正定値であると言う。逆に、$\mathbf{x} \neq \mathbf{0}$ である任意の $\mathbf{x} \in \mathbf{R}^n$ について $F(\mathbf{x}) < 0$ を満たすとき、この2次形式は負定値であると言う。

　2次形式が正定値であるための必要十分条件は、$A$ のすべての固有値が正の値を取ることである。同じく、負定値であるための必要十分条件は、$A$ のすべての固有値が負の値を取ることである。

# 4.4 演習問題

## 4 4 演習問題

**問1**
(1) $A, B$を$n$次正方行列とするとき、$\text{tr}\,(AB) = \text{tr}\,(BA)$が成り立つことを示せ。

(2) $n$次正方行列$A$が正則行列$C$を用いて対角化可能で、

$$C^{-1}AC = \begin{pmatrix} \lambda_1 & & \\ & \ddots & \\ & & \lambda_n \end{pmatrix}$$

が成り立つとき、次の関係を示せ。

$$\det A = \lambda_1 \cdots \lambda_n$$
$$\text{tr}\,A = \lambda_1 + \cdots + \lambda_n$$

(3) (2) において、さらに$A$が正則行列であるとき、次の関係を示せ。

$$\det A^{-1} = \frac{1}{\lambda_1} \cdots \frac{1}{\lambda_n}$$
$$\text{tr}\,A^{-1} = \frac{1}{\lambda_1} + \cdots + \frac{1}{\lambda_n}$$

**問2**
$\mathbf{R}^n$の2つの部分ベクトル空間$W_1, W_2$に対して、次式で定義される和空間$W_1 + W_2$も部分ベクトル空間になることを示せ。

$$W_1 + W_2 = \{\mathbf{x}_1 + \mathbf{x}_2 \mid \mathbf{x}_1 \in W_1, \mathbf{x}_2 \in W_2\}$$

**問3**
$\mathbf{R}^n$の要素$\mathbf{x}_1, \cdots, \mathbf{x}_n$が$(\mathbf{x}_i, \mathbf{x}_j) = \delta_{ij}\,(i, j = 1, \cdots, n)$を満たすとき、これらは一次独立であることを示せ。

205

**問 4** 次の行列 $A$ を直交行列 $L$ により対角化せよ。

$$A = \begin{pmatrix} 0 & 1 & 2 \\ 1 & 0 & 2 \\ 2 & 2 & 3 \end{pmatrix}$$

すなわち、$L^{-1}AL$ が対角行列となる直交行列 $L$ を決定して、$L^{-1}AL$ を求めよ。

**問 5** 任意の $n$ 次正方行列 $A$ について、その対称部分 $A_S$ と反対称部分 $A_A$ を次式で定義する。

$$A_S = \frac{1}{2}(A + A^T)$$
$$A_A = \frac{1}{2}(A - A^T)$$

このとき、任意の $n \times 1$ 行列（縦ベクトル）$\mathbf{x}$ に対して、次が成り立つことを示せ。

$$\mathbf{x}^T A_S \mathbf{x} = \mathbf{x}^T A \mathbf{x}$$
$$\mathbf{x}^T A_A \mathbf{x} = 0$$

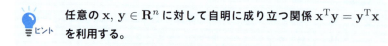

任意の $\mathbf{x}, \mathbf{y} \in \mathbf{R}^n$ に対して自明に成り立つ関係 $\mathbf{x}^T \mathbf{y} = \mathbf{y}^T \mathbf{x}$ を利用する。

4.4 演習問題

**問6**　$(x, y)$ 平面において、次の方程式で表わされる図形について考える。

$$5x^2 + 2xy + 5y^2 - 16x - 8y + 2 = 0 \qquad \text{(4-59)}$$

(1) 座標 $(x, y)$ を縦に並べた縦ベクトルを $\mathbf{x}$ として、2次の対称行列 $A$、$2 \times 1$ 行列（縦ベクトル）$\mathbf{b}$、および、定数 $c$ を用いて、(4-59) を次の形式に書き直す。

$$\mathbf{x}^{\mathrm{T}} A \mathbf{x} + 2\mathbf{b}^{\mathrm{T}} \mathbf{x} + c = 0$$

このとき、$A, \mathbf{b}, c$ をそれぞれ具体的に求めよ。

(2) この図形を $(x_0, y_0)$ だけ平行移動すると、図形の方程式が次の形になった。平行移動の量 $(x_0, y_0)$、および、新しい定数項 $c'$ を求めよ。

$$\mathbf{x}^{\mathrm{T}} A \mathbf{x} + c' = 0 \qquad \text{(4-60)}$$

(3) (4-60) の主軸の方向を表わす実数ベクトル $\overline{\mathbf{e}}_1$、および、$\overline{\mathbf{e}}_2$ を求めよ。それぞれの実数ベクトルは、大きさ1に正規化するものとする。

(4) 最初に与えられた図形 (4-59) の概形を $(x, y)$ 平面上に描け。

207

# 一般のベクトル空間

- 5.1 ベクトル空間の公理
  - 5.1.1 ベクトル空間と部分ベクトル空間
  - 5.1.2 ベクトル空間の基底ベクトル
- 5.2 ベクトル空間の一次変換
  - 5.2.1 一次変換の定義と行列による表現
  - 5.2.2 基底ベクトルの変換
- 5.3 主要な定理のまとめ
- 5.4 演習問題

Chapter 5　一般のベクトル空間

　本書ではこれまで、$n$個の実数を並べた組$(x_1, \cdots, x_n)$、すなわち、$n$次元実数ベクトルを用いて、一次変換を中心としたベクトルの計算について説明してきました。一方、p.6「ベクトル空間の公理論的な取り扱い」で触れたように、ベクトルに関するさまざまな性質は、ベクトルの演算が満たす基本性質だけを用いて証明することができます。本章では、一般のベクトル空間の公理を示した後に、これを出発点として、ベクトル空間の基底ベクトルと次元に関する性質を示します。$n$次元実数ベクトル空間$\mathbf{R}^n$もまた、一般のベクトル空間の公理を満たしているので、本章で示す内容は、当然ながら$n$次元実数ベクトル空間にも当てはまります。

# 5 1 ベクトル空間の公理

## 5.1.1　ベクトル空間と部分ベクトル空間

　数学において、対象物が満たす性質をあらかじめ決めておき、その性質だけを前提として議論を進める方法を公理的方法、あるいは、公理論と言います。この際に議論の前提とする性質を公理と呼びます。ここではまず、一般のベクトル空間が満たす性質をその公理として与えます。この後で説明するように、ベクトル空間の公理においては、2つのベクトルの和、および、ベクトルのスカラー倍という2種類の演算が定義されることが前提となりますが、この際、スカラーとして、実数を用いるのか、あるいは、複素数を用いるのかといった自由度があります。一般には、実数や複素数と同様に四則演算が定義された、体と呼ばれる性質を持つ任意の集合をスカラーとして採用することができます。ただし、本書では、一般の体の定義までは踏み込まず、実数をスカラーとするベクトル空間を扱います。

　それでは、ベクトル空間の公理を説明します。今、何らかの集合$V$があり、和とスカラー倍の2種類の演算が定義されているものとします。やや固い言い方をすると、和というのは、$V$の2つの要素$\mathbf{a}, \mathbf{b}$に対して、$V$の要素を割り当てる写像になります[※1]。

$$V \times V \longrightarrow V$$
$$(\mathbf{a}, \mathbf{b}) \longmapsto \mathbf{a} + \mathbf{b}$$

---

※1　2つの集合$A$と$B$に対して、それぞれの要素を並べた組$(a, b)$を集めた集合を直積集合と呼び、$A \times B$という記号で表わします。

210

5.1 ベクトル空間の公理

　同じく、スカラー倍は、$V$ の要素 $\mathbf{a}$ とスカラー（実数）$k$ に対して、$V$ の要素を割り当てる写像です。

$$\mathbf{R} \times V \longrightarrow V$$
$$(k, \mathbf{a}) \longmapsto k\mathbf{a}$$

そして、これらの演算は、次の法則を満たすものとします。

1. 任意の $\mathbf{a}, \mathbf{b} \in V$ について、$\mathbf{a} + \mathbf{b} = \mathbf{b} + \mathbf{a}$ が成り立つ。
2. 任意の $\mathbf{a}, \mathbf{b}, \mathbf{c} \in V$ について、$(\mathbf{a} + \mathbf{b}) + \mathbf{c} = \mathbf{a} + (\mathbf{b} + \mathbf{c})$ が成り立つ。
3. ある $\mathbf{0} \in V$ が存在して、任意の $\mathbf{a} \in V$ について、$\mathbf{a} + \mathbf{0} = \mathbf{a}$ が成り立つ。
4. 任意の $\mathbf{a} \in V$ について、$\mathbf{a} + \mathbf{x} = \mathbf{0}$ を満たす $\mathbf{x} \in V$ が $\mathbf{a}$ に応じて存在する（$\mathbf{0}$ は、3. の性質を満たす要素）。
5. 任意の $\mathbf{a} \in V$ について、$1 \cdot \mathbf{a} = \mathbf{a}$ が成り立つ。
6. 任意の $k, l \in \mathbf{R}, \mathbf{a} \in V$ について、$k \cdot (l \cdot \mathbf{a}) = (kl) \cdot \mathbf{a}$ が成り立つ。
7. 任意の $k, l \in \mathbf{R}, \mathbf{a} \in V$ について、$(k + l) \cdot \mathbf{a} = k \cdot \mathbf{a} + l \cdot \mathbf{a}$ が成り立つ。
8. 任意の $k \in \mathbf{R}, \mathbf{a}, \mathbf{b} \in V$ について、$k \cdot (\mathbf{a} + \mathbf{b}) = k \cdot \mathbf{a} + k \cdot \mathbf{b}$ が成り立つ。

　以上の前提（公理）を満たす集合 $V$ をベクトル空間と呼びます ▶ 定義36 。また、ベクトル空間の個々の要素をベクトルと言います。すぐにわかるように、上記の公理は、「1.1.2　実数ベクトル空間」、および、「2.1.1　$n$ 次元実数ベクトル空間」の冒頭に示した、2次元実数ベクトル空間 $\mathbf{R}^2$、および、$n$ 次元実数ベクトル空間 $\mathbf{R}^n$ の基本性質と同じ内容です。$\mathbf{R}^2$ や $\mathbf{R}^n$ の場合は、和とスカラー倍の定義にもとづいて計算した結果、実際にこれらが成り立つことが確認できました。一方、ここでは、集合 $V$ の要素が具体的にどのようなもので、和とスカラー倍がどのように計算されるかは決められていません。とにかく、これらの基本性質を満たす集合 $V$ があるものとして、そこから、$V$ についてどのようなことが言えるのかを調べていこうという立場です。

　また、$\mathbf{R}^n$ に対して上記の基本性質を説明した際は、すべての成分が0の要素 $(0, \cdots, 0)$ がゼロベクトル $\mathbf{0}$ に相当するものと説明しましたが、ここでは、ゼロベクトルを具体的に特定する条件はない点に注意が必要です。あくまで、上記の3. の性質を満たす要素が存在すると言っているだけです。しかしながら、この条件を満たす要素 $\mathbf{0}$ は1つしか存在しないこと、そして、任意の $\mathbf{a} \in V$ に対して $0 \cdot \mathbf{a} = \mathbf{0}$ が成り立つこ

5.1.1　ベクトル空間と部分ベクトル空間　211

Chapter 5 一般のベクトル空間

とが言えます ▶定理44 。なぜなら、3. を満たす要素が $\mathbf{0}$ と $\mathbf{0}'$ の2つあったとすると、任意の $\mathbf{a} \in V$ について、

$$\mathbf{a} + \mathbf{0} = \mathbf{0} \tag{5-1}$$
$$\mathbf{a} + \mathbf{0}' = \mathbf{0}' \tag{5-2}$$

の両方が成立します。そこで、(5-1)と(5-2)のそれぞれに、$\mathbf{a} = \mathbf{0}'$ と $\mathbf{a} = \mathbf{0}$ を代入すると、

$$\mathbf{0}' + \mathbf{0} = \mathbf{0}$$
$$\mathbf{0} + \mathbf{0}' = \mathbf{0}'$$

が得られます。上記の2式は左辺が同一なので、右辺を等置すると $\mathbf{0} = \mathbf{0}'$ が得られます。これで一意性が示されました。また、7. の条件より、任意の $\mathbf{a} \in V$ に対して、

$$(0 + 0) \cdot \mathbf{a} = 0 \cdot \mathbf{a} + 0 \cdot \mathbf{a}$$

が成り立ちますが、$0 + 0 = 0$ というスカラーとしての計算式より、上式の左辺は $0 \cdot \mathbf{a}$ に一致します。したがって、

$$0 \cdot \mathbf{a} = 0 \cdot \mathbf{a} + 0 \cdot \mathbf{a}$$

が成り立ちます。この両辺に、4. より存在が保証される $0 \cdot \mathbf{a}$ の逆元、すなわち、$0 \cdot \mathbf{a} + \mathbf{x} = \mathbf{0}$ を満たす $\mathbf{x}$ を加えると、

$$\mathbf{0} = 0 \cdot \mathbf{a} \tag{5-3}$$

が得られます。なんとも回りくどい説明のように感じるかもしれませんが、公理論を展開する際は、できるだけ少数の公理から出発することが1つの目標となります。直感的に成り立つと期待されるさまざまな性質が、1. ～8. の性質だけから導出できるという事実、その不思議さを味わってください[2]。

これと同様に、4. で存在が保証される $\mathbf{a}$ の逆元、すなわち、$\mathbf{a} + \mathbf{x} = \mathbf{0}$ を満たす $\mathbf{x}$

---

[2] そして時には、直感的には明らかにもかかわらず、公理からは決して導かれない事実というものも存在します。このあたりもまた、数学の深遠さを感じさせる、公理論の面白いところです。

もそれぞれの$\mathbf{a}$に対して1つだけ存在して、$-\mathbf{a} = (-1) \cdot \mathbf{a}$がこの逆元に一致すること が示されます▶**定理45**。まず、$\mathbf{x}$と$\mathbf{x}'$がどちらも$\mathbf{a}$の逆元で、

$$\mathbf{a} + \mathbf{x} = \mathbf{0} \tag{5-4}$$
$$\mathbf{a} + \mathbf{x}' = \mathbf{0} \tag{5-5}$$

を満たすとします。ここで、(5-4)の両辺に$\mathbf{x}'$を加えると、

$$(\mathbf{x}' + \mathbf{a}) + \mathbf{x} = \mathbf{x}'$$

となりますが、(5-5)より、上式の左辺は$\mathbf{x}$に一致するので、結局、$\mathbf{x} = \mathbf{x}'$が得られ ます。次に、任意の$\mathbf{a}$に対して、次の計算が成り立ちます。

$$\mathbf{a} + (-\mathbf{a}) = 1 \cdot \mathbf{a} + (-1) \cdot \mathbf{a} = (1 - 1) \cdot \mathbf{a} = 0 \cdot \mathbf{a}$$

この結果に(5-3)を適用すると、$\mathbf{a} + (-\mathbf{a}) = \mathbf{0}$となり、$-\mathbf{a}$が逆元になっているこ とが確認できます。

続いて、上記の公理にもとづいて、ベクトル空間$V$に対する部分ベクトル空間と、そ の和空間、および、直和を定義します。この後の説明からわかるように、これまで に$\mathbf{R}^n$に対して定義した内容と本質的な違いはありません。言い換えると、部分ベク トル空間などの概念は、$\mathbf{R}^n$に限定されるものではなく、一般のベクトル空間に対して 考えることができるのです。

まず、$V$の部分集合$W$が$V$の要素としての演算（和とスカラー倍）について閉じて いる、すなわち、次の条件が成立するとき、$W$を$V$の部分ベクトル空間と言います ▶**定義37**。

$$\text{任意の}\mathbf{a}, \mathbf{b} \in W \text{について、}\mathbf{a} + \mathbf{b} \in W \text{となる。}$$
$$\text{任意の}\mathbf{a} \in W \text{と}k \in \mathbf{R} \text{について、}k\mathbf{a} \in W \text{となる。} \tag{5-6}$$

上記の条件から、$W$はベクトル空間の公理を満たしており、$W$もまたベクトル空間 になります▶**定理46**。たとえば、(5-6)で$k = 0$の場合を考えると、$0 \cdot \mathbf{a} = \mathbf{0} \in W$ となり、$W$にはゼロベクトルが含まれることが保証されます。同様に、$k = -1$の場

5.1.1 ベクトル空間と部分ベクトル空間 **213**

Chapter 5　一般のベクトル空間

合を考えると、任意の $\mathbf{a} \in W$ に対して、その逆元 $-\mathbf{a}$ が $W$ に含まれることも言えます。その他の条件については、直接の計算ですぐに確認できるでしょう。

次に、$W_1$ と $W_2$ を $V$ の2種類の部分ベクトル空間とするとき、次の集合を $W_1$ と $W_2$ の和空間 $W_1 + W_2$ と言います▶定義38 。

$$W_1 + W_2 = \{\mathbf{x}_1 + \mathbf{x}_2 \mid \mathbf{x}_1 \in W_1, \mathbf{x}_2 \in W_2\}$$

和空間が、再び $V$ の部分ベクトル空間になることも直接の計算で確認できます[*3]▶定理47 。そして、特に $W_1$ と $W_2$ に共通に含まれる要素がゼロベクトルのみであるとき、すなわち、

$$W_1 \cap W_2 = \{\mathbf{0}\}$$

が成り立つとき、これらの和空間を $W_1$ と $W_2$ の直和と呼び、$W_1 \oplus W_2$ という記号で表わします▶定義39 。

## 5.1.2　ベクトル空間の基底ベクトル

ここでは、ベクトル空間 $V$ の基底ベクトルについて考えます。$n$ 次元実数ベクトル空間 $\mathbf{R}^n$ においては、一次独立な要素 $\mathbf{x}_1, \cdots, \mathbf{x}_n$ の線形結合で $\mathbf{R}^n$ の任意の要素を表わせるとき、$\mathbf{x}_1, \cdots, \mathbf{x}_n$ を基底ベクトルと呼ぶことにしました。「2.1.2　一次独立性と基底ベクトル」では、$n$ 次元空間の図形的な考察から、$\mathbf{R}^n$ の基底ベクトルの個数は次元 $n$ に一致することを天下り的に認めて、その後の議論を進めていきました。しかしながら、本章で扱うベクトル空間 $V$ は、あくまで、前項で示した公理に従う集合という前提なので、図形的な考察（直感）を適用することはできません。ここでは、$V$ の基底ベクトルが存在した場合、その個数は必ず同一になることを厳密に示し、これを持って、$V$ の次元が定義されることを示します。

はじめに、一次独立と一次従属の概念をあらためて定義します。今、$V$ の要素 $\mathbf{x}_1, \cdots, \mathbf{x}_k$ について、

---

※3　$\mathbf{R}^n$ の部分ベクトル空間について、和空間を定義した場合と同じ計算になります。証明については、p.205「4.4　演習問題」問2を参照。

214

$$c_1\mathbf{x}_1 + \cdots + c_k\mathbf{x}_k = \mathbf{0}$$

を満たす実数の組 $c_1, \cdots, c_k$（少なくとも1つは0でない）が存在するとき、これらは一次従属であると言います▶定義40。逆に、上記を満たす $c_1, \cdots, c_k$ が（すべてが0の場合を除いて）存在しないとき、これらは一次独立であると言います。一次従属と一次独立については、次の基本的な性質が成り立ちます▶定理48 ※4。

- $\mathbf{x}_1, \cdots, \mathbf{x}_k$ が一次従属であることは、この中に他の要素の線形結合で表わされる要素が存在することと同値である。
- $\mathbf{x}_1, \cdots, \mathbf{x}_k$ の中にゼロベクトルが含まれる場合、これらは一次従属となる。
- $\mathbf{x}_1, \cdots, \mathbf{x}_k$ が一次独立であるとき、この中の一部を取り出した組も一次独立になる。

次に、（一次独立とは限らない）$V$ の要素 $\mathbf{x}_1, \cdots, \mathbf{x}_k$ の線形結合によって、$V$ の任意の要素が表わされるとき、すなわち、

$$V = \{c_1\mathbf{x}_1 + \cdots + c_k\mathbf{x}_k \mid c_1, \cdots, c_k \in \mathbf{R}\}$$

という集合の関係が成り立つとき、ベクトルの組 $\mathbf{x}_1, \cdots, \mathbf{x}_k$ は $V$ を張ると言います。そして、これらの用語を用いると、$V$ の基底ベクトルというのは、「$V$ を張る一次独立なベクトルの組 $\mathbf{x}_1, \cdots, \mathbf{x}_k$」と定義することができます▶定義41。

なお、「$V$ を張るベクトルの組」と言った場合、これらは、必ずしも一次独立とは限りませんが、常にこれらの一部を一次独立なベクトルで置き換えることができます。もう少し正確に言うと、$\mathbf{x}_1, \cdots, \mathbf{x}_l$ を $V$ の一次独立な要素として、これとは別に $V$ を張るベクトルの組 $\mathbf{a}_1, \cdots, \mathbf{a}_m$ $(m \geq l)$ があったとします。このとき、$\mathbf{a}_1, \cdots, \mathbf{a}_m$ のいずれか $l$ 個を $\mathbf{x}_1, \cdots, \mathbf{x}_l$ で置き換えても、これらはやはり $V$ を張るベクトルの組になります。ただし、どの $l$ 個を置き換えるかは自由ではなく、適切な $l$ 個を選択する必要があります▶定理49。

この事実は、数学的帰納法で示すことができます。まず、$\mathbf{a}_1, \cdots, \mathbf{a}_m$ は $V$ を張るので、$\mathbf{x}_1$ をこれらの線形結合で、

$$\mathbf{x}_1 = d_1\mathbf{a}_1 + \cdots + d_m\mathbf{a}_m$$

※4 証明については、p.247「5.4 演習問題」問2を参照。

Chapter 5 一般のベクトル空間

と表わすことができます。このとき、$\mathbf{x}_1$ はゼロベクトルではないので、$d_1, \cdots, d_m$ の中に0でないものが少なくとも1つあります。仮に、$d_1 \neq 0$ とすると、

$$\mathbf{a}_1 = \frac{1}{d_1}\{\mathbf{x}_1 - (d_2\mathbf{a}_2 + \cdots + d_m\mathbf{a}_m)\}$$

が成り立ちます。したがって、任意の $\mathbf{x} \in V$ を $\mathbf{a}_1, \cdots, \mathbf{a}_m$ の線形結合で表わした後に、上記の関係を用いて $\mathbf{a}_1$ を消去すれば、任意の $\mathbf{x} \in V$ は、$\mathbf{x}_1, \mathbf{a}_2, \cdots, \mathbf{a}_m$ の線形結合で表わすことができます。これで、$\mathbf{a}_1, \cdots, \mathbf{a}_m$ の1つを $\mathbf{x}_1$ で置き換えることができました。次に、$\mathbf{x}_1, \cdots, \mathbf{x}_k \, (k < l)$ まで置き換えられたと仮定します。表記を簡単にするために、ここでは、$\mathbf{a}_1, \cdots, \mathbf{a}_k$ が $\mathbf{x}_1, \cdots, \mathbf{x}_k$ で置き換えられたものとします。ここでさらに、残った $\mathbf{a}_{k+1}, \cdots, \mathbf{a}_m$ の1つを $\mathbf{x}_{k+1}$ で置き換えることを考えます。今の場合 $\mathbf{x}_1, \cdots, \mathbf{x}_k, \mathbf{a}_{k+1}, \cdots, \mathbf{a}_m$ が $V$ を張ることになるので、$\mathbf{x}_{k+1}$ をこれらの線形結合で、

$$\mathbf{x}_{k+1} = d_1\mathbf{x}_1 + \cdots + d_k\mathbf{x}_k + d_{k+1}\mathbf{a}_{k+1} + \cdots + d_m\mathbf{a}_m \qquad (5\text{-}7)$$

と表わすことができます。ここで、$d_{k+1}, \cdots, d_m$ がすべて0だとすると、これは、$\mathbf{x}_1, \cdots, \mathbf{x}_l$ が一次独立であるという前提に矛盾します。したがって、$d_{k+1}, \cdots, d_m$ の中に0でないものが少なくとも1つあります。仮に、$d_{k+1} \neq 0$ とすると、

$$\mathbf{a}_{k+1} = \frac{1}{d_{k+1}}\{\mathbf{x}_{k+1} - (d_1\mathbf{x}_1 + \cdots + d_k\mathbf{x}_k + d_{k+2}\mathbf{a}_{k+2} + \cdots + d_m\mathbf{a}_m)\}$$

が成り立ちます。そこで、任意の $\mathbf{x} \in V$ を $\mathbf{x}_1, \cdots, \mathbf{x}_k, \mathbf{a}_{k+1}, \cdots, \mathbf{a}_m$ の線形結合で表わした後に、上記の関係を用いて $\mathbf{a}_{k+1}$ を消去すれば、任意の $\mathbf{x} \in V$ は、$\mathbf{x}_1, \cdots, \mathbf{x}_{k+1}, \mathbf{a}_{k+2}, \cdots, \mathbf{a}_m$ の線形結合で表わすことができます。これで、残った $\mathbf{a}_{k+1}, \cdots, \mathbf{a}_m$ の1つを $\mathbf{x}_{k+1}$ で置き換えることができました。以上から、数学的帰納法により、$\mathbf{x}_1, \cdots, \mathbf{x}_l$ のすべてについて、$\mathbf{a}_1, \cdots, \mathbf{a}_m$ のいずれか $l$ 個との置き換えができることになります。

先に触れたように、$\mathbf{a}_1, \cdots, \mathbf{a}_m$ のどの $l$ 個が置き換えの対象となるかは状況によって変わります。具体的には、(5-7)において、$d_i \neq 0$ となる $\mathbf{a}_i$ を選択する必要があります。しかしながら、上記の議論において、$m$ と $l$ は（$m \geq l$ を満たす）任意の自然

数であることに注意して、特に $m = l$ の場合を考えると、少し面白い事実が示されます。この場合、上記の議論にしたがって、$\mathbf{x}_1, \cdots, \mathbf{x}_l$ で順番に置き換えていくと、結局のところ、$l$ 個ある $\mathbf{a}_1, \cdots, \mathbf{a}_l$ のすべてが置き換えの対象となります。つまり、$l$ 個の（一次独立とは限らない）ベクトルの組 $\mathbf{a}_1, \cdots, \mathbf{a}_l$ が $V$ を張ることがわかっている場合、これを任意の $l$ 個の一次独立なベクトル $\mathbf{x}_1, \cdots, \mathbf{x}_l$ にそっくり置き換えても、やはり、$V$ を張ることが保証されます。ここでは、便宜上、この事実を取り替え定理と呼ぶことにします。

　そして、この取り替え定理を用いることにより、$V$ の基底ベクトルの個数は、すべて同一になることが示されます。今、$\mathbf{x}_1, \cdots, \mathbf{x}_m$ と $\mathbf{y}_1, \cdots, \mathbf{y}_l$ は、どちらも $V$ の基底ベクトル、すなわち、$V$ を張る一次独立なベクトルの組だとします。ここで $l < m$ と仮定すると、$l$ 個のベクトルの組 $\mathbf{y}_1, \cdots, \mathbf{y}_l$ が $V$ を張ることがわかっているので、これを $l$ 個の一次独立なベクトル $\mathbf{x}_1, \cdots, \mathbf{x}_l$ に置き換えても、やはり、$V$ を張ることになります。一次独立なベクトル $\mathbf{x}_1, \cdots, \mathbf{x}_m$ から、その一部を取り出した $\mathbf{x}_1, \cdots, \mathbf{x}_l$ は一次独立である点に注意してください。しかしながら、これは、$\mathbf{x}_{l+1}, \cdots, \mathbf{x}_m$ が $\mathbf{x}_1, \cdots, \mathbf{x}_l$ の線形結合で書けることを意味しており、$\mathbf{x}_1, \cdots, \mathbf{x}_m$ が一次独立であるという前提に矛盾します。一方、$l > m$ の場合は、$m$ 個のベクトルの組 $\mathbf{x}_1, \cdots, \mathbf{x}_m$ が $V$ を張ることから、$m$ 個の一次独立なベクトル $\mathbf{y}_1, \cdots, \mathbf{y}_m$ もやはり $V$ を張ることになり、$\mathbf{y}_1, \cdots, \mathbf{y}_l$ が一次独立であることに矛盾します。したがって、$l = m$ であり、$V$ の基底ベクトルの個数は同一になることが示されました。

　これにより、ベクトル空間 $V$ の次元 $\dim V$ を $V$ の基底ベクトルの個数として定義することができます。つまり、$V$ に存在する基底ベクトルは、すべて要素数が同一であることが保証されており、$\dim V = n$ とは、その同一となる個数が $n$ であることを意味します ▶定理50 。たとえば、$\mathbf{R}^n$ の場合、標準基底 $\mathbf{e}_1, \cdots, \mathbf{e}_n$ が基底ベクトルの条件（$\mathbf{R}^n$ を張る一次独立なベクトルの組）を満たすことは容易に確認できます。したがって、$\mathbf{R}^n$ のすべての基底ベクトルは、必ず $n$ 個の要素を含んでおり、$\dim \mathbf{R}^n = n$ が成り立ちます。

## Chapter 5 一般のベクトル空間

### ● $R^n$ 以外のベクトル空間の例

ここで、実数ベクトル空間 $R^n$ 以外のベクトル空間の例を紹介しておきます。今、変数 $x$ についての（実数係数の）2次以下の多項式をすべて集めた集合を $P^2[x]$ と表わします。具体的に言うと、

$$f(x) = 1 + x + x^2$$
$$g(x) = 1 + 2x$$

といった関数が $P^2[x]$ の要素になります。このとき、$P^2[x]$ の2つの要素 $f(x), g(x)$ について、その和 $f(x) + g(x)$ は $x$ の2次多項式であり、やはり、$P^2[x]$ の要素になります。同じく、$k$ を任意の実数として、$kf(x)$ は $x$ の2次多項式であり、こちらも $P^2[x]$ の要素になります。先ほどの例であれば、

$$f(x) + g(x) = 2 + 3x + x^2$$
$$2 \cdot f(x) = 2 + 2x + 2x^2$$

といった計算になります。集合 $P^2[x]$ は、このような通常の多項式どうしの和、および、実数倍についてベクトル空間となります。厳密には、これらの演算がベクトル空間の公理を満たすことを確認する必要がありますが、そちらは読者の宿題とします。

それでは、$P^2[x]$ の次元 $\dim P^2[x]$ はどのようになるでしょうか？ この場合、3つの要素 $1, x, x^2$ が $P^2[x]$ の基底ベクトルになることがすぐにわかります。任意の2次多項式は、この3つの線形結合で表わすことが可能であり、$\dim P^2[x] = 3$ と決まります。もちろん、基底ベクトルには、他の取り方もあります。たとえば、$1 + x, 1 - x, x^2$ を基底ベクトルとして採用することができます。先ほどの $f(x), g(x)$ であれば、

$$f(x) = (1 + x) + x^2$$
$$g(x) = \frac{3}{2}(1 + x) - \frac{1}{2}(1 - x)$$

となり、確かに $1 + x, 1 - x, x^2$ の線形結合で表わすことができます。任意の2次多項式がこの3つの線形結合になることの証明は、これもまた読者の宿題としておきます。

ここで、「4.1.3 固有空間の性質と固有値問題の関係」の冒頭に示した、3つの主張を思い出してみます。念のために再掲すると、次の通りです。

(i) 部分ベクトル空間 $W$ の基底ベクトルの個数は、その選び方によらず一定となる。この個数を部分ベクトル空間の次元 $\dim W$ と呼ぶ（さらに、$m$ 次元の部分ベクトル空間 $W$ からは、必ず、$m$ 個の基底ベクトルを選ぶことができる。あるいは逆に、$m$ 個の一次独立な要素があれば、それは基底ベクトルとなる）。

(ii) 2つの部分ベクトル空間 $W_1$, $W_2$ が $W_1 \subset W_2$ という包含関係を満たすとき、$W_1$ の基底ベクトルが任意に与えられると、これに $W_2$ の適当な要素を付け加えて、$W_2$ の基底ベクトルが構成できる。

(iii) 2つの部分ベクトル空間 $W_1$, $W_2$ が直和の条件を満たすとき、直和 $W_1 \oplus W_2$ の次元は、それぞれの部分ベクトル空間の次元の和になる。

$$\dim(W_1 \oplus W_2) = \dim W_1 + \dim W_2$$

ここでは、一般のベクトル空間について、これらの主張が成り立つことを証明します。

まず、ここまでの議論により、(i) の前半部分（後半の括弧内を除く）が示されました。(i) は部分ベクトル空間 $W$ についての主張ですが、部分ベクトル空間はベクトル空間の公理を満たすので、ベクトル空間 $V$ に対する議論をそのまま適用することができます。一方、後半の括弧内については、少し注意が必要です。先ほどの次元の定義を思い出すと、$\dim V = n$ というのは、「基底ベクトルが存在するならば、そこに含まれる要素数は $n$ である」と主張しているだけであり、実際に基底ベクトルが存在することを保証しているわけではありません。実は、一般のベクトル空間について、基底ベクトルが必ず存在することを証明するには、かなり込み入った議論が必要となります[※5]。そこで、ここでは、$\dim V = n$ であるベクトル空間 $V$ について、$n$ 個の要素からなる基底ベクトルが（少なくとも1組）存在することだけは、天下り的に認めることにします。$\mathbf{R}^n$、あるいは、p.218「$\mathbf{R}^n$ 以外のベクトル空間の例」で紹介した $P^2[x]$ など、具体的なベクトル空間 $V$ であれば、基底ベクトルを直接的に見つけ出すことはそれほど困難ではありません。

そして、この前提があれば、$V$ の任意の部分ベクトル空間 $W$ について、(i) の後半部分を示すことができます。つまり、$V$ に基底ベクトルが存在することを認めてしまえば、その部分ベクトル空間 $W$ について、基底ベクトルが存在することを示すのは困難ではありません。具体的には、$\dim W = m$ として、次の手順により、$W$ の基底ベクトルとなる $m$ 個の一次独立な要素を選択します。はじめに、任意の $\mathbf{x}_1 \in W$ を選ん

---

※5 興味のある読者の方は、「ベクトル空間・基底の存在」などのキーワードで Web 検索をしてみてください。

Chapter 5　一般のベクトル空間

で、$\mathbf{x}_1$ が張る部分ベクトル空間を $W_1$ とします。

$$W_1 = \{c_1\mathbf{x}_1 \mid c_1 \in \mathbf{R}\}$$

定義より明らかに $W_1$ は $W$ の部分集合となりますが、仮に、$W_1 \subsetneq W$、すなわち、$W_1$ が $W$ に一致しないとすると、$W$ の中から、$W_1$ に属さない要素 $\mathbf{x}_2$ を選ぶことができます。そして、$\mathbf{x}_1, \mathbf{x}_2$ が張る部分ベクトル空間を $W_2$ とします。

$$W_2 = \{c_1\mathbf{x}_1 + c_2\mathbf{x}_2 \mid c_1, c_2 \in \mathbf{R}\}$$

さらに、$W_2 \subsetneq W$、すなわち、$W_2$ が $W$ に一致しない場合は、$W$ の中から、$W_2$ に属さない要素 $\mathbf{x}_3$ を取り出すことができます。今、このような操作を $k$ 回行なったとすると、選択した要素 $\mathbf{x}_1, \cdots, \mathbf{x}_k$ は一次独立になることが言えます。なぜなら、

$$c_1\mathbf{x}_1 + \cdots + c_k\mathbf{x}_k = \mathbf{0}$$

となる実数の組 $c_1, \cdots, c_k$（少なくとも1つは0でない）があったとして、これらのうち、値が0でないもので、添字が最も大きいものを $c_i$ とします。すると、

$$\mathbf{x}_i = \frac{-1}{c_i}(c_1\mathbf{x}_1 + \cdots + c_{i-1}\mathbf{x}_{i-1})$$

が成り立ちますが、これは、$\mathbf{x}_i$ が $W_{i-1}$ に属することを意味しており、$\mathbf{x}_i$ の選び方に矛盾します。したがって、$c_1, \cdots, c_k$ はすべて0であり、$\mathbf{x}_1, \cdots, \mathbf{x}_k$ は一次独立になります。

そして、この事実により、$\dim V = n$ として、このような操作は高々 $n$ 回で終了します。仮に、この操作が $n+1$ 回続いた（つまり、$W_n \subsetneq W$ であった）とすると、$n+1$ 個の一次独立な要素 $\mathbf{x}_1, \cdots, \mathbf{x}_{n+1} \in W$ が存在することになりますが、$W \subset V$ より、これらは $V$ の一次独立な要素でもあります。一方、$V$ には $n$ 個の要素からなる基底ベクトルが存在するので、取り替え定理により、これらを $n$ 個の一次独立な要素 $\mathbf{x}_1, \cdots, \mathbf{x}_n$ で置き換えたものもやはり基底ベクトルになります。すると、$\mathbf{x}_{n+1}$ は $\mathbf{x}_1, \cdots, \mathbf{x}_n$ の線形結合で表わされることになり、$\mathbf{x}_1, \cdots, \mathbf{x}_{n+1}$ が一次独立という前提に矛盾します。

220

こうして、ある $k \le n$ に対して、必ず $W_k = W$ が成り立つことがわかります。これは、

$$W = \{c_1\mathbf{x}_1 + \cdots + c_k\mathbf{x}_k \mid c_1, \cdots, c_k \in \mathbf{R}\}$$

が成り立つということで、$\mathbf{x}_1, \cdots, \mathbf{x}_k$ が $W$ の基底ベクトルになることを意味します。これで、確かに $W$ に基底ベクトルが存在することが示されました。このとき、$\dim W = m$ という前提により、$k = m$ となることも言えます。そして、ここからさらに、$m$ 個の一次独立なベクトル $\mathbf{y}_1, \cdots, \mathbf{y}_m \in W$ があれば、これは必ず $W$ の基底ベクトルになることも言えます。なぜなら、先の議論により、$m$ 個の要素 $\mathbf{x}_1, \cdots, \mathbf{x}_m$ が $W$ の基底ベクトルになることがわかっているので、取り替え定理により、これらを $m$ 個の一次独立なベクトル $\mathbf{y}_1, \cdots, \mathbf{y}_m$ で置き換えたものも基底ベクトルになります。これで、主張（i）の内容がすべて示されました ▶ 定理51 。

続いて、主張（ii）を考えますが、これは、$W$ の基底ベクトルを構成したときとほぼ同じ議論が適用できます。今、$\dim W_1 = l$ として、$W_1$ の与えられた基底ベクトルを $\mathbf{y}_1, \cdots, \mathbf{y}_l$ とします。次に、$W_1 \subsetneq W_2$ として、$W_1$ に属さない $W_2$ の要素 $\mathbf{x}_1$ を取り出して、部分ベクトル空間 $W_1'$ を次のように定義します。

$$W_1' = \{c_1\mathbf{y}_1 + \cdots + c_l\mathbf{y}_l + d_1\mathbf{x}_1 \mid c_1, \cdots, c_l, d_1 \in \mathbf{R}\}$$

仮に $W_1' \subsetneq W_2$ だとすると、さらに、$W_1'$ に属さない $W_2$ の要素 $\mathbf{x}_2$ を取り出して、部分ベクトル空間 $W_2'$ を次のように定義します。

$$W_2' = \{c_1\mathbf{y}_1 + \cdots + c_l\mathbf{y}_l + d_1\mathbf{x}_1 + d_2\mathbf{x}_2 \mid c_1, \cdots, c_l, d_1, d_2 \in \mathbf{R}\}$$

そして、$\dim V = n$ であることから、このような操作は高々 $(n - l)$ 回で終了します。仮に $(n - l + 1)$ 回続いたとすると、$n + 1$ 個の一次独立な要素 $\mathbf{y}_1, \cdots, \mathbf{y}_l, \mathbf{x}_1, \cdots, \mathbf{x}_{n-l+1}$ が $V$ に存在することになり矛盾が生じるからです。したがって、ある $k \le n - l$ に対して、$W_k' = W_2$ となり、$\mathbf{y}_1, \cdots, \mathbf{y}_l, \mathbf{x}_1, \cdots, \mathbf{x}_k$ が $W_2$ の基底ベクトルとなることがわかります ▶ 定理52 。

最後に主張（iii）を示します。ここではまず、より一般に、$V$ の（直和の条件を満た

Chapter 5　一般のベクトル空間

すとは限らない）任意の部分ベクトル空間 $W_1$ と $W_2$ について、次の関係が成り立つことを示します ▶ **定理53**。これをベクトル空間の次元定理と言います。

$$\dim(W_1 + W_2) = \dim W_1 + \dim W_2 - \dim(W_1 \cap W_2) \qquad \text{(5-8)}$$

$\dim(W_1 \cap W_2)$ が定義されるには、$W_1 \cap W_2$ が部分ベクトル空間となる必要がありますが、これは直接の計算で確認できます[※6]。今、$\dim(W_1 \cap W_2) = k$, $\dim W_1 = l$, $\dim W_2 = m$ として、$W_1 \cap W_2$ の基底ベクトル $\mathbf{a}_1, \cdots, \mathbf{a}_k$ を選択します。このような基底ベクトルが取れることは、主張（i）の一部として先に示した通りです。次に、こちらも先ほど示した主張（ii）を利用すると、$W_1 \cap W_2 \subset W_1$ に注意して、$\mathbf{a}_1, \cdots, \mathbf{a}_k$ に $W_1$ の要素 $\mathbf{x}_1, \cdots, \mathbf{x}_{l-k}$ を追加することで、$\mathbf{a}_1, \cdots, \mathbf{a}_k, \mathbf{x}_1, \cdots, \mathbf{x}_{l-k}$ を $W_1$ の基底ベクトルにすることができます。同様にして、$W_2$ の要素 $\mathbf{y}_1, \cdots, \mathbf{y}_{m-k}$ を追加することで、$\mathbf{a}_1, \cdots, \mathbf{a}_k, \mathbf{y}_1, \cdots, \mathbf{y}_{m-k}$ を $W_2$ の基底ベクトルにすることができます。そして、これらの基底ベクトルをすべてあわせた集合を $A$ とします。

$$A = \{\mathbf{a}_1, \cdots, \mathbf{a}_k, \mathbf{x}_1, \cdots, \mathbf{x}_{l-k}, \mathbf{y}_1, \cdots, \mathbf{y}_{m-k}\}$$

このとき、$A$ に含まれるすべてのベクトルを用いて、$W_1 + W_2$ を張ることができます。なぜなら、$W_1 + W_2$ の任意の要素は $W_1$ と $W_2$ の要素の和で書けて、それぞれの要素は、$W_1$ と $W_2$ のそれぞれの基底ベクトルの線形結合で書けます。したがって、$W_1 + W_2$ の任意の要素は、$A$ に含まれるベクトルの線形結合で書くことができます。

ここでさらに、$A$ に含まれるベクトルが一次独立であることが示せれば、これらは、$W_1 + W_2$ を張る一次独立なベクトル、すなわち、$W_1 + W_2$ の基底ベクトルとなります。次に、この事実を示します。まず、$A$ に含まれる 3 つのパートについて、それぞれの線形結合を用意します。

$$\begin{aligned}
\mathbf{a} &= c_1\mathbf{a}_1 + \cdots + c_k\mathbf{a}_k \\
\mathbf{x} &= d_1\mathbf{x}_1 + \cdots + d_{l-k}\mathbf{x}_{l-k} \\
\mathbf{y} &= e_1\mathbf{y}_1 + \cdots + e_{m-k}\mathbf{y}_{m-k}
\end{aligned} \qquad \text{(5-9)}$$

次に、これらの和がゼロベクトルになると仮定します。

---

※6　p.247「5.4　演習問題」問1を参照。

222

$$\mathbf{a} + \mathbf{x} + \mathbf{y} = \mathbf{0}$$

これは、次のように変形すると、左辺は $W_1$ の要素で、右辺は $W_2$ の要素になります。

$$\mathbf{a} + \mathbf{x} = -\mathbf{y} \tag{5-10}$$

これらが一致することから、両辺はどちらも $W_1 \cap W_2$ の要素となります。しかしながら、右辺の $-\mathbf{y}$ を $W_1 \cap W_2$ の基底ベクトル $\mathbf{a}_1, \cdots, \mathbf{a}_k$ の線形結合で表わすと、

$$-(e_1\mathbf{y}_1 + \cdots + e_{m-k}\mathbf{y}_{m-k}) = f_1\mathbf{a}_1 + \cdots + f_k\mathbf{a}_k$$

すなわち、

$$f_1\mathbf{a}_1 + \cdots + f_k\mathbf{a}_k + e_1\mathbf{y}_1 + \cdots + e_{m-k}\mathbf{y}_{m-k} = \mathbf{0}$$

が成り立ちます。このとき、$\mathbf{a}_1, \cdots, \mathbf{a}_k, \mathbf{y}_1, \cdots, \mathbf{y}_{m-k}$ は $W_2$ の基底ベクトルであり、一次独立なので、$f_1, \cdots, f_k, e_1, \cdots, e_{m-k}$ はすべて $0$ になります。これより、$\mathbf{y} = \mathbf{0}$ となり、この結果を (5-10) に代入すると、

$$c_1\mathbf{a}_1 + \cdots + c_k\mathbf{a}_k + d_1\mathbf{x}_1 + \cdots + d_{l-k}\mathbf{x}_{l-k} = \mathbf{0}$$

が得られます。ここで、再び、$\mathbf{a}_1, \cdots, \mathbf{a}_k, \mathbf{x}_1, \cdots, \mathbf{x}_{l-k}$ は $W_1$ の基底ベクトルであり、一次独立なので、$c_1, \cdots, c_k, d_1, \cdots, d_{l-k}$ はすべて $0$ になります。結局のところ、(5-9) に含まれるすべての係数は $0$ であり、これは、$A$ に含まれるベクトルが一次独立であることを示します。

以上により、$A$ に含まれるベクトルが $W_1 + W_2$ の基底ベクトルになることがわかりました。ここで、$A$ の要素数を数えると $k + (l - k) + (m - k) = l + m - k$ となるので、これより、

$$\dim(W_1 + W_2) = l + m - k$$

が成り立ちます。これは、示したかった関係 (5-8) に他なりません。

Chapter 5 一般のベクトル空間

続いて、$W_1$ と $W_2$ が $W_1 \cap W_2 = \{\mathbf{0}\}$ という直和の条件を満たす場合を考えます。この場合は、(5-8) で和空間 $W_1 + W_2$ を直和 $W_1 \oplus W_2$ に置き換えて、$\dim(W_1 \cap W_2) = 0$ とすれば、主張（iii）の内容が得られます。形式的に $\dim(W_1 \cap W_2) = 0$ と置くのが気持ち悪い場合は、先ほどの議論を次のように修正すればよいでしょう。まず、$W_1$ と $W_2$ のそれぞれの基底ベクトルを $\mathbf{x}_1, \cdots, \mathbf{x}_l$、および、$\mathbf{y}_1, \cdots, \mathbf{y}_m$ とします。そして、これらを全部あわせた集合を $A$ とします。

$$A = \{\mathbf{x}_1, \cdots, \mathbf{x}_l, \mathbf{y}_1, \cdots, \mathbf{y}_m\}$$

ここで、$A$ に含まれるベクトルは一次独立であることを示します。今、

$$d_1\mathbf{x}_1 + \cdots + d_l\mathbf{x}_l + e_1\mathbf{y}_1 + \cdots + e_m\mathbf{y}_m = \mathbf{0} \qquad (5\text{-}11)$$

と仮定すると、これは、

$$d_1\mathbf{x}_1 + \cdots + d_l\mathbf{x}_l = -(e_1\mathbf{y}_1 + \cdots + e_m\mathbf{y}_m)$$

と変形されます。左辺は $W_1$ の要素、そして、右辺は $W_2$ の要素ですが、$W_1 \cap W_2 = \{\mathbf{0}\}$ という前提なので、これらが一致するのは両辺がゼロベクトルの場合しかありません。

$$d_1\mathbf{x}_1 + \cdots + d_l\mathbf{x}_l = \mathbf{0}$$
$$e_1\mathbf{y}_1 + \cdots + e_m\mathbf{y}_m = \mathbf{0}$$

$\mathbf{x}_1, \cdots, \mathbf{x}_l$ と $\mathbf{y}_1, \cdots, \mathbf{y}_m$ は、どちらも一次独立なので、上式に含まれる係数 $d_1, \cdots, d_l$ および $e_1, \cdots, e_m$ はすべて 0 になります。これらは (5-11) に含まれる係数なので、これにより、$A$ に含まれるベクトルは一次独立であることが示されました。そして、$W_1 \oplus W_2$ の任意の要素が、$A$ に含まれるベクトルの線形結合で表わされる、すなわち、$A$ に含まれるベクトルは $W_1 \oplus W_2$ を張ることを考えると、これらは、$W_1 \oplus W_2$ の基底ベクトルとなります。したがって、$A$ に含まれる要素数が $l + m$、すなわち、$\dim W_1 + \dim W_2$ であることから、

$$\dim(W_1 \oplus W_2) = \dim W_1 + \dim W_2$$

224

が成り立ちます▶定理54 。これで、3つの主張（i）〜（iii）をすべて示すことができました。

### 無限次元ベクトル空間

本文で主張（i）の後半部分の内容、すなわち、部分ベクトル空間$W$から必ず基底ベクトルを選択できることを示した際、$W$を含むもとのベクトル空間$V$に基底ベクトルが存在するという事実が重要な役割を果たしました。$W$から順に一次独立なベクトル$\mathbf{x}_1, \mathbf{x}_2 \cdots$を選んだ際に、（$\dim V = n$として）これが$n+1$個以上になると、$V$の基底ベクトルを$\mathbf{x}_1, \cdots, \mathbf{x}_n$に取り替えて新たな基底ベクトルとすることで矛盾を導きました。実は、$V$そのものについて基底ベクトルが選択できることを証明する困難さは、この点に由来します。$V$については、それを含む、より大きなベクトル空間の存在を仮定することができないので、$V$から順に一次独立なベクトルを選んでいった際に、いつまでも一次独立なベクトルを取り続けられるという可能性が否定できないのです。

そして、一般のベクトル空間の中には、そのような性質を持つものが実際に存在します。たとえば、$P^2[x]$（$x$について2次以下の多項式全体の集合）の拡張として、$P^n[x]$（$n = 0, 1, \cdots$）（$x$について$n$次以下の多項式全体の集合）を考えて、これらの和集合を取ります。

$$P^\infty[x] = \bigcup_{n=0}^{\infty} P^n[x]$$

これは、$x$について有限次元の多項式をすべて集めた集合を意味します。$f(x) = 1 + x + x^2 + \cdots$のように、無限個の項を含む関数は含まれない点に注意してください。これが関数としての和と実数倍により、ベクトル空間の公理を満たすことは容易に確認できます。しかしながら、有限個の基底ベクトルを取ることはできません。たとえば、$1, x, x^2$を用いれば、2次以下の多項式は表現できますが、3次以上の多項式を表わすことができません。そこで$x^3$を加えて$1, x, x^2, x^3$としても、まだ、4次以上の多項式を表わすことができません。つまり、$P^\infty[x]$の個々の要素は、あくまで有限次元の多項式であり、有限個の単項式の和で書けますが、$P^\infty[x]$のすべての要素を表現するには、$1, x, x^2, \cdots$と無限個の単項式が必要となるのです。

このように無限個の要素を基底ベクトルとするベクトル空間は、一般に、無限次元ベクトル空間と呼ばれます。本書では、このような無限次元ベクトル空間は対象外としています。本書で扱うベクトル空間は、$\mathbf{R}^n$のように、有限個の基底ベクトルが存在することが最初からわかっているものに限定していると理解してください。

Chapter 5　一般のベクトル空間

# 5　2　ベクトル空間の一次変換

## 5.2.1　一次変換の定義と行列による表現

　ここでは、実数ベクトル空間 $\mathbf{R}^n$ に限定しない、一般のベクトル空間 $V$ に対して、一次変換を定義する方法を考えます。まず、「2.2.1　一次変換の性質」の冒頭で行なった、$\mathbf{R}^n$ に対する議論を振り返ると、次のような流れになります。そこでは、(2-3) のように、$\mathbf{R}^n$ の要素を構成する成分（$n$ 個の実数の組）を行列で変換するものを一次変換と定義した後、この一次変換には、(2-4) (2-5) に示した線形性の性質があることを示しました。そして、その後、線形性の性質がある任意の写像は、逆に、行列を用いて表現できることを示しました。

　一般のベクトル空間 $V$ においては、その要素に対する「成分」を考えることができないので、これと同じ流れは採用できません。そこで、議論の流れを逆転させて、2つのベクトル空間 $V_1$ から $V_2$ への写像で、線形性を満たすものを一次変換と定義します。その後、このような写像は、何らかの手法により行列で表現できることを示します。$\mathbf{R}^n$ に対してこの新しい流れを適用して、結果的に (2-3) と同じ関係が得られれば、この方法は、これまで議論した $\mathbf{R}^n$ の一次変換の自然な拡張となります。

　それでは、まず、ベクトル空間 $V_1$ の要素をベクトル空間 $V_2$ の要素に写す写像 $\varphi$ があるものとします。$V_1$ と $V_2$ の次元は異なっていてもかまいません。

$$\varphi : V_1 \; \longrightarrow \; V_2$$
$$\mathbf{x} \; \longmapsto \; \varphi(\mathbf{x})$$

　そして、この写像は次の2つの性質を満たします。まず、任意の $\mathbf{x}_1, \mathbf{x}_2 \in V_1$ に対して、

$$\varphi(\mathbf{x}_1 + \mathbf{x}_2) = \varphi(\mathbf{x}_1) + \varphi(\mathbf{x}_2)$$

が成り立ちます。次に、任意の $\mathbf{x} \in V_1$ と任意の実数 $k$ に対して、

$$\varphi(k\mathbf{x}) = k\varphi(\mathbf{x})$$

が成り立ちます。これらは、ベクトルの和、および、スカラー倍というベクトル空間の基本演算について、写像する前の空間 $V_1$ で演算してから写像した結果、そして、写像した後の空間 $V_2$ で演算した結果が一致することを意味します。これらの性質を線形性と呼びます。そして、このとき、写像 $\varphi$ を $V_1$ から $V_2$ への一次変換、もしくは、線形写像と言います▶定義42 。

次に、一次変換 $\varphi$ を行列で表現する方法を考えます。ここでポイントとなるのが、$V_1$ と $V_2$ のそれぞれで基底ベクトルを固定して、ベクトルの「成分表示」を導入することです。具体的に説明すると、まず、$\dim V_1 = n, \dim V_2 = m$ として、$\mathbf{a}_1, \cdots, \mathbf{a}_n$、および、$\mathbf{b}_1, \cdots, \mathbf{b}_m$ を $V_1$ と $V_2$ それぞれの基底ベクトルとします。そして、$V_1$ の基底ベクトル $\mathbf{a}_1, \cdots, \mathbf{a}_n$ をそれぞれ $\varphi$ で写像すると、その結果は $V_2$ の要素となるので、$V_2$ の基底ベクトル $\mathbf{b}_1, \cdots, \mathbf{b}_m$ の線形結合で書き表わすことができます。

$$
\begin{aligned}
\varphi(\mathbf{a}_1) &= a_{11}\mathbf{b}_1 + \cdots + a_{m1}\mathbf{b}_m \\
\varphi(\mathbf{a}_2) &= a_{12}\mathbf{b}_1 + \cdots + a_{m2}\mathbf{b}_m \\
&\vdots \\
\varphi(\mathbf{a}_n) &= a_{1n}\mathbf{b}_1 + \cdots + a_{mn}\mathbf{b}_m
\end{aligned}
\tag{5-12}
$$

上式に含まれる係数 $a_{ij}$ について、その添字の前後の順番には意味がありますが、この点については後で説明します。とにかくこれで、$V_1$ の基底ベクトルの像が決まりました。そして、$\mathbf{R}^n$ のときにも強調したように、一次変換には、基底ベクトルの像が決まれば、他のすべての要素の像が一意に決まるという特徴があります。まず、$V_1$ の任意の要素 $\mathbf{x}$ を基底ベクトル $\mathbf{a}_1, \cdots, \mathbf{a}_n$ の線形結合で表わします。

$$
\mathbf{x} = x_1\mathbf{a}_1 + \cdots + x_n\mathbf{a}_n
$$

これを $\varphi$ で変換した結果は、線形性を用いて、次のように計算ができます。

$$
\begin{aligned}
\varphi(\mathbf{x}) &= \varphi(x_1\mathbf{a}_1 + \cdots + x_n\mathbf{a}_n) \\
&= x_1\varphi(\mathbf{a}_1) + \cdots + x_n\varphi(\mathbf{a}_n) \\
&= x_1(a_{11}\mathbf{b}_1 + \cdots + a_{m1}\mathbf{b}_m) \\
&\quad + \cdots + x_n(a_{1n}\mathbf{b}_1 + \cdots + a_{mn}\mathbf{b}_m) \\
&= (a_{11}x_1 + a_{12}x_2 + \cdots + a_{1n}x_n)\mathbf{b}_1 \\
&\quad + \cdots + (a_{m1}x_1 + a_{m2}x_2 + \cdots + a_{mn}x_n)\mathbf{b}_m
\end{aligned}
\tag{5-13}
$$

5.2.1 一次変換の定義と行列による表現 **227**

Chapter 5 一般のベクトル空間

最後に、この計算結果を整理して表示するために、左辺の $\varphi(\mathbf{x})$ を $V_2$ の基底ベクトル $\mathbf{b}_1, \cdots, \mathbf{b}_m$ の線形結合で表わしたものをあらためて、

$$\varphi(\mathbf{x}) = y_1 \mathbf{b}_1 + \cdots + y_m \mathbf{b}_m \tag{5-14}$$

と表記します。(5-13) と (5-14) を比較すると、次の結果が得られます。

$$y_1 = a_{11}x_1 + a_{12}x_2 + \cdots + a_{1n}x_n$$
$$y_2 = a_{21}x_1 + a_{22}x_2 + \cdots + a_{2n}x_n$$
$$\vdots$$
$$y_m = a_{m1}x_1 + a_{m2}x_2 + \cdots + a_{mn}x_n$$

この結果は、次のように行列の積として表わすことができます。

$$\begin{pmatrix} y_1 \\ \vdots \\ y_m \end{pmatrix} = \begin{pmatrix} a_{11} & \cdots & a_{1n} \\ a_{21} & \cdots & a_{2n} \\ \vdots & \ddots & \vdots \\ a_{m1} & \cdots & a_{mn} \end{pmatrix} \begin{pmatrix} x_1 \\ \vdots \\ x_n \end{pmatrix}$$

一旦、ここまでの結果を整理すると、次のようになります。まず、$V_1$ と $V_2$ の基底ベクトルをそれぞれ固定します。

$$V_1 の基底ベクトル：\mathbf{a}_1, \cdots, \mathbf{a}_n$$
$$V_2 の基底ベクトル：\mathbf{b}_1, \cdots, \mathbf{b}_m$$

$V_1$ の要素 $\mathbf{x}$ とその像 $\mathbf{y} = \varphi(\mathbf{x})$ をそれぞれ、上記の基底ベクトルの線形結合で表示します。

$$\mathbf{x} = x_1 \mathbf{a}_1 + \cdots + x_n \mathbf{a}_n \tag{5-15}$$
$$\mathbf{y} = y_1 \mathbf{b}_1 + \cdots + y_m \mathbf{a}_m \tag{5-16}$$

このとき、基底ベクトルの像 (5-12) の係数を並べた行列を $A$ として、次の関係が成り立ちます。

$$
\begin{pmatrix} y_1 \\ \vdots \\ y_m \end{pmatrix} = A \begin{pmatrix} x_1 \\ \vdots \\ x_n \end{pmatrix}, \ A = \begin{pmatrix} a_{11} & \cdots & a_{1n} \\ a_{21} & \cdots & a_{2n} \\ \vdots & \ddots & \vdots \\ a_{m1} & \cdots & a_{mn} \end{pmatrix} \tag{5-17}
$$

とてもうまく議論が進みましたが、これと同じ議論を $\mathbf{R}^n$ から $\mathbf{R}^m$ への写像に適用するとどうなるでしょうか？ 実は、$\mathbf{R}^n$ と $\mathbf{R}^m$ それぞれの基底ベクトルとして、標準基底を選択すると、これまでに説明した一次変換の計算がそのまま再現されることになります。ここで、一般のベクトル空間 $V$ の議論を実数ベクトル空間 $\mathbf{R}^n$ に見通しよく適用するために、ベクトルの成分表示の考え方を導入しておきます。

一般に、ベクトル空間の基底ベクトルを固定しておき、その基底ベクトルに関する線形結合で表わした際の係数を並べたものをベクトルの成分表示と言います▶定義43。(5-15) (5-16) の例であれば、$\mathbf{x}$ と $\mathbf{y}$ の成分表示は、それぞれ、

$$
\begin{aligned}
\mathbf{x} &: \langle x_1, \cdots, x_n \rangle \\
\mathbf{y} &: \langle y_1, \cdots, y_m \rangle
\end{aligned}
$$

となります。あるいは、(5-12) からは、基底ベクトル $\mathbf{a}_1, \cdots, \mathbf{a}_n$ の像 $\varphi(\mathbf{a}_1), \cdots, \varphi(\mathbf{a}_n)$ に対する成分表示が次のように読み取れます。

$$
\begin{aligned}
\varphi(\mathbf{a}_1) &: \langle a_{11}, \cdots, a_{m1} \rangle \\
\varphi(\mathbf{a}_2) &: \langle a_{12}, \cdots, a_{m2} \rangle \\
&\ \ \vdots \\
\varphi(\mathbf{a}_n) &: \langle a_{1n}, \cdots, a_{mn} \rangle
\end{aligned} \tag{5-18}
$$

つまり、(5-17) の関係は、ベクトルを成分表示することにより、一次変換が行列で表現できることを表わしています▶定理55。そして、上記の成分表示は、実数を並べた組、すなわち、実数ベクトルの要素にそっくりなことに気がつきます。ただし、ベクトルの成分表示と実数ベクトルがそのまま同じものというわけではありません。これらの関係を理解するために、実数ベクトル $(x_1, \cdots, x_n)$ を標準基底 $\mathbf{e}_1, \cdots, \mathbf{e}_n$ の線形結合で表わしてみます。

$$
(x_1, \cdots, x_n) = x_1 \mathbf{e}_1 + \cdots + x_n \mathbf{e}_n
$$

Chapter 5 一般のベクトル空間

これは、$\mathbf{R}^n$ の基底ベクトルとして標準基底を選択した場合、実数ベクトル $(x_1, \cdots, x_n)$ の成分表示は、次になることを意味します。

$$(x_1, \cdots, x_n) : \langle x_1, \cdots, x_n \rangle$$

つまり、$\mathbf{R}^n$ においては、標準基底に関する成分表示は、実数の並びとして、もとの要素と同じものになります。したがって、$\mathbf{R}^n$ から $\mathbf{R}^m$ への一次変換において、固定する基底ベクトル $\mathbf{a}_1, \cdots, \mathbf{a}_n$、および、$\mathbf{b}_1, \cdots, \mathbf{b}_m$ として、それぞれの標準基底を用いて本項の議論を適用すると、最終的に得られる (5-17) は、成分表示についての関係式であると同時に、$\mathbf{R}^n$ と $\mathbf{R}^m$ の要素における成分そのものについての関係式と見なすこともできるのです。

これで、本項における新しい一次変換の定義と、これまでに議論した $\mathbf{R}^n$ における一次変換がつながりました。逆に、これまで実数ベクトルの成分と思っていたものを一般のベクトルを成分表示したものと読み替えれば、固有値問題などの一次変換に関するこれまでの議論を一般のベクトル空間にも適用することが可能になります（p.231「ベクトル空間の同型」も参照）。

ちなみに、以前の議論では、行列 $A$ の成分は、標準基底の像を縦ベクトルとして並べたものという理解でした。

$$A = [\varphi(\mathbf{e}_1) \ \cdots \ \varphi(\mathbf{e}_n)] \tag{5-19}$$

今の場合、(5-17) に示した $A$ の成分と (5-18) を見比べると、確かに上記と同じ関係になっていることがわかります。より正確に言うと、$\varphi(\mathbf{a}_i)\ (i = 1, \cdots, n)$ を成分表示した値で構成した縦ベクトルを $\langle \varphi(\mathbf{a}_i) \rangle$ として、

$$A = [\langle \varphi(\mathbf{a}_1) \rangle \ \cdots \ \langle \varphi(\mathbf{a}_n) \rangle] \tag{5-20}$$

が (5-17) で定義される行列になります。実数ベクトル空間において標準基底を用いた場合を考えると、$\mathbf{a}_1, \cdots, \mathbf{a}_n$ は標準基底 $\mathbf{e}_1, \cdots, \mathbf{e}_n$ になり、さらに、$\langle \varphi(\mathbf{e}_i) \rangle$ は、$\varphi(\mathbf{e}_i)$ そのものになるので、(5-20) は (5-19) に一致します。(5-12) では、係数 $a_{ij}$ の添字の順番に意味があると言いましたが、(5-17) で行列 $A$ を定義した際に、ちょうど (5-19) と同じ関係になるように、あらかじめうまく添字を決めてあったのです。

## ベクトル空間の同型

$V_1$ と $V_2$ をどちらも $n$ 次元のベクトル空間とするとき、それぞれの基底ベクトルを $\mathbf{a}_1, \cdots, \mathbf{a}_n$、および、$\mathbf{b}_1, \cdots, \mathbf{b}_n$ に固定すると、$V_1$ と $V_2$ の間に次のような全単射（1対1）の写像が定義できます。

$$f : V_1 \longrightarrow V_2$$
$$\sum_{i=1}^{n} x_i \mathbf{a}_i \longmapsto \sum_{i=1}^{n} x_i \mathbf{b}_i$$

これは、それぞれのベクトル空間における成分表示が一致するものを互いに同一視するという写像です。そして、この写像が一次変換になっていることが、直接の計算ですぐに確認できます。一般に、全単射の一次変換で結び付けられたベクトル空間を互いに同型であると言いますが、この例からわかるように、$n$ 次元のベクトル空間は、すべて互いに同型になります。

また、一次変換 $f$ の性質として、$V_1$ の中でベクトルの演算（和、および、スカラー倍）をした後に $f$ で写像しても、先に $f$ で写像してから $V_2$ の中で同じ演算をしても結果が一致するという特徴がありました。今の場合、$f$ は全単射なので、その逆写像 $f^{-1}$ を考えることができて、次の2つの結果が一致することも言えます。

- $V_1$ の中で演算した結果
- $f$ で写像して $V_2$ の中で演算した結果を再度 $f^{-1}$ で $V_1$ に引き戻した結果

回りくどい表現ですが、要するに、$V_1$ と $V_2$ が同型であれば、$V_2$ の世界で成り立つ計算は、そっくりそのまま $V_1$ の世界でも成り立つということです。したがって、特定のベクトル空間 $V_2$ で証明された定理や公式は、これと同型のベクトル空間 $V_1$ にもそのまま適用ができます[※7]。

ここで特に、$V_2$ として $n$ 次元実数ベクトル空間 $\mathbf{R}^n$ を取り、その基底ベクトルとして標準基底を採用すると、上記の写像は次のようになります。

$$f : V_1 \longrightarrow \mathbf{R}^n$$
$$\sum_{i=1}^{n} x_i \mathbf{a}_i \longmapsto (x_1, \cdots, x_n)$$

---

※7 当然ながら、$V_2$ で定理や公式を導く際は、ベクトル空間の公理にもとづいた演算のみを行なうという前提です。$V_2$ の要素に固有の性質を用いて得られる結果は、$V_1$ にも当てはまるとは限りません。

Chapter 5 一般のベクトル空間

> 本文では、固有値問題などの議論は、一般のベクトル空間にも適用できると説明しましたが、これは、次のようなステップで考えることができます。はじめに、問題に登場する $V_1$ のすべての要素を上記の $f$ で $\mathbf{R}^n$ の要素に置き換えます。そして、$\mathbf{R}^n$ の世界で問題を解いて、得られた結果を逆写像 $f^{-1}$ で $V_1$ の要素に再変換します。見かけ上は、$V_1$ の要素の成分表示を $\mathbf{R}^n$ の要素と見なして計算することと同じですが、そのような対応づけでうまく計算できることが、前述の同型の考え方によって保証されることになります。

## 5.2.2 基底ベクトルの変換

前項では、ベクトル空間 $V$ において、基底ベクトルを固定して、それぞれのベクトルを成分表示するという考え方を説明しました。特に、実数ベクトル空間 $\mathbf{R}^n$ では、基底ベクトルとして標準基底を採用することにより、成分表示 $\langle x_1, \cdots, x_n \rangle$ が実数ベクトルの成分 $(x_1, \cdots, x_n)$ に一致するという著しい関係性が得られました。しかしながら、一般のベクトル空間では、特定の基底ベクトルを特別視する理由はありません。ここでは、基底ベクトルを取り替えた際に、その成分表示がどのように変わるのかを確認しておきます。

今、ベクトル空間 $V$ の次元を $n$ として、2種類の基底ベクトル $\mathbf{a}_1, \cdots, \mathbf{a}_n$、および、$\mathbf{a}'_1, \cdots, \mathbf{a}'_n$ を用意します。このとき、$V$ の要素 $\mathbf{x}$ は、次のように、2種類の成分表示ができます。

$$\mathbf{x} = x_1\mathbf{a}_1 + \cdots + x_n\mathbf{a}_n \quad : \quad \langle x_1, \cdots, x_n \rangle \qquad (5\text{-}21)$$

$$\mathbf{x} = x'_1\mathbf{a}'_1 + \cdots + x'_n\mathbf{a}'_n \quad : \quad \langle x'_1, \cdots, x'_n \rangle \qquad (5\text{-}22)$$

ここで、$\mathbf{a}_1, \cdots, \mathbf{a}_n$ と $\mathbf{a}'_1, \cdots, \mathbf{a}'_n$ の関係を次のように表現します。$\mathbf{a}_1, \cdots, \mathbf{a}_n$ は、$V$ の基底ベクトルなので、$\mathbf{a}'_1, \cdots, \mathbf{a}'_n$ のそれぞれをこれらの線形結合で表示することができます。

$$
\begin{aligned}
\mathbf{a}'_1 &= p_{11}\mathbf{a}_1 + \cdots + p_{n1}\mathbf{a}_n \\
\mathbf{a}'_2 &= p_{12}\mathbf{a}_1 + \cdots + p_{n2}\mathbf{a}_n \\
&\vdots \\
\mathbf{a}'_n &= p_{1n}\mathbf{a}_1 + \cdots + p_{nn}\mathbf{a}_n
\end{aligned}
\qquad (5\text{-}23)
$$

上記の関係を(5-22)に代入すると、次が得られます。

$$
\begin{aligned}
\mathbf{x} &= x_1'(p_{11}\mathbf{a}_1 + \cdots + p_{n1}\mathbf{a}_n) + \cdots + x_n'(p_{1n}\mathbf{a}_1 + \cdots + p_{nn}\mathbf{a}_n) \\
&= (p_{11}x_1' + \cdots + p_{1n}x_n')\mathbf{a}_1 + \cdots + (p_{n1}x_1' + \cdots + p_{nn}x_n')\mathbf{a}_n
\end{aligned}
\tag{5-24}
$$

これを(5-21)と比較すると、2種類の成分表示の間には、次の関係があることがわかります。

$$
\begin{aligned}
x_1 &= p_{11}x_1' + \cdots + p_{1n}x_n' \\
x_2 &= p_{21}x_1' + \cdots + p_{2n}x_n' \\
&\;\;\vdots \\
x_n &= p_{n1}x_1' + \cdots + p_{nn}x_n'
\end{aligned}
$$

この結果は、次のように行列の積として表わすことができます。

$$
\begin{pmatrix} x_1 \\ \vdots \\ x_n \end{pmatrix} = P \begin{pmatrix} x_1' \\ \vdots \\ x_n' \end{pmatrix}, \;\; P = \begin{pmatrix} p_{11} & \cdots & p_{1n} \\ p_{21} & \cdots & p_{2n} \\ \vdots & \ddots & \vdots \\ p_{n1} & \cdots & p_{nn} \end{pmatrix}
\tag{5-25}
$$

これで、基底の変換(5-23)に伴う、成分表示の変換公式が得られました。ただし、この計算だけでは、行列 $P$ の意味がわかりづらいかもしれません。そこで、2種類の基底ベクトルの関係(5-23)を直接に行列 $P$ で表示してみます。

$$
(\mathbf{a}_1' \;\; \cdots \;\; \mathbf{a}_n') = (\mathbf{a}_1 \;\; \cdots \;\; \mathbf{a}_n)P
\tag{5-26}
$$

上記の計算においては、$(\mathbf{a}_1 \;\; \cdots \;\; \mathbf{a}_n)$ とは、$\mathbf{a}_1$ などの記号を形式的に横に並べた横ベクトルと理解してください。この理解のもとに、右辺の積を展開すると、(5-23)と同じ関係になることがわかります。さらに、これと同じ記法を用いて、(5-21)(5-22)は次のように書けます。

Chapter 5　一般のベクトル空間

$$\mathbf{x} = (\mathbf{a}_1 \ \cdots \ \mathbf{a}_n) \begin{pmatrix} x_1 \\ \vdots \\ x_n \end{pmatrix} \tag{5-27}$$

$$\mathbf{x} = (\mathbf{a}_1' \ \cdots \ \mathbf{a}_n') \begin{pmatrix} x_1' \\ \vdots \\ x_n' \end{pmatrix} \tag{5-28}$$

(5-28)に(5-26)を代入して、(5-27)と等置すると、次の関係が得られます。

$$(\mathbf{a}_1 \ \cdots \ \mathbf{a}_n) \begin{pmatrix} x_1 \\ \vdots \\ x_n \end{pmatrix} = (\mathbf{a}_1 \ \cdots \ \mathbf{a}_n) P \begin{pmatrix} x_1' \\ \vdots \\ x_n' \end{pmatrix} \tag{5-29}$$

　この式の両辺から $(\mathbf{a}_1 \ \cdots \ \mathbf{a}_n)$ を消去すると、先ほどの(5-25)が得られます。つまり、基底ベクトルの変換を(5-26)で定義したものとして、(5-25)の結果は、(5-27)と(5-28)が一致するという条件に他なりません ▶ 定理56 。なお、(5-29)から本当に(5-25)が導けるのか気になるかもしれませんが、その点は問題ありません。表記をわかりやすくするために、

$$\begin{pmatrix} y_1 \\ \vdots \\ y_n \end{pmatrix} = P \begin{pmatrix} x_1' \\ \vdots \\ x_n' \end{pmatrix}$$

と置くと、(5-29)は、

$$x_1 \mathbf{a}_1 + \cdots + x_n \mathbf{a}_n = y_1 \mathbf{a}_1 + \cdots + y_n \mathbf{a}_n$$

と同じです。$\mathbf{a}_1, \cdots, \mathbf{a}_n$ は一次独立なので、これは、$x_1 = y_1, \cdots, x_n = y_n$、すなわち、

$$\begin{pmatrix} x_1 \\ \vdots \\ x_n \end{pmatrix} = P \begin{pmatrix} x_1' \\ \vdots \\ x_n' \end{pmatrix} \tag{5-30}$$

5.2 ベクトル空間の一次変換

と同等になります。

また、(5-26)の両辺に右から$P^{-1}$を掛けると、

$$(\mathbf{a}_1 \ \cdots \ \mathbf{a}_n) = (\mathbf{a}_1' \ \cdots \ \mathbf{a}_n')P^{-1} \qquad (5\text{-}31)$$

が得られます。これは、ちょうど、$\mathbf{a}_1, \cdots, \mathbf{a}_n$ を $\mathbf{a}_1', \cdots, \mathbf{a}_n'$ の線形結合で表わす関係式になります[※8]。(5-25)と(5-31)を比較すると、成分表示の変換と基底ベクトルの変換は、$P$ と $P^{-1}$ による互いに逆の変換になることがわかります。

これで、特定のベクトル空間における成分表示の変換規則がわかったので、次は、一次変換の行列表記について考えます。前項では、ベクトル空間 $V_1$ から $V_2$ への一次変換は、それぞれの空間における成分表示によって、(5-17)のように、行列 $A$ を用いて表現できることを説明しました。このとき、$V_1$ と $V_2$ のそれぞれで基底ベクトルを取り替えると、成分表示 $\langle x_1, \cdots, x_n \rangle$, $\langle y_1, \cdots, x_m \rangle$ に加えて、行列 $A$ の成分も値が変わります。これらがどのように変化するのかを確認しましょう。

まず、$V_1$ と $V_2$ それぞれにおける基底ベクトルの変換を(5-26)と同様に、行列を用いて表わします。

$$(\mathbf{a}_1' \ \cdots \ \mathbf{a}_n') = (\mathbf{a}_1 \ \cdots \ \mathbf{a}_n)P \qquad (5\text{-}32)$$
$$(\mathbf{b}_1' \ \cdots \ \mathbf{b}_m') = (\mathbf{b}_1 \ \cdots \ \mathbf{b}_m)Q \qquad (5\text{-}33)$$

ここで、$V_1$ と $V_2$ は、それぞれ、$\dim V_1 = n$, $\dim V_2 = m$ としており、$P$ と $Q$ は、それぞれ、$n$ 次と $m$ 次の正方行列になります。さらに、一次変換を表わす行列 $A$ の成分は、前項の(5-12)で定義されています。この関係もまた、次のように行列で表わすことができます[※9]。

$$(\varphi(\mathbf{a}_1) \ \cdots \ \varphi(\mathbf{a}_n)) = (\mathbf{b}_1 \ \cdots \ \mathbf{b}_m)A \qquad (5\text{-}34)$$

したがって、新しい基底ベクトルを用いて成分表示した場合、同じ一次変換に対応する行列 $A'$ は、次式で決まります。ここで、$A$ と $A'$ は、どちらも $m \times n$ 行列になります。

---

[※8] $P$ が正則行列で $P^{-1}$ が存在することの証明については、p.247「5.4 演習問題」問3を参照。

[※9] (5-17)における行列 $A$ の定義を用いると、(5-34)は(5-12)に一致することがわかります。

5.2.2 基底ベクトルの変換 235

Chapter 5 一般のベクトル空間

$$(\varphi(\mathbf{a}_1') \ \cdots \ \varphi(\mathbf{a}_n')) = (\mathbf{b}_1' \ \cdots \ \mathbf{b}_m')A' \tag{5-35}$$

ここまでの準備ができれば、後は直接の計算で $A$ と $A'$ の関係を導くことができます。まず、$P$ の $(i, j)$ 成分を $p_{ij}$ と表記すると、(5-32)は、次のように書き直せます。

$$\mathbf{a}_1' = p_{11}\mathbf{a}_1 + \cdots + p_{n1}\mathbf{a}_n$$
$$\vdots$$
$$\mathbf{a}_n' = p_{1n}\mathbf{a}_1 + \cdots + p_{nn}\mathbf{a}_n$$

これより、基底ベクトル $\mathbf{a}_1', \cdots, \mathbf{a}_n'$ の一次変換 $\varphi$ による像が次のように決まります。

$$\varphi(\mathbf{a}_1') = p_{11}\varphi(\mathbf{a}_1) + \cdots + p_{n1}\varphi(\mathbf{a}_n)$$
$$\vdots$$
$$\varphi(\mathbf{a}_n') = p_{1n}\varphi(\mathbf{a}_1) + \cdots + p_{nn}\varphi(\mathbf{a}_n)$$

この結果は、再び、行列表記を用いて、次のようにまとめられます。

$$(\varphi(\mathbf{a}_1') \ \cdots \ \varphi(\mathbf{a}_n')) = (\varphi(\mathbf{a}_1) \ \cdots \ \varphi(\mathbf{a}_n))P$$

この結果と (5-33)を(5-35)に代入すると、次の関係が得られます。

$$(\varphi(\mathbf{a}_1) \ \cdots \ \varphi(\mathbf{a}_n))P = (\mathbf{b}_1 \ \cdots \ \mathbf{b}_m)QA'$$

最後にこの左辺に (5-34)を代入すると、次の関係が得られます。

$$(\mathbf{b}_1 \ \cdots \ \mathbf{b}_m)AP = (\mathbf{b}_1 \ \cdots \ \mathbf{b}_m)QA'$$

これより、両辺の行列部分について、

$$AP = QA' \tag{5-36}$$

という関係が得られます。ここで、行列部分だけを取り出して等置できる理由は、次の

通りです。今、$AP$ と $QA'$ はどちらも $m \times n$ 行列であることに注意して、一般に、$m \times n$ 行列 $R$, $R'$ について、

$$(\mathbf{b}_1 \ \cdots \ \mathbf{b}_m)R = (\mathbf{b}_1 \ \cdots \ \mathbf{b}_m)R'$$

という関係が成り立つとします。両辺の行列の積を実際に計算すると、$R$ と $R'$ の $(i, j)$ 成分を $r_{ij}$, $r'_{ij}$ として、上式は次の $n$ 本の関係式に一致します。

$$r_{11}\mathbf{b}_1 + \cdots + r_{m1}\mathbf{b}_m = r'_{11}\mathbf{b}_1 + \cdots + r'_{m1}\mathbf{b}_m$$
$$r_{12}\mathbf{b}_1 + \cdots + r_{m2}\mathbf{b}_m = r'_{12}\mathbf{b}_1 + \cdots + r'_{m2}\mathbf{b}_m$$
$$\vdots$$
$$r_{1n}\mathbf{b}_1 + \cdots + r_{mn}\mathbf{b}_m = r'_{1n}\mathbf{b}_1 + \cdots + r'_{mn}\mathbf{b}_m$$

$\mathbf{b}_1, \cdots, \mathbf{b}_m$ が一次独立であることから、それぞれの関係式における $\mathbf{b}_1, \cdots, \mathbf{b}_m$ の各係数が両辺で一致して、これは結局、$R$ と $R'$ のそれぞれの対応する成分が一致することを示します。したがって、$R = R'$ が成り立ちます。

ここまで、やや回りくどい計算をしましたが、最後に得られた (5-36) は、結局のところ次の関係が成り立つことを意味しています。

$$(\mathbf{b}_1 \ \cdots \ \mathbf{b}_m)A \begin{pmatrix} x_1 \\ \vdots \\ x_n \end{pmatrix} = (\mathbf{b}'_1 \ \cdots \ \mathbf{b}'_m)A' \begin{pmatrix} x'_1 \\ \vdots \\ x'_n \end{pmatrix}$$

(5-30) を用いて左辺の $(x_1, \cdots, x_n)^{\mathrm{T}}$ を $P(x'_1, \cdots, x'_n)^{\mathrm{T}}$ に置き換えて、さらに、(5-33) を用いて右辺の $(\mathbf{b}'_1 \ \cdots \ \mathbf{b}'_m)$ を $(\mathbf{b}_1 \ \cdots \ \mathbf{b}_m)Q$ に置き換えると、(5-36) より、確かに両辺は一致します。上式の左辺は、$V_1$ のベクトル $\mathbf{x}$ を基底ベクトル $\mathbf{a}_1$, $\cdots, \mathbf{a}_n$ に関する成分表示をして、行列 $A$ で一次変換した後に、それを $V_2$ の基底ベクトル $\mathbf{b}_1, \cdots, \mathbf{b}_m$ の線形結合で再表示したものです。右辺は、これと同じ計算をまた別の基底ベクトル $\mathbf{a}'_1, \cdots, \mathbf{a}'_n$、および、$\mathbf{b}'_1, \cdots, \mathbf{b}'_m$ のもとに行なった結果です。$A$ と $A'$ を (5-36) が成り立つように変換すれば、どちらの基底ベクトルでも結果は一致するということです。

なお、$A$ および $A'$ は、$V_1$ から $V_2$ への写像を表わす行列なので、$V_1$ と $V_2$ のそれぞ

Chapter 5　一般のベクトル空間

れの基底ベクトルの選択によって、行列成分が変化する点に注意してください。一般に、このような行列を一次変換 $\varphi$ の表現行列と言いますが、表現行列を用いる際は、$V_1$ と $V_2$ でどのような基底ベクトルを用いているのかを明確にする必要があります。

また、(5-36) の両辺に、右から $P^{-1}$ を掛けると次の関係が得られます。これは、異なる基底ベクトルによる表現行列を互いに変換する公式となります ▶定義57 。

$$A = QA'P^{-1}$$

ここまでは、$V_1$ と $V_2$ は異なるベクトル空間という前提でしたが、ここで最後に、$V_1$ から $V_1$ 自身への一次変換の場合を考えておきます。この場合、写像元の $V_1$ の基底ベクトルを (5-32) で変換することは、写像先の $V_1$ の基底ベクトルにも同じ変換を実施することを意味します。したがって、先の結果で $Q = P$ として、

$$A = PA'P^{-1} \tag{5-37}$$

という関係が得られます。「4.3　主要な定理のまとめ」の ▶定義26 を思い出すと、これは、$A$ と $A'$ が互いに相似であることを意味します。上記の関係は、$A' = P^{-1}AP$ と書き直せるので、表現行列 $A$ が対角化可能な場合、ベクトル空間 $V_1$ の基底ベクトルを適切に選択することで、新しい基底ベクトルによる表現行列 $A'$ を対角行列にできることがわかります。具体的には、行列 $A$ の固有ベクトルの方向に基底ベクトルを選択すればよいことになります。

一例として、次の行列 $A$ で表わされる一次変換 $\varphi$ を考えます。

$$A = \begin{pmatrix} 3 & -1 \\ -1 & 3 \end{pmatrix}$$

$A$ は対称行列なので、直交行列を用いて対角化することができます。実際、$A$ についての固有値問題を解くと、固有値は $\lambda = 2, 4$ で、それぞれに対応する（大きさ1に正規化した）固有ベクトル $\mathbf{a}_1, \mathbf{a}_2$ が、

$$\mathbf{a}_1 = \begin{pmatrix} \frac{1}{\sqrt{2}} \\ \frac{1}{\sqrt{2}} \end{pmatrix}, \ \mathbf{a}_2 = \begin{pmatrix} -\frac{1}{\sqrt{2}} \\ \frac{1}{\sqrt{2}} \end{pmatrix}$$

238

と決まります。したがって、直交行列

$$P = [\mathbf{a}_1, \ \mathbf{a}_2] = \begin{pmatrix} \frac{1}{\sqrt{2}} & -\frac{1}{\sqrt{2}} \\ \frac{1}{\sqrt{2}} & \frac{1}{\sqrt{2}} \end{pmatrix} \tag{5-38}$$

を用いて次のように対角化できることが、直接の計算で確認できます。

$$P^{-1}AP = P^{\mathrm{T}}AP = \begin{pmatrix} 2 & 0 \\ 0 & 4 \end{pmatrix} \tag{5-39}$$

そこで、この直行行列$P$を用いて、新しい基底$\mathbf{e}_1'$, $\mathbf{e}_2'$を次で定義します。

$$(\mathbf{e}_1' \ \ \mathbf{e}_2') = (\mathbf{e}_1 \ \ \mathbf{e}_2)P \tag{5-40}$$

このとき、任意のベクトル$\mathbf{x}$について、標準基底を用いた場合と新しい基底$\mathbf{e}_1'$, $\mathbf{e}_2'$を用いた場合、それぞれでの成分表示を

$$\mathbf{x} = x_1\mathbf{e}_1 + x_2\mathbf{e}_2 \ : \ \langle x_1, \, x_2 \rangle$$
$$\mathbf{x} = x_1'\mathbf{e}_1' + x_2'\mathbf{e}_2' \ : \ \langle x_1', \, x_2' \rangle$$

とすると、(5-30)より、これらの間には次の関係が成り立ちます。

$$\begin{pmatrix} x_1 \\ x_2 \end{pmatrix} = P \begin{pmatrix} x_1' \\ x_2' \end{pmatrix} \tag{5-41}$$

(5-40)と(5-41)を組み合わせると次の関係が成り立ち、どちらも同じベクトル$\mathbf{x}$を表わしていることがわかります。

$$\mathbf{x} = (\mathbf{e}_1 \ \ \mathbf{e}_2) \begin{pmatrix} x_1 \\ x_2 \end{pmatrix} = (\mathbf{e}_1' \ \ \mathbf{e}_2') \begin{pmatrix} x_1' \\ x_2' \end{pmatrix}$$

そして、先ほどの行列$A$は、標準基底で成分表示した場合の一次変換$\varphi$の表現行列であり、新しい基底$\mathbf{e}_1'$, $\mathbf{e}_2'$を用いた場合の表現行列$A'$とは、(5-37)より、次の関係でつながります。

Chapter 5　一般のベクトル空間

$$A = PA'P^{-1}$$

このとき、(5-39)を用いると、確かに $A'$ は対角行列になることがわかります。

$$A' = P^{-1}AP = \begin{pmatrix} 2 & 0 \\ 0 & 4 \end{pmatrix}$$

これより、一次変換 $\varphi$ は、$\mathbf{e}'_1$, $\mathbf{e}'_2$ を基底とする成分表示において、成分 $x'_1$, $x'_2$ をそれぞれ2倍、および、4倍に拡大することがわかります。つまり、$\varphi$ は、$(x, y)$ 平面全体を $\mathbf{e}'_1$ 方向に2倍、$\mathbf{e}'_2$ 方向に4倍に拡大する変換となります。

なお、(5-40)で定義される基底 $\mathbf{e}'_1$, $\mathbf{e}'_2$ は、(5-38)の定義を思い出すと、$A$ の固有ベクトル $\mathbf{a}_1$, $\mathbf{a}_2$ に一致することがわかります。また、上記の拡大率は、$\mathbf{a}_1$, $\mathbf{a}_2$ の固有値 $\lambda_1 = 2$, $\lambda_2 = 4$ に他なりません。つまり、行列 $A$ に固有ベクトルが存在する場合、$A$ が表わす一次変換 $\varphi$ は、固有ベクトルの方向に固有値倍だけ拡大する効果があるということです。これは、固有値と固有ベクトルの定義、

$$A\mathbf{a}_1 = \lambda_1 \mathbf{a}_1$$
$$A\mathbf{a}_2 = \lambda_2 \mathbf{a}_2$$

を考えると当然のことですが、この事実があらためて確認できたことになります。

240

5.3 主要な定理のまとめ

# 5 3 主要な定理のまとめ

### 定義36 ベクトル空間の公理

集合 $V$ に対して、次の2つの演算（和、および、スカラー倍）が定義されており、

$$V \times V \longrightarrow V$$
$$(\mathbf{a}, \mathbf{b}) \longmapsto \mathbf{a} + \mathbf{b}$$

$$\mathbf{R} \times V \longrightarrow V$$
$$(k, \mathbf{a}) \longmapsto k\mathbf{a}$$

これらの演算は、次の法則を満たすものとする。

1. 任意の $\mathbf{a}, \mathbf{b} \in V$ について、$\mathbf{a} + \mathbf{b} = \mathbf{b} + \mathbf{a}$ が成り立つ。
2. 任意の $\mathbf{a}, \mathbf{b}, \mathbf{c} \in V$ について、$(\mathbf{a} + \mathbf{b}) + \mathbf{c} = \mathbf{a} + (\mathbf{b} + \mathbf{c})$ が成り立つ。
3. ある $\mathbf{0} \in V$ が存在して、任意の $\mathbf{a} \in V$ について、$\mathbf{a} + \mathbf{0} = \mathbf{a}$ が成り立つ。
4. 任意の $\mathbf{a} \in V$ について、$\mathbf{a} + \mathbf{x} = \mathbf{0}$ を満たす $\mathbf{x} \in V$ が $\mathbf{a}$ に応じて存在する（$\mathbf{0}$ は、3. の性質を満たす要素）。
5. 任意の $\mathbf{a} \in V$ について、$1 \cdot \mathbf{a} = \mathbf{a}$ が成り立つ。
6. 任意の $k, l \in \mathbf{R}, \mathbf{a} \in V$ について、$k \cdot (l \cdot \mathbf{a}) = (kl) \cdot \mathbf{a}$ が成り立つ。
7. 任意の $k, l \in \mathbf{R}, \mathbf{a} \in V$ について、$(k + l) \cdot \mathbf{a} = k \cdot \mathbf{a} + l \cdot \mathbf{a}$ が成り立つ。
8. 任意の $k \in \mathbf{R}, \mathbf{a}, \mathbf{b} \in V$ について、$k \cdot (\mathbf{a} + \mathbf{b}) = k \cdot \mathbf{a} + k \cdot \mathbf{b}$ が成り立つ。

以上の公理を満たす集合 $V$ をベクトル空間と呼ぶ。

### 定理44 ゼロベクトル

ベクトル空間 $V$ には、ゼロベクトル $\mathbf{0}$ が必ず1つだけ存在する。また、任意の $\mathbf{a} \in V$ に対して、$0 \cdot \mathbf{a} = \mathbf{0}$ が成立する。

Chapter 5　一般のベクトル空間

### 定理45　和の逆元

ベクトル空間$V$の任意の要素$\mathbf{a}$に対して、$\mathbf{a} + \mathbf{x} = \mathbf{0}$を満たす要素$\mathbf{x}$が必ず1つだけ存在する。これを$-\mathbf{a}$と表記する。また、任意の$\mathbf{a} \in V$に対して、$(-1) \cdot \mathbf{a} = -\mathbf{a}$が成立する。

### 定義37　部分ベクトル空間

ベクトル空間$V$の部分集合$W$が$V$の要素としての演算（和とスカラー倍）について閉じている、すなわち、次の条件が成立するとき、$W$を$V$の部分ベクトル空間と呼ぶ。

$$\text{任意の}\mathbf{a}, \mathbf{b} \in W\text{について、}\mathbf{a} + \mathbf{b} \in W\text{となる。}$$
$$\text{任意の}\mathbf{a} \in W\text{と}k \in \mathbf{R}\text{について、}k\mathbf{a} \in W\text{となる。}$$

### 定理46　部分ベクトル空間

ベクトル空間$V$の部分ベクトル空間$W$は、$V$の演算（和、および、スカラー倍）を用いて、ベクトル空間になる。

### 定義38　和空間

$W_1$と$W_2$を$V$の2種類の部分ベクトル空間とするとき、次の集合を$W_1$と$W_2$の和空間と呼ぶ。

$$W_1 + W_2 = \{\mathbf{x}_1 + \mathbf{x}_2 \mid \mathbf{x}_1 \in W_1, \mathbf{x}_2 \in W_2\}$$

### 定義39　直和

ベクトル空間$V$の2つの部分ベクトル空間$W_1$と$W_2$が、ゼロベクトル以外に共通の要素を含まない、すなわち、$W_1 \cap W_2 = \{\mathbf{0}\}$という条件を満たすとき、これらは、直和の条件を満たすと言う。このとき、これらの和空間を直和と呼び、$W_1 \oplus W_2$という記号で表わす。

### 定理47　和空間と直和

部分ベクトル空間$W_1$と$W_2$の和空間$W_1 + W_2$は、$V$の演算（和、および、スカラー倍）を用いて、ベクトル空間になる。特に、$W_1$と$W_2$が直和の条件（$W_1 \cap W_2 = \{\mathbf{0}\}$）を満たす場合、直和$W_1 \oplus W_2$もまたベクトル空間になる。

5.3 主要な定理のまとめ

### 定義40 一次従属と一次独立

ベクトル空間 $V$ の要素 $\mathbf{x}_1, \cdots, \mathbf{x}_k$ について、

$$c_1\mathbf{x}_1 + \cdots + c_k\mathbf{x}_k = \mathbf{0}$$

を満たす実数の組 $c_1, \cdots, c_k$（少なくとも1つは0でない）が存在するとき、これらは一次従属であると言う。逆に、上記を満たす $c_1, \cdots, c_k$ が（すべてが0の場合を除いて）存在しないとき、これらは一次独立であると言う。

### 定理48 一次従属・一次独立の基本性質

ベクトル空間 $V$ の任意の要素 $\mathbf{x}_1, \cdots, \mathbf{x}_k$ について、次の性質が成り立つ。

- $\mathbf{x}_1, \cdots, \mathbf{x}_k$ が一次従属であることは、この中に他の要素の線形結合で表わされる要素が存在することと同値である。
- $\mathbf{x}_1, \cdots, \mathbf{x}_k$ の中にゼロベクトルが含まれる場合、これらは一次従属となる。
- $\mathbf{x}_1, \cdots, \mathbf{x}_k$ が一次独立であるとき、この中の一部を取り出した組も一次独立になる。

### 定義41 基底ベクトル

ベクトル空間 $V$ の要素 $\mathbf{x}_1, \cdots, \mathbf{x}_k$ の線形結合によって、$V$ の任意の要素が表わされるとき、これらは $V$ を張ると言う。そして、$V$ を張る一次独立な要素の組 $\mathbf{x}_1, \cdots, \mathbf{x}_k$ をベクトル空間 $V$ の基底ベクトルと呼ぶ。

### 定理49 取り替え定理

$\mathbf{x}_1, \cdots, \mathbf{x}_l$ をベクトル空間 $V$ の一次独立な要素として、これとは別に $V$ を張るベクトルの組 $\mathbf{a}_1, \cdots, \mathbf{a}_m$ $(m \geq l)$ があるものとする。このとき、$\mathbf{a}_1, \cdots, \mathbf{a}_m$ のいずれか $l$ 個を $\mathbf{x}_1, \cdots, \mathbf{x}_l$ で置き換えても、これらはやはり $V$ を張るベクトルの組になる。この際、置き換える対象として、適切な $l$ 個を選択する必要がある。

特に、$m = l$ の場合を考えると、$V$ を張るベクトルの組 $\mathbf{a}_1, \cdots, \mathbf{a}_l$ があるとき、これらすべてを一次独立なベクトルの組 $\mathbf{x}_1, \cdots, \mathbf{x}_l$ に置き換えてもやはり $V$ を張る。すなわち、$V$ を張る $l$ 個のベクトルの組が1つでもあれば、任意の一次独立な $l$ 個のベクトルは $V$ の基底ベクトルになる。

243

Chapter 5 　一般のベクトル空間

### 定理50 ベクトル空間の次元

　ベクトル空間$V$の基底ベクトルに含まれるベクトルの数は、常に同一になる。この一定数をベクトル空間$V$の次元と呼び、$\dim V$ という記号で表わす。

### 定理51 基底ベクトルの存在

　ベクトル空間$V$に基底ベクトルが存在するとき、$V$の任意の部分ベクトル空間$W$には基底ベクトルが存在する。すなわち、$\dim W = m$として、$W$を張る$m$個の一次独立なベクトルを取り出すことができる。また、$W$に$m$個の一次独立なベクトルがあれば、それらは必ず$W$の基底ベクトルになる。

### 定理52 部分ベクトル空間の基底ベクトル

　ベクトル空間$V$の2つの部分ベクトル空間$W_1, W_2$が$W_1 \subset W_2$という包含関係を満たすとき、$W_1$の基底ベクトルが任意に与えられると、これに$W_2$の適当な要素を付け加えて、$W_2$の基底ベクトルが構成できる。

### 定理53 ベクトル空間の次元定理

　$W_1$と$W_2$をベクトル空間$V$の2つの部分ベクトル空間とするとき、これらの和空間の次元について、次の関係が成立する。

$$\dim(W_1 + W_2) = \dim W_1 + \dim W_2 - \dim(W_1 \cap W_2)$$

### 定理54 直和の次元

　$W_1$と$W_2$をベクトル空間$V$の2つの部分ベクトル空間として、これらが直和の条件を満たすとき、直和の次元について、次の関係が成立する。

$$\dim(W_1 \oplus W_2) = \dim W_1 + \dim W_2$$

### 定義42 一次変換

　2つのベクトル空間$V_1$から$V_2$への写像$\varphi$で、線形性を満たすものを一次変換と呼ぶ。ここで、線形性とは、次の2つの性質を表わす。

- 任意の$\mathbf{x}_1, \mathbf{x}_2 \in V_1$に対して、$\varphi(\mathbf{x}_1 + \mathbf{x}_2) = \varphi(\mathbf{x}_1) + \varphi(\mathbf{x}_2)$が成り立つ。
- 任意の$\mathbf{x} \in V_1$と任意の実数$k$に対して、$\varphi(k\mathbf{x}) = k\varphi(\mathbf{x})$が成り立つ。

5.3 主要な定理のまとめ

### 定義43 ベクトルの成分表示

$n$次元のベクトル空間$V$において、基底ベクトル$\mathbf{a}_1, \cdots, \mathbf{a}_n$を1つ固定する。このとき、$V$の要素$\mathbf{x}$を$\mathbf{a}_1, \cdots, \mathbf{a}_n$の線形結合で表わした際の係数の組を$\mathbf{x}$の成分表示と言う。つまり、

$$\mathbf{x} = x_1\mathbf{a}_1 + \cdots + x_n\mathbf{a}_n$$

として、$\langle x_1, \cdots, x_n \rangle$が$\mathbf{x}$の成分表示となる。

### 定理55 一次変換の表現行列

2つのベクトル空間$V_1$, $V_2$ $(\dim V_1 = n,\ \dim V_2 = m)$において、それぞれの基底ベクトルを固定してベクトルの成分表示を導入する。このとき、$V_1$から$V_2$への一次変換$\varphi$は、$m \times n$行列$A$を用いて、次のように表わすことができる。

$$\varphi : V_1 \longrightarrow V_2$$
$$\begin{pmatrix} x_1 \\ \vdots \\ x_n \end{pmatrix} \longmapsto \begin{pmatrix} y_1 \\ \vdots \\ y_m \end{pmatrix} = A \begin{pmatrix} x_1 \\ \vdots \\ x_n \end{pmatrix}$$

ここに、$(x_1, \cdots, x_n)^{\mathrm{T}}$、および、$(y_1, \cdots, y_m)^{\mathrm{T}}$は、$\mathbf{x} \in V_1$、および、$\varphi(\mathbf{x}) \in V_2$を成分表示したときの値を並べて構成した縦ベクトルとする。

また、上記で用いた$V_1$の基底ベクトルを$\mathbf{a}_1, \cdots, \mathbf{a}_n$とするとき、行列$A$は、$\varphi(\mathbf{a}_i)$ $(i = 1, \cdots, n)$を成分表示した値で構成した縦ベクトルを$\langle \varphi(\mathbf{a}_i) \rangle$として、

$$A = [\langle \varphi(\mathbf{a}_1) \rangle \ \cdots \ \langle \varphi(\mathbf{a}_n) \rangle]$$

で与えられる。この行列$A$を一次変換$\varphi$の表現行列と呼ぶ。

### 定理56 成分表示の変換公式

$\mathbf{a}_1, \cdots, \mathbf{a}_n$、および、$\mathbf{a}_1', \cdots, \mathbf{a}_n'$を$n$次元のベクトル空間$V$の2種類の基底ベクトルとして、これらは、$n$次正方行列$P$で次のように変換されるものとする。

$$(\mathbf{a}_1' \ \cdots \ \mathbf{a}_n') = (\mathbf{a}_1 \ \cdots \ \mathbf{a}_n)P$$

245

Chapter 5 一般のベクトル空間

このとき、$V$ の要素 $\mathbf{x}$ について、$\mathbf{a}_1, \cdots, \mathbf{a}_n$、および、$\mathbf{a}'_1, \cdots, \mathbf{a}'_n$ のもとに成分表示したものを $\langle x_1, \cdots, x_n \rangle$、および、$\langle x'_1, \cdots, x'_n \rangle$ として、次の関係が成り立つ。

$$\begin{pmatrix} x_1 \\ \vdots \\ x_n \end{pmatrix} = P \begin{pmatrix} x'_1 \\ \vdots \\ x'_n \end{pmatrix}$$

### 定理57 表現行列の変換公式

$n$ 次元ベクトル空間 $V_1$ から $m$ 次元ベクトル空間 $V_2$ への一次変換 $\varphi$ について、$V_1$ と $V_2$ の基底ベクトルを $\mathbf{a}_1, \cdots, \mathbf{a}_n$、および、$\mathbf{b}_1, \cdots, \mathbf{b}_m$ とした際の表現行列を $A$ とする。同様に、$V_1$ と $V_2$ の基底ベクトルを $\mathbf{a}'_1, \cdots, \mathbf{a}'_n$、および、$\mathbf{b}'_1, \cdots, \mathbf{b}'_m$ とした際の表現行列を $A'$ とする。

ここで、それぞれの基底ベクトルは、$n$ 次正方行列 $P$、および、$m$ 次正方行列 $Q$ を用いて、次のように変換されるものとする。

$$(\mathbf{a}'_1 \ \cdots \ \mathbf{a}'_n) = (\mathbf{a}_1 \ \cdots \ \mathbf{a}_n)P$$
$$(\mathbf{b}'_1 \ \cdots \ \mathbf{b}'_m) = (\mathbf{b}_1 \ \cdots \ \mathbf{b}_m)Q$$

このとき、表現行列 $A$ と $A'$ の間に次の関係が成り立つ。

$$A = QA'P^{-1}$$

246

# 5.4 演習問題

**問 1** $W_1, W_2$ をベクトル空間 $V$ の部分ベクトル空間とするとき、集合 $W_1 \cap W_2$ は、$V$ のベクトル空間としての演算（和、および、スカラー倍）に関して、部分ベクトル空間になることを示せ。

**問 2** ベクトル空間 $V$ の要素の組 $\mathbf{x}_1, \cdots, \mathbf{x}_k$ について、以下の事柄を示せ。

(1) $\mathbf{x}_1, \cdots, \mathbf{x}_k$ が一次従属であることは、この中に他の要素の線形結合で表わされる要素が存在することと同値である。

(2) $\mathbf{x}_1, \cdots, \mathbf{x}_k$ の中にゼロベクトルが含まれる場合、これらは一次従属となる。

(3) $\mathbf{x}_1, \cdots, \mathbf{x}_k$ が一次独立であるとき、この中の一部を取り出した組も一次独立になる。

(4) $\dim V = n$ として、$V$ には基底ベクトル $\mathbf{a}_1, \cdots, \mathbf{a}_n$ が存在するものとする。このとき、$k > n$ であれば、$\mathbf{x}_1, \cdots, \mathbf{x}_k$ は一次従属になる。

**(4) は、取り替え定理を利用する。**

**問 3** $n$ 次元ベクトル空間 $V$ の 2 種類の基底ベクトル $\mathbf{a}_1, \cdots, \mathbf{a}_n$、および、$\mathbf{a}'_1, \cdots, \mathbf{a}'_n$ は、$n$ 次元正方行列 $P$ を用いて変換されるものとする。

$$(\mathbf{a}'_1 \ \cdots \ \mathbf{a}'_n) = (\mathbf{a}_1 \ \cdots \ \mathbf{a}_n)P$$

上式において、$(\mathbf{a}_1 \ \cdots \ \mathbf{a}_n)$ は、$\mathbf{a}_1$ などの記号を形式的に横に並べた横ベクトルと考えて、行列の積の計算規則を適用する。このとき、$P$ は正則行列であり、

Chapter 5　一般のベクトル空間

$$(\mathbf{a}_1 \ \cdots \ \mathbf{a}_n) = (\mathbf{a}_1' \ \cdots \ \mathbf{a}_n')P^{-1}$$

が成り立つことを示せ。

**問4**　$\mathbf{a}_1, \mathbf{a}_2, \mathbf{a}_3$ は、次の $\mathbf{R}^3$ の一次独立な要素とする。

$$\mathbf{a}_1 = \begin{pmatrix} 2 \\ 0 \\ 0 \end{pmatrix}, \ \mathbf{a}_2 = \begin{pmatrix} 0 \\ 1 \\ 1 \end{pmatrix}, \ \mathbf{a}_3 = \begin{pmatrix} 0 \\ -1 \\ 1 \end{pmatrix}$$

(1) $\mathbf{a}_1, \mathbf{a}_2, \mathbf{a}_3$ を基底ベクトルとして、$\mathbf{R}^3$ の次の要素に対する成分表示を求めよ。

$$\mathbf{x} = \begin{pmatrix} 4 \\ 3 \\ -2 \end{pmatrix}$$

(2) $\mathbf{R}^3$ における次の一次変換 $\varphi$ を考える。

$$\varphi : \mathbf{R}^3 \ \longrightarrow \ \mathbf{R}^3$$
$$\mathbf{x} \ \longmapsto \ A\mathbf{x}$$

ここに、$A$ は次の3次正方行列とする。

$$A = \begin{pmatrix} 1 & 2 & -1 \\ 7 & 2 & 1 \\ 3 & -2 & 6 \end{pmatrix}$$

$\mathbf{a}_1, \mathbf{a}_2, \mathbf{a}_3$ を基底ベクトルとする際の $\varphi$ の表現行列 $A'$ を求めよ。また、(1) の $\mathbf{x}$ について、次の等式が成り立つことを確認せよ。

$$(\mathbf{a}_1 \ \ \mathbf{a}_2 \ \ \mathbf{a}_3)A'\mathbf{x}' = A\mathbf{x}$$

ここに、$\mathbf{x}'$ は、(1) で求めた成分表示の値を並べた縦ベクトルとする。

> **ヒント** $A$は標準基底 $\mathbf{e}_1$, $\mathbf{e}_2$, $\mathbf{e}_3$ を用いた成分表示における表現行列と同等なので、基底ベクトルの変換 $(\mathbf{e}_1, \mathbf{e}_2, \mathbf{e}_3) \longrightarrow (\mathbf{a}_1, \mathbf{a}_2, \mathbf{a}_3)$ に伴う表現行列の変換 $A \longrightarrow A'$ を考えるとよい。

**問5** 次の対称行列 $A$ で表わされる、$\mathbf{R}^2$ から $\mathbf{R}^2$ への一次変換を考える。

$$A = \begin{pmatrix} 1 & 2 \\ 2 & 1 \end{pmatrix}$$

$A$ の固有ベクトル $\mathbf{x}_1$, $\mathbf{x}_2$ を求めた上で、これらを基底ベクトルとした場合、この一次変換の表現行列は対角行列になることを示せ。

**問6** 変数 $x$ についての $n$ 次以下の多項式全体の集合を $P^n[x]$ とすると、これは、多項式としての和、および、実数倍についてベクトル空間となる。

(1) $P^3[x]$ から $P^2[x]$ への次の写像 $\varphi$ を考える。

$$\begin{array}{ccc} P^3[x] & \longrightarrow & P^2[x] \\ \varphi : f(x) & \longmapsto & f'(x) \end{array}$$

ここに、$f'(x)$ は関数 $f(x)$ の導関数を表わす。この写像は線形性を満たすので一次変換となっている。$P^3[x]$ と $P^2[x]$ の基底ベクトルをそれぞれ $1, x, x^2, x^3$、および、$1, x, x^2$ とするとき、これらの基底ベクトルのもとに、一次変換 $\varphi$ の表現行列 $A$ を求めよ。

(2) (1) の結果を用いて、$f(x) = x^3 + 2x^2 + 3x + 4$ の導関数 $f'(x)$ を行列計算で求めよ。

Chapter 5　一般のベクトル空間

### 問7
一次変換の次元定理

ベクトル空間 $V_1$ から $V_2$ への一次変換 $\varphi$ について、以下を示せ。

(1) $\varphi$ で $V_2$ のゼロベクトルに写像される $V_1$ の要素の集合を $\mathrm{Ker}\,\varphi$ と表わす。

$$\mathrm{Ker}\,\varphi = \{\mathbf{x} \in V_1 \mid \varphi(\mathbf{x}) = \mathbf{0}\}$$

$\mathrm{Ker}\,\varphi$ は $V_1$ の部分ベクトル空間になることを示せ。

(2) $\varphi$ による $V_1$ の像を $\mathrm{Im}\,\varphi$ と表わす。

$$\mathrm{Im}\,\varphi = \{\varphi(x) \in V_2 \mid \mathbf{x} \in V_1\}$$

$\mathrm{Im}\,\varphi$ は $V_2$ の部分ベクトル空間になることを示せ。

(3) $V_1,\ \mathrm{Ker}\,\varphi,\ \mathrm{Im}\,\varphi$ の次元について、次の関係が成り立つことを示せ（この関係を一次変換の次元定理と呼ぶ）。

$$\dim V_1 = \dim(\mathrm{Ker}\,\varphi) + \dim(\mathrm{Im}\,\varphi)$$

> 💡 ヒント　$\mathrm{Ker}\,\varphi$ の基底ベクトル $\mathbf{a}_1, \cdots, \mathbf{a}_k$ に $V_1$ の要素を付け加えて構成した $V_1$ の基底ベクトルを $\mathbf{a}_1, \cdots, \mathbf{a}_k,\ \mathbf{b}_1, \cdots, \mathbf{b}_{n-k}$ とするとき、$\varphi(\mathbf{b}_1), \cdots, \varphi(\mathbf{b}_{n-k})$ は $\mathrm{Im}\,\varphi$ の基底ベクトルになることを示せばよい。

250

# 演習問題の解答

- A.1　第1章
- A.2　第2章
- A.3　第3章
- A.4　第4章
- A.5　第5章

# 第1章

### 問1

$c_1 = c_2 = 0$ 以外に、次の関係を満たす $c_1, c_2$ が存在すればよい。

$$c_1 \mathbf{a}_1 + c_2 \mathbf{a}_2 = \mathbf{0}$$

上記の関係を成分ごとに書き下すと、次の連立方程式が得られる。

$$c_1 x + c_2 (x^2 - 3) = 0 \quad \text{(A-1)}$$
$$c_1 x - 2 c_2 x = 0 \quad \text{(A-2)}$$

(A-1) − (A-2) より、

$$c_2 (x^2 + 2x - 3) = 0$$

すなわち、

$$c_2 (x+3)(x-1) = 0$$

となるので、$c_2 = 0$、もしくは、$x = -3, 1$ が成り立つ。
$c_2 = 0$ の場合、(A-1)(A-2) はどちらも $c_1 x = 0$ となるので、$c_1 \neq 0$ となるには、$x = 0$ でなければならない。逆に $x = 0$ の場合、任意の $c_1$ に対して (A-1)(A-2) が成り立つので、$\mathbf{a}_1, \mathbf{a}_2$ は一次従属となる。
$x = -3, 1$ の場合、(A-1)(A-2) はどちらも $c_1 - 2c_2 = 0$ となるので、たとえば、$c_1 = 2, c_2 = 1$ として、(A-1)(A-2) が成立する。したがって、$\mathbf{a}_1, \mathbf{a}_2$ は一次従属となる。
以上より、$x = -3, 0, 1$ が求める解となる。

### 問2

$\mathbf{a}, \mathbf{b}$ は一次独立なので、

$$c_1\mathbf{a} + c_2\mathbf{b} = \mathbf{0} \;\Rightarrow\; c_1 = c_2 = 0$$

が成立する。今、

$$c_1 A\mathbf{a} + c_2 A\mathbf{b} = \mathbf{0}$$

と仮定すると、上式の両辺に左から $A^{-1}$ を掛けて、

$$c_1\mathbf{a} + c_2\mathbf{b} = \mathbf{0}$$

となるので、先ほどの前提より $c_1 = c_2 = 0$ が得られる。したがって、$A\mathbf{a}$, $A\mathbf{b}$ は一次独立である。

**問3**

それぞれ、行列の積の定義にしたがって計算すると次の結果が得られる。

(1) $\begin{pmatrix} 1 & 4 & 8 \end{pmatrix} \begin{pmatrix} -3 & 3 \\ 9 & 2 \\ -4 & 1 \end{pmatrix} = \begin{pmatrix} 1 & 19 \end{pmatrix}$

(2) $\begin{pmatrix} 1 & 3 & -9 \\ 3 & 0 & -5 \end{pmatrix} \begin{pmatrix} -1 & 1 \\ -3 & 5 \\ 4 & -1 \end{pmatrix} = \begin{pmatrix} -46 & 25 \\ -23 & 8 \end{pmatrix}$

(3) $\begin{pmatrix} -1 & 1 \\ -3 & 5 \\ 4 & -1 \end{pmatrix} \begin{pmatrix} 1 & 3 & -9 \\ 3 & 0 & -5 \end{pmatrix} = \begin{pmatrix} 2 & -3 & 4 \\ 12 & -9 & 2 \\ 1 & 12 & -31 \end{pmatrix}$

**問4**

一般には積の交換則 $AB = BA$ が成り立たないので、行列の順序を入れ替えないように注意しながら展開する。

Appendix A　演習問題の解答

$$(A + 2B + C)^2$$
$$= (A + 2B + C)(A + 2B + C)$$
$$= A(A + 2B + C) + 2B(A + 2B + C) + C(A + 2B + C)$$
$$= A^2 + 2AB + AC + 2BA + 4B^2 + 2BC + CA + 2CB + C^2$$
$$= A^2 + 4B^2 + C^2 + 2AB + 2BA + AC + CA + 2BC + 2CB$$

## 問5

$A$が正則行列である場合、$AC = B$ の両辺に左から $A^{-1}$ を掛けて、$C = A^{-1}B$ が得られる。

今の場合、$\det A = 1 \cdot 4 - 2 \cdot 3 = -2 \neq 0$ より、$A$は確かに正則行列で、逆行列は、

$$A^{-1} = \frac{1}{-2} \begin{pmatrix} 4 & -2 \\ -3 & 1 \end{pmatrix}$$

で与えられる。したがって、$C$は次のように計算される。

$$C = A^{-1}B = \frac{1}{-2} \begin{pmatrix} 4 & -2 \\ -3 & 1 \end{pmatrix} \begin{pmatrix} 1 & 2 & 3 \\ 4 & 5 & 6 \end{pmatrix} = \begin{pmatrix} 2 & 1 & 0 \\ -\frac{1}{2} & \frac{1}{2} & \frac{3}{2} \end{pmatrix}$$

## 問6

(1) 転置行列の計算法則 $(AB)^{\mathrm{T}} = B^{\mathrm{T}}A^{\mathrm{T}}$、および、$(A^{\mathrm{T}})^{\mathrm{T}} = A$ に注意して計算すると、

$$(A^{\mathrm{T}}A)^{\mathrm{T}} = A^{\mathrm{T}}(A^{\mathrm{T}})^{\mathrm{T}} = A^{\mathrm{T}}A$$

となるので、$A^{\mathrm{T}}A$ は対称行列である。

(2) $A$は対称行列であることから、$A^{\mathrm{T}} = A$ を用いて計算すると、

$$(P^{\mathrm{T}}AP)^{\mathrm{T}} = P^{\mathrm{T}}A^{\mathrm{T}}(P^{\mathrm{T}})^{\mathrm{T}} = P^{\mathrm{T}}AP$$

となるので、$P^{\mathrm{T}}AP$ は対称行列である。

A.1 第1章

## 問7

固有ベクトルを $(a, b)$、固有値を $\lambda$ とすると、固有ベクトルの定義より、

$$\begin{pmatrix} 3 & 0 \\ 1 & 2 \end{pmatrix} \begin{pmatrix} a \\ b \end{pmatrix} = \lambda \begin{pmatrix} a \\ b \end{pmatrix}$$

が成立する。これは、

$$\left\{ \begin{pmatrix} 3 & 0 \\ 1 & 2 \end{pmatrix} - \lambda \begin{pmatrix} 1 & 0 \\ 0 & 1 \end{pmatrix} \right\} \begin{pmatrix} a \\ b \end{pmatrix} = \begin{pmatrix} 0 \\ 0 \end{pmatrix}$$

すなわち、

$$\begin{pmatrix} 3 - \lambda & 0 \\ 1 & 2 - \lambda \end{pmatrix} \begin{pmatrix} a \\ b \end{pmatrix} = \begin{pmatrix} 0 \\ 0 \end{pmatrix} \qquad \text{(A-3)}$$

と変形できるので、$a = b = 0$ 以外の解を持つには、

$$\det \begin{pmatrix} 3 - \lambda & 0 \\ 1 & 2 - \lambda \end{pmatrix} = 0$$

が必要条件となる。左辺の行列式を計算すると、

$$(3 - \lambda)(2 - \lambda) = 0$$

となるので、$\lambda = 2, 3$ が得られる。

$\lambda = 2$ の場合、(A-3) は $a = 0$ と同等で、$b$ は任意の値となる。したがって、大きさを1に正規化すると、$(0, 1)$ が、固有値2に対応する固有ベクトルとなる[※1]。

$\lambda = 3$ の場合、(A-3) は $a = b$ と同等になる。したがって、大きさを1に正規化すると、$\left( \dfrac{1}{\sqrt{2}}, \dfrac{1}{\sqrt{2}} \right)$ が、固有値3に対応する固有ベクトルとなる。

---

※1 全体を $-1$ 倍したものも大きさ1の固有ベクトルとなるので、$(0, -1)$ を解としてもよい。$\lambda = 3$ の場合についても同様。

# 第2章

## 問1

$\mathbf{a}_m\,(m=k+1,\cdots,n)$ のそれぞれについて、数学的帰納法で証明する。
まず、$m=k+1$のとき、$\mathbf{a}_{k+1}$が$\mathbf{a}_1,\cdots,\mathbf{a}_k$の線形結合で表わされることは、問題の前提より成立する。
次に、$m=k+1,\cdots,k+i$について主張が成り立つと仮定して、$m=k+(i+1)$の場合を考えると、問題の前提より、$\mathbf{a}_{k+(i+1)}$は、$\mathbf{a}_1,\cdots,\mathbf{a}_{k+i}$の線形結合で表わされることから、

$$\mathbf{a}_{k+(i+1)} = \sum_{j=1}^{k+i} c_j \mathbf{a}_j$$

と書ける。ここで、帰納法の仮定より、上記の和における$j=k+1$から$j=k+i$までの項は、すべて、$\mathbf{a}_1,\cdots,\mathbf{a}_k$の線形結合で書き直すことができる。この書き換えを行なえば、$\mathbf{a}_{k+(i+1)}$は$\mathbf{a}_1,\cdots,\mathbf{a}_k$の線形結合で表わされることになり、$m=k+(i+1)$の場合にも主張が成り立つ。

## 問2

与えられた実数ベクトルを各列に持つ行列

$$\begin{pmatrix} 1 & 3 & 1 & -8 \\ -2 & -5 & -1 & 13 \\ 3 & 8 & 2 & -21 \end{pmatrix}$$

を行に関する基本変形で階段行列に変形することにより、行列のランクを計算する。
まず、1行目の2倍を2行目に加えて、さらに、1行目の−3倍を3行目に加えると、次が得られる。

$$\begin{pmatrix} 1 & 3 & 1 & -8 \\ 0 & 1 & 1 & -3 \\ 0 & -1 & -1 & 3 \end{pmatrix}$$

次に、2行目を3行目に加えると、次が得られる。

$$\begin{pmatrix} 1 & 3 & 1 & -8 \\ 0 & 1 & 1 & -3 \\ 0 & 0 & 0 & 0 \end{pmatrix}$$

これで階段行列が得られた。すべての値が0の行を除くと、残りは2行あるので、この行列のランクは2と決まる。これは、最初に与えられた実数ベクトルの中で、一次独立なものは最大でも2個であることを示している。逆に言うと、最低、2個を取り除けば、一次独立になる。

**問3**

与えられた行列と、同じサイズの単位行列を横に並べた行列を用意する。

$$\begin{pmatrix} 1 & 2 & 1 & | & 1 & 0 & 0 \\ -1 & -1 & 2 & | & 0 & 1 & 0 \\ 1 & 0 & -3 & | & 0 & 0 & 1 \end{pmatrix}$$

行に関する基本変形を適用して、まずは、左の部分を階段行列に変形する。まず、1行目を2行目に加えて、さらに、1行目の $-1$ 倍を3行目に加える。

$$\begin{pmatrix} 1 & 2 & 1 & | & 1 & 0 & 0 \\ 0 & 1 & 3 & | & 1 & 1 & 0 \\ 0 & -2 & -4 & | & -1 & 0 & 1 \end{pmatrix}$$

次に、2行目の2倍を3行目に加える。

$$\begin{pmatrix} 1 & 2 & 1 & | & 1 & 0 & 0 \\ 0 & 1 & 3 & | & 1 & 1 & 0 \\ 0 & 0 & 2 & | & 1 & 2 & 1 \end{pmatrix}$$

最後に、3行目を $\dfrac{1}{2}$ 倍する。

$$\begin{pmatrix} 1 & 2 & 1 & | & 1 & 0 & 0 \\ 0 & 1 & 3 & | & 1 & 1 & 0 \\ 0 & 0 & 1 & | & \frac{1}{2} & 1 & \frac{1}{2} \end{pmatrix}$$

Appendix A 演習問題の解答

これで、左の部分が階段行列になった。この形から、左の行列のランクは3とわかるので、もとの行列は正則行列であり、逆行列が存在する。

さらに、具体的に逆行列を求めるため、行に関する基本変形を続けて、左の部分を単位行列に変形する。まず、2行目の $-2$ 倍を1行目に加える。

$$\begin{pmatrix} 1 & 0 & -5 & | & -1 & -2 & 0 \\ 0 & 1 & 3 & | & 1 & 1 & 0 \\ 0 & 0 & 1 & | & \frac{1}{2} & 1 & \frac{1}{2} \end{pmatrix}$$

次に、3行目の5倍を1行目に加えて、さらに、3行目の $-3$ 倍を2行目に加える。

$$\begin{pmatrix} 1 & 0 & 0 & | & \frac{3}{2} & 3 & \frac{5}{2} \\ 0 & 1 & 0 & | & -\frac{1}{2} & -2 & -\frac{3}{2} \\ 0 & 0 & 1 & | & \frac{1}{2} & 1 & \frac{1}{2} \end{pmatrix}$$

これで、左の部分が単位行列になった。このとき、右に残った部分が逆行列になる。

$$A^{-1} = \begin{pmatrix} \frac{3}{2} & 3 & \frac{5}{2} \\ -\frac{1}{2} & -2 & -\frac{3}{2} \\ \frac{1}{2} & 1 & \frac{1}{2} \end{pmatrix}$$

## 問4

行列 $A$ のランクが部分ベクトル空間 $E$ の次元に一致する。ランクを求めるために、行に関する基本変形で $A$ を階段行列に変形する。

$$\begin{pmatrix} 2 & -2 & 1 \\ 1 & 2 & -4 \\ -3 & 2 & 0 \end{pmatrix}$$

まず、1行目の $-\frac{1}{2}$ 倍を2行目に加えて、さらに、1行目の $\frac{3}{2}$ 倍を3行目に加える。

A.2 第2章

$$\begin{pmatrix} 2 & -2 & 1 \\ 0 & 3 & -\frac{9}{2} \\ 0 & -1 & \frac{3}{2} \end{pmatrix}$$

次に、2行目の $\frac{1}{3}$ 倍を3行目に加える。

$$\begin{pmatrix} 2 & -2 & 1 \\ 0 & 3 & -\frac{9}{2} \\ 0 & 0 & 0 \end{pmatrix}$$

最後に、1行目を $\frac{1}{2}$ 倍して、さらに、2行目を $\frac{1}{3}$ 倍する。

$$\begin{pmatrix} 1 & -1 & \frac{1}{2} \\ 0 & 1 & -\frac{3}{2} \\ 0 & 0 & 0 \end{pmatrix}$$

これで階段行列が得られた。この形より、行列 $A$ のランクは2とわかるので、部分ベクトル空間 $E$ の次元は2と決まる[※2]。

**問5**

ガウスの消去法を用いて解を求める。

(1) 係数と定数項を並べた行列を用意して、行に関する基本変形で、左の部分を階段行列に変形する。

$$\begin{pmatrix} 1 & -1 & -2 & 2 & | & 5 \\ 2 & -1 & -3 & 3 & | & 10 \\ -1 & 3 & 3 & -2 & | & 2 \\ 1 & 2 & 0 & -1 & | & -10 \end{pmatrix}$$

まず、1行目の $-2$ 倍、1倍、$-1$ 倍をそれぞれ2行目、3行目、4行目に加える。

───────────────────

※2 行列 $A$ のランクを求めるだけであれば、実際には最後の変形は不要ですが、ここでは、真面目に階段行列まで変形しています。

259

Appendix A　演習問題の解答

$$\begin{pmatrix} 1 & -1 & -2 & 2 & | & 5 \\ 0 & 1 & 1 & -1 & | & 0 \\ 0 & 2 & 1 & 0 & | & 7 \\ 0 & 3 & 2 & -3 & | & -15 \end{pmatrix}$$

次に、2行目の$-2$倍、$-3$倍をそれぞれ3行目、4行目に加える。

$$\begin{pmatrix} 1 & -1 & -2 & 2 & | & 5 \\ 0 & 1 & 1 & -1 & | & 0 \\ 0 & 0 & -1 & 2 & | & 7 \\ 0 & 0 & -1 & 0 & | & -15 \end{pmatrix}$$

3行目の$-1$倍を4行目に加える。

$$\begin{pmatrix} 1 & -1 & -2 & 2 & | & 5 \\ 0 & 1 & 1 & -1 & | & 0 \\ 0 & 0 & -1 & 2 & | & 7 \\ 0 & 0 & 0 & -2 & | & -22 \end{pmatrix}$$

最後に、3行目を$-1$倍して、さらに、4行目を$-\dfrac{1}{2}$倍する。

$$\begin{pmatrix} 1 & -1 & -2 & 2 & | & 5 \\ 0 & 1 & 1 & -1 & | & 0 \\ 0 & 0 & 1 & -2 & | & -7 \\ 0 & 0 & 0 & 1 & | & 11 \end{pmatrix}$$

これで左の部分が階段行列になった。これを連立一次方程式の形に書き直すと、次が得られる。

$$x_1 - x_2 - 2x_3 + 2x_4 = 5$$
$$x_2 + x_3 - x_4 = 0$$
$$x_3 - 2x_4 = -7$$
$$x_4 = 11$$

これは、$x_4$から順に値を決めていくことができて、最後の結果は次になる。

260

A.2 第2章

$$x_1 = 9, \ x_2 = -4, \ x_3 = 15, \ x_4 = 11$$

(2) 係数と定数項を並べた行列を用意して、行に関する基本変形で、左の部分を階段行列に変形する。

$$\begin{pmatrix} 1 & -2 & 8 & -3 & | & 7 \\ -2 & 3 & -13 & 2 & | & -2 \\ 3 & 3 & -3 & 2 & | & 13 \end{pmatrix}$$

まず、1行目の2倍と−3倍をそれぞれ2行目、3行目に加える。

$$\begin{pmatrix} 1 & -2 & 8 & -3 & | & 7 \\ 0 & -1 & 3 & -4 & | & 12 \\ 0 & 9 & -27 & 11 & | & -8 \end{pmatrix}$$

次に、2行目の9倍を3行目に加える。

$$\begin{pmatrix} 1 & -2 & 8 & -3 & | & 7 \\ 0 & -1 & 3 & -4 & | & 12 \\ 0 & 0 & 0 & -25 & | & 100 \end{pmatrix}$$

最後に2行目を−1倍して、さらに、3行目を$-\dfrac{1}{25}$倍する。

$$\begin{pmatrix} 1 & -2 & 8 & -3 & | & 7 \\ 0 & 1 & -3 & 4 & | & -12 \\ 0 & 0 & 0 & 1 & | & -4 \end{pmatrix}$$

これで左の部分が階段行列になった。これを連立一次方程式の形に書き直すと、次が得られる。

$$x_1 - 2x_2 + 8x_3 - 3x_4 = 7$$
$$x_2 - 3x_3 + 4x_4 = -12$$
$$x_4 = -4$$

$x_4$から順に値を決めていくことを考えると、今の場合、$x_3$を決定する

261

Appendix A　演習問題の解答

方程式が欠けており、$x_3$ は任意の値を取ることができる。そこで、$x_3 = t$ とおいて $x_4, x_2, x_1$ を順に決めると、次の結果が得られる。

$$x_1 = -2t + 3$$
$$x_2 = 3t + 4$$
$$x_3 = t$$
$$x_4 = -4$$

上記で $t$ を任意の実数としたものが、与えられた連立一次方程式の一般解となる。

A.3 第3章

# A③ 第3章

## 問1

列に関する基本操作の場合をまとめると、次のようになる。

- 2つの列を入れ替えると、行列式は $-1$ 倍になる。
- ある列を $k$ 倍すると、行列式は $k$ 倍になる。
- ある列の $k$ 倍を他の列に加えても、行列式の値は変化しない。

最初の2つは、行列式の交代性と多重線形性より自明に成り立つ。最後については、たとえば、1列目の $k$ 倍を2列目に加えた場合を考えると、行列式の多重線形性を用いて、次の計算が成り立つ。

$$\det[\mathbf{a}_1 \quad k\mathbf{a}_1 + \mathbf{a}_2 \quad \cdots \quad \mathbf{a}_n] = k\det[\mathbf{a}_1 \quad \mathbf{a}_1 \quad \cdots \quad \mathbf{a}_n] + \det[\mathbf{a}_1 \quad \mathbf{a}_2 \quad \cdots \quad \mathbf{a}_n]$$

右辺の第1項は、1列目と2列目が一致することから、行列式の交代性より0になり、上式はもとの行列式（第2項）に一致する。

行列式の交代性と多重線形性は行についても成り立つので、行に関する基本操作についても同じ結論が得られる。

## 問2

（1）行に関する基本操作で、上三角行列に変形する。

$$A = \begin{pmatrix} 1 & 0 & 2 \\ 0 & 2 & 1 \\ -2 & 0 & 6 \end{pmatrix}$$

1行目の2倍を3行目に加える。

$$\begin{pmatrix} 1 & 0 & 2 \\ 0 & 2 & 1 \\ 0 & 0 & 10 \end{pmatrix}$$

263

Appendix A　演習問題の解答

これで上三角行列にできた。上三角行列の行列式は対角成分の積で得られるので、

$$\det A = 1 \times 2 \times 10 = 20$$

と決まる。

(2) 余因子の定義にしたがって計算すると、次の結果が得られる。

$$\mathrm{adj}\, A = \begin{pmatrix} 12 & -2 & 4 \\ 0 & 10 & 0 \\ -4 & -1 & 2 \end{pmatrix}$$

したがって、逆行列は次で与えられる。

$$A^{-1} = \frac{1}{\det A}(\mathrm{adj}\, A)^{\mathrm{T}} = \frac{1}{20}\begin{pmatrix} 12 & 0 & -4 \\ -2 & 10 & -1 \\ 4 & 0 & 2 \end{pmatrix} = \begin{pmatrix} \frac{3}{5} & 0 & -\frac{1}{5} \\ -\frac{1}{10} & \frac{1}{2} & -\frac{1}{20} \\ \frac{1}{5} & 0 & \frac{1}{10} \end{pmatrix}$$

**問3**

問1の結果より、ある列の定数倍を他の列に加える、もしくは、ある行の定数倍を他の行に加えるという操作で行列式の値が変わらないことに注意する。

$$D = \begin{pmatrix} A & B \\ B & A \end{pmatrix}$$

上記の行列において、右半分の列を左半分の列に加える（$k = 1, \cdots, n$ として、$n + k$ 列目を $k$ 列目に加える）と、次が得られる。

$$\begin{pmatrix} A + B & B \\ B + A & A \end{pmatrix}$$

次に、上半分の行を下半分の行から引く（$k = 1, \cdots, n$ として、$k$ 行目の $-1$ 倍を $n + k$ 行目に加える）と、次が得られる。

$$\begin{pmatrix} A + B & B \\ 0 & A - B \end{pmatrix}$$

A.3 第3章

これより、「3.4 主要な定理のまとめ」の ▶定理17 を用いて、

$$\det D = \det(A + B) \cdot \det(A - B)$$

が成り立つ。

問4 〰〰〰〰〰〰〰〰〰〰〰〰〰〰〰〰〰〰〰〰〰〰〰〰〰〰〰〰〰〰〰〰〰〰

第 $i$ 列を $\mathbf{c}$ に置き換えた行列

$$A_i = [\mathbf{a}_1 \ \cdots \ \mathbf{a}_{i-1} \ \ \mathbf{c} \ \ \mathbf{a}_{i+1} \ \cdots \ \mathbf{a}_n]$$

について、行列式 $\det A_i$ を第 $i$ 列についての余因子展開で計算すると次式が得られる。

$$\det A_i = \sum_{j=1}^{n} c_j \Delta_{ji} \tag{A-4}$$

一方、$(\text{adj}\, A)^{\mathrm{T}}$ の $(i,\, j)$ 成分は、$\Delta_{ji}$ であることから、$(\text{adj}\, A)^{\mathrm{T}}\mathbf{c}$ の第 $i$ 成分は次で計算される。

$$\sum_{j=1}^{n} \Delta_{ji} c_j$$

したがって、

$$\mathbf{x} = A^{-1}\mathbf{c} = \frac{1}{\det A}(\text{adj}\, A)^{\mathrm{T}}\mathbf{c}$$

の第 $i$ 成分を取り出すと、

$$x_i = \frac{1}{\det A} \sum_{j=1}^{n} \Delta_{ji} c_j = \frac{\det A_i}{\det A}$$

が得られる。最後の等式は、(A-4) から成り立つ。

265

# 第4章

### 問 1

(1) 行列 $A, B, AB$ の $(i, j)$ 成分をそれぞれ $A_{ij}, B_{ij}, (AB)_{ij}$ と表わすと、

$$(AB)_{ij} = \sum_{k=1}^{n} A_{ik} B_{kj}$$

より、

$$\mathrm{tr}\,(AB) = \sum_{i=1}^{n} (AB)_{ii} = \sum_{i=1}^{n} \sum_{k=1}^{n} A_{ik} B_{ki}$$

最後の表式は $A$ と $B$ について対称なので、$A$ と $B$ を入れ替えても結果は変わらない。したがって、$\mathrm{tr}\,(AB) = \mathrm{tr}\,(BA)$ が成り立つ。

(2) $\det C^{-1} = \dfrac{1}{\det C}$ より、

$$\det(C^{-1}AC) = \frac{1}{\det C} \cdot \det A \cdot \det C = \det A$$

が成り立つことに注意して、

$$\det A = \det(C^{-1}AC) = \det \begin{pmatrix} \lambda_1 & & \\ & \ddots & \\ & & \lambda_n \end{pmatrix} = \lambda_1 \cdots \lambda_n$$

が得られる。同様に (1) の結果より、

$$\mathrm{tr}\,(C^{-1}AC) = \mathrm{tr}\,\left\{C^{-1}(AC)\right\} = \mathrm{tr}\,\left\{(AC)C^{-1}\right\}$$
$$= \mathrm{tr}\,\left\{A(CC^{-1})\right\} = \mathrm{tr}\,A$$

が成り立つことに注意して、

$$\operatorname{tr} A = \operatorname{tr}(C^{-1}AC) = \operatorname{tr}\begin{pmatrix} \lambda_1 & & \\ & \ddots & \\ & & \lambda_n \end{pmatrix} = \lambda_1 + \cdots + \lambda_n$$

が得られる。

(3) 逆行列の計算規則 $(AB)^{-1} = B^{-1}A^{-1}$ より、$(C^{-1}AC)^{-1} = C^{-1}A^{-1}C$ となることに注意して、

$$C^{-1}AC = \begin{pmatrix} \lambda_1 & & \\ & \ddots & \\ & & \lambda_n \end{pmatrix}$$

の両辺で逆行列を取ると、

$$C^{-1}A^{-1}C = \begin{pmatrix} \frac{1}{\lambda_1} & & \\ & \ddots & \\ & & \frac{1}{\lambda_n} \end{pmatrix}$$

が得られる。これに（2）の結果を適用すると、

$$\det A^{-1} = \frac{1}{\lambda_1} \cdots \frac{1}{\lambda_n}$$

$$\operatorname{tr} A^{-1} = \frac{1}{\lambda_1} + \cdots + \frac{1}{\lambda_n}$$

が得られる。

**問2**

$\mathbf{a}$ と $\mathbf{b}$ を $W_1 + W_2$ の要素とすると、それぞれ、$W_1$ と $W_2$ の要素の和として、

$$\mathbf{a} = \mathbf{a}_1 + \mathbf{a}_2 \ (\mathbf{a}_1 \in W_1, \mathbf{a}_2 \in W_2)$$

$$\mathbf{b} = \mathbf{b}_1 + \mathbf{b}_2 \ (\mathbf{b}_1 \in W_1, \mathbf{b}_2 \in W_2)$$

Appendix A　演習問題の解答

と表わされる。このとき、$k$ を任意の実数（スカラー）として、

$$\mathbf{a} + \mathbf{b} = (\mathbf{a}_1 + \mathbf{b}_1) + (\mathbf{a}_2 + \mathbf{b}_2)$$
$$k\mathbf{a} = k\mathbf{a}_1 + k\mathbf{a}_2$$

となるが、

$$\mathbf{a}_1 + \mathbf{b}_1 \in W_1, \ \mathbf{a}_2 + \mathbf{b}_2 \in W_2$$
$$k\mathbf{a}_1 \in W_1, \ k\mathbf{a}_2 \in W_2$$

であることから、$\mathbf{a} + \mathbf{b}$ と $k\mathbf{a}$ はどちらも $W_1$ と $W_2$ の要素の和になっており、これらは再び $W_1 + W_2$ の要素である。したがって、$W_1 + W_2$ は部分ベクトル空間の条件を満たしている。

**問3**

$\mathbf{x}_1, \cdots, \mathbf{x}_n$ が一次従属であると仮定すると、この中に、他の要素の線形結合で表わされるものが存在する。そこで、たとえば、

$$\mathbf{x}_1 = c_2\mathbf{x}_2 + \cdots + c_n\mathbf{x}_n$$

が成り立ったとすると、内積の双線形性を用いて、

$$(\mathbf{x}_1, \mathbf{x}_1) = c_2(\mathbf{x}_1, \mathbf{x}_2) + \cdots + c_n(\mathbf{x}_1, \mathbf{x}_n) = 0$$

が得られる。これは、$(\mathbf{x}_1, \mathbf{x}_1) = 1$ という前提に矛盾するので、$\mathbf{x}_1, \cdots, \mathbf{x}_n$ は一次従属とはなりえない。つまり、これらは一次独立である。

**問4**

$A$ は対称行列なので、各固有空間の正規直交基底を求めて、それらを各列の縦ベクトルとする直交行列 $L$ を用いればよい。まず、$A$ の固有多項式を計算すると次のようになる。ここで、行列式の計算は、第1行についての余因子展開を用いた。

268

$$\det(A - \lambda I) = \det \begin{pmatrix} -\lambda & 1 & 2 \\ 1 & -\lambda & 2 \\ 2 & 2 & 3 - \lambda \end{pmatrix}$$

$$= -\lambda \left\{ -\lambda(3 - \lambda) - 2 \cdot 2 \right\} - 1 \left\{ 1(3 - \lambda) - 2 \cdot 2 \right\}$$
$$+ 2 \left\{ 1 \cdot 2 - (-\lambda) \cdot 2 \right\}$$
$$= -\lambda^3 + 3\lambda^2 + 9\lambda + 5 = -(\lambda + 1)^2(\lambda - 5)$$

したがって、$A$ の固有値は、$\lambda = -1$（2重解）、および、$\lambda = 5$ と決まる。固有値 $\lambda = -1$ に対応する固有空間 $E_1$、および、固有値 $\lambda = 5$ に対応する固有空間 $E_2$ の次元は、それぞれの解の多重度に一致するので、

$$\dim E_1 = 2,\ \dim E_2 = 1$$

となる。

ここで、$\mathbf{x} = (x_1,\, x_2,\, x_3)^{\mathrm{T}}$ として、固有ベクトルを決定する方程式 $(A - \lambda I)\mathbf{x} = \mathbf{0}$ に $\lambda = -1$ を代入すると、

$$\begin{pmatrix} 1 & 1 & 2 \\ 1 & 1 & 2 \\ 2 & 2 & 4 \end{pmatrix} \begin{pmatrix} x_1 \\ x_2 \\ x_3 \end{pmatrix} = \begin{pmatrix} 0 \\ 0 \\ 0 \end{pmatrix}$$

となる。左辺の行列において、2行目と3行目は、どちらも1行目の定数倍なので、各行はすべて同一の方程式、

$$x_1 + x_2 + 2x_3 = 0$$

を表わすことがわかる。したがって、$x_2$ と $x_3$ は任意の実数を取ることができて、これらを $t_1,\, t_2$ と置くと、

$$x_1 = -t_1 - 2t_2$$

が一般解となる。

この一般解の中から、一次独立なものを2つ取り出して、グラム・シュミッ

269

Appendix A　演習問題の解答

トの正規直交化法を適用すれば、$E_1$ の正規直交基底が得られる。一例として、$t_1 = -1$, $t_2 = 0$ の場合と $t_1 = 0$, $t_2 = -1$ の場合を考えると、それぞれに対応する解は、

$$\mathbf{x}_1 = \begin{pmatrix} 1 \\ -1 \\ 0 \end{pmatrix}, \ \mathbf{x}_2 = \begin{pmatrix} 2 \\ 0 \\ -1 \end{pmatrix}$$

と決まる。これらにグラム・シュミットの正規直交化法を適用すると、次のようになる。

$$\overline{\mathbf{e}}_1 = \frac{1}{|\mathbf{x}_1|}\mathbf{x}_1 = \frac{1}{\sqrt{2}} \begin{pmatrix} 1 \\ -1 \\ 0 \end{pmatrix}$$

$$\mathbf{x}_2' = \mathbf{x}_2 - (\mathbf{x}_2, \overline{\mathbf{e}}_1)\overline{\mathbf{e}}_1 = \begin{pmatrix} 2 \\ 0 \\ -1 \end{pmatrix} - \frac{2}{\sqrt{2}} \cdot \frac{1}{\sqrt{2}} \begin{pmatrix} 1 \\ -1 \\ 0 \end{pmatrix} = \begin{pmatrix} 1 \\ 1 \\ -1 \end{pmatrix}$$

$$\overline{\mathbf{e}}_2 = \frac{1}{|\mathbf{x}_2'|}\mathbf{x}_2' = \frac{1}{\sqrt{3}} \begin{pmatrix} 1 \\ 1 \\ -1 \end{pmatrix}$$

これで、$E_1$ の正規直交基底 $\overline{\mathbf{e}}_1$, $\overline{\mathbf{e}}_2$ が得られた。同様にして、固有多項式を決定する方程式に $\lambda = 5$ を代入すると、

$$\begin{pmatrix} -5 & 1 & 2 \\ 1 & -5 & 2 \\ 2 & 2 & -2 \end{pmatrix} \begin{pmatrix} x_1 \\ x_2 \\ x_3 \end{pmatrix} = \begin{pmatrix} 0 \\ 0 \\ 0 \end{pmatrix}$$

となる。ガウスの消去法を用いてこの連立一次方程式を解くために、係数と定数項を並べた行列を用意して、行に関する基本操作を行なう。

$$\begin{pmatrix} -5 & 1 & 2 & | & 0 \\ 1 & -5 & 2 & | & 0 \\ 2 & 2 & -2 & | & 0 \end{pmatrix}$$

1行目の $\dfrac{1}{5}$ 倍と $\dfrac{2}{5}$ 倍をそれぞれ2行目と3行目に加える。

270

$$\begin{pmatrix} -5 & 1 & 2 & | & 0 \\ 0 & -\frac{24}{5} & \frac{12}{5} & | & 0 \\ 0 & \frac{12}{5} & -\frac{6}{5} & | & 0 \end{pmatrix}$$

2行目と3行目をそれぞれ $-\dfrac{5}{12}$ 倍、$\dfrac{5}{6}$ 倍すると、2行目と3行目が一致するので、2行目を3行目から引いて、次の結果が得られる。

$$\begin{pmatrix} -5 & 1 & 2 & | & 0 \\ 0 & 2 & -1 & | & 0 \\ 0 & 0 & 0 & | & 0 \end{pmatrix}$$

したがって、もとの連立一次方程式は、次の連立一次方程式と同等である。

$$-5x_1 + x_2 + 2x_3 = 0$$
$$2x_2 - x_3 = 0$$

$x_3$ は任意の実数を取れるので、$x_3 = t$ として、上記の方程式を解くと、

$$x_1 = \frac{1}{2}t,\ x_2 = \frac{1}{2}t,\ x_3 = t$$

が一般解となる。特に $t = 2$ として得られる実数ベクトル $\mathbf{x}_3 = (1,\,1,\,2)^{\mathrm{T}}$ をさらに大きさ1に正規化すると、次が得られる。

$$\bar{\mathbf{e}}_3 = \frac{1}{|\mathbf{x}_3|}\mathbf{x}_3 = \frac{1}{\sqrt{6}} \begin{pmatrix} 1 \\ 1 \\ 2 \end{pmatrix}$$

これで $E_3$ の正規直交基底が得られた。以上より、求める直交行列は、

$$L = [\bar{\mathbf{e}}_1\ \ \bar{\mathbf{e}}_2\ \ \bar{\mathbf{e}}_3] = \begin{pmatrix} \frac{1}{\sqrt{2}} & \frac{1}{\sqrt{3}} & \frac{1}{\sqrt{6}} \\ -\frac{1}{\sqrt{2}} & \frac{1}{\sqrt{3}} & \frac{1}{\sqrt{6}} \\ 0 & -\frac{1}{\sqrt{3}} & \frac{2}{\sqrt{6}} \end{pmatrix}$$

Appendix A 演習問題の解答

と決まる。$A$ を $L$ で対角化すると、対角成分には各固有空間の固有値が現われるので、

$$L^{-1}AL = \begin{pmatrix} -1 & 0 & 0 \\ 0 & -1 & 0 \\ 0 & 0 & 5 \end{pmatrix}$$

が得られる。$L^{\mathrm{T}}AL(= L^{-1}AL)$ を直接に計算しても同じ結果になることが確認できる。

なお、各固有空間の正規直交基底の取り方には任意性があるので、行列 $L$ は上記のものに限る必要はない。また、$L$ を構成する際に正規直交基底を並べる順序を変えると、対角化した結果において、固有値が並ぶ順番が変わることもある。

### 問5

$\mathbf{x}^{\mathrm{T}}\mathbf{y} = \mathbf{y}^{\mathrm{T}}\mathbf{x}$ に、$\mathbf{y} = A_{\mathrm{A}}\mathbf{x}$ を代入すると、

$$\mathbf{y}^{\mathrm{T}} = (A_{\mathrm{A}}\mathbf{x})^{\mathrm{T}} = \mathbf{x}^{\mathrm{T}}A_{\mathrm{A}}^{\mathrm{T}}$$

という関係を用いて、

$$\mathbf{x}^{\mathrm{T}}A_{\mathrm{A}}\mathbf{x} = \mathbf{x}^{\mathrm{T}}A_{\mathrm{A}}^{\mathrm{T}}\mathbf{x}$$

が得られる。一方、定義より $A_{\mathrm{A}}$ は、$A_{\mathrm{A}}^{\mathrm{T}} = -A_{\mathrm{A}}$ という関係を満たすので、上式の右辺は、$-\mathbf{x}^{\mathrm{T}}A_{\mathrm{A}}\mathbf{x}$ に一致する。したがって、

$$\mathbf{x}^{\mathrm{T}}A_{\mathrm{A}}\mathbf{x} = -\mathbf{x}^{\mathrm{T}}A_{\mathrm{A}}\mathbf{x}$$

であり、これより、$\mathbf{x}^{\mathrm{T}}A_{\mathrm{A}}\mathbf{x} = 0$ が得られる。

次に、こちらも定義より $A = A_{\mathrm{S}} + A_{\mathrm{A}}$ が成り立つことから、上記の結果を用いて、

$$\mathbf{x}^{\mathrm{T}}A\mathbf{x} = \mathbf{x}^{\mathrm{T}}(A_{\mathrm{S}} + A_{\mathrm{A}})\mathbf{x} = \mathbf{x}^{\mathrm{T}}A_{\mathrm{S}}\mathbf{x} + \mathbf{x}^{\mathrm{T}}A_{\mathrm{A}}\mathbf{x} = \mathbf{x}^{\mathrm{T}}A_{\mathrm{S}}\mathbf{x}$$

が得られる。

A.4 第4章

> **問6**

(1) 2次の項と1次の項については、次のように書き直せる。

$$\begin{pmatrix} x & y \end{pmatrix} \begin{pmatrix} 5 & 1 \\ 1 & 5 \end{pmatrix} \begin{pmatrix} x \\ y \end{pmatrix} = 5x^2 + 2xy + 5y^2$$

$$2 \begin{pmatrix} -8 & -4 \end{pmatrix} \begin{pmatrix} x \\ y \end{pmatrix} = -16x - 8y$$

したがって、$A, \mathbf{b}, c$は次のように決まる。

$$A = \begin{pmatrix} 5 & 1 \\ 1 & 5 \end{pmatrix}, \ \mathbf{b} = \begin{pmatrix} -8 \\ -4 \end{pmatrix}, \ c = 2$$

(2) 一般に、$F(\mathbf{x}) = 0$ で表わされる図形を $\mathbf{x}_0 = (x_0, \, y_0)^{\mathrm{T}}$ だけ平行移動した図形は、$F'(\mathbf{x}) = F(\mathbf{x} - \mathbf{x}_0) = 0$ で与えられる。今の場合は、

$$F(\mathbf{x}) = \mathbf{x}^{\mathrm{T}} A \mathbf{x} + 2\mathbf{b}^{\mathrm{T}} \mathbf{x} + c$$

であることから、

$$\begin{aligned} F'(\mathbf{x}) &= (\mathbf{x} - \mathbf{x}_0)^{\mathrm{T}} A (\mathbf{x} - \mathbf{x}_0) + 2\mathbf{b}^{\mathrm{T}} (\mathbf{x} - \mathbf{x}_0) + c \\ &= \mathbf{x}^{\mathrm{T}} A \mathbf{x} - 2(A\mathbf{x}_0 - \mathbf{b})^{\mathrm{T}} \mathbf{x} + (\mathbf{x}_0^{\mathrm{T}} A \mathbf{x}_0 - 2\mathbf{b}^{\mathrm{T}} \mathbf{x}_0 + c) \end{aligned}$$

が得られる。したがって、1次の項が0になるには、

$$A\mathbf{x}_0 - \mathbf{b} = \mathbf{0}$$

すなわち、

$$\mathbf{x}_0 = A^{-1} \mathbf{b} = \frac{1}{24} \begin{pmatrix} 5 & -1 \\ -1 & 5 \end{pmatrix} \begin{pmatrix} -8 \\ -4 \end{pmatrix} = \begin{pmatrix} -\frac{3}{2} \\ -\frac{1}{2} \end{pmatrix}$$

が必要となる。ここで、$A$の逆行列は、$2 \times 2$行列に対する逆行列の公式、

273

Appendix A 演習問題の解答

$$A = \begin{pmatrix} a & b \\ c & d \end{pmatrix} \Leftrightarrow A^{-1} = \frac{1}{\det A} \begin{pmatrix} d & -b \\ -c & a \end{pmatrix}$$

を用いて計算した。したがって、平行移動の量は、

$$(x_0,\, y_0) = \left( -\frac{3}{2},\, -\frac{1}{2} \right)$$

と決まる。このとき、$F'(\mathbf{x})$ の定数項は、

$$
\begin{aligned}
\mathbf{x}_0^{\mathrm{T}} A \mathbf{x}_0 - 2\mathbf{b}^{\mathrm{T}} \mathbf{x}_0 + c &= (A^{-1}\mathbf{b})^{\mathrm{T}} A (A^{-1}\mathbf{b}) - 2\mathbf{b}^{\mathrm{T}}(A^{-1}\mathbf{b}) + c \\
&= (A^{-1}\mathbf{b})^{\mathrm{T}}\mathbf{b} - 2\mathbf{b}^{\mathrm{T}}(A^{-1}\mathbf{b}) + c \\
&= -\mathbf{b}^{\mathrm{T}}(A^{-1}\mathbf{b}) + c \\
&= -\mathbf{b}^{\mathrm{T}}\mathbf{x}_0 + c \\
&= -\begin{pmatrix} -8 & -4 \end{pmatrix} \begin{pmatrix} -\frac{3}{2} \\ -\frac{1}{2} \end{pmatrix} + 2 = -12
\end{aligned}
$$

となる。したがって、新しい定数項は、

$$c' = -12$$

と決まる。

(3) 主軸の方向は、$A$ の固有ベクトルに一致するので、$A$ の固有値問題を解く。まず、$A$ の固有多項式は、

$$
\begin{aligned}
\det(A - \lambda I) &= \begin{pmatrix} 5-\lambda & 1 \\ 1 & 5-\lambda \end{pmatrix} = (5-\lambda)^2 - 1 \\
&= \lambda^2 - 10\lambda + 24 = (\lambda - 4)(\lambda - 6)
\end{aligned}
$$

となるので、$A$ の固有値は $\lambda = 4,\, 6$ と決まる。

続いて、固有ベクトルを決定する方程式 $(A - \lambda I)\mathbf{x} = \mathbf{0}$ に $\lambda = 4$ を代入すると、

274

$$\begin{pmatrix} 1 & 1 \\ 1 & 1 \end{pmatrix} \begin{pmatrix} x \\ y \end{pmatrix} = \begin{pmatrix} 0 \\ 0 \end{pmatrix}$$

が得られる。左辺の行列は1行目と2行目が同一なので、これらは同一の方程式、

$$x + y = 0$$

を表わす。この条件を満たす、大きさ1の実数ベクトルとして、

$$\overline{\mathbf{e}}_1 = \begin{pmatrix} \frac{1}{\sqrt{2}} \\ -\frac{1}{\sqrt{2}} \end{pmatrix}$$

が選択できる。同じく、固有ベクトルを決定する方程式に $\lambda = 6$ を代入すると、

$$\begin{pmatrix} -1 & 1 \\ 1 & -1 \end{pmatrix} \begin{pmatrix} x \\ y \end{pmatrix} = \begin{pmatrix} 0 \\ 0 \end{pmatrix}$$

が得られる。左辺の行列は、1行目と2行目は定数倍を除いて同一なので、これらは同一の方程式、

$$-x + y = 0$$

を表わす。この条件を満たす、大きさ1の実数ベクトルとして、

$$\overline{\mathbf{e}}_2 = \begin{pmatrix} \frac{1}{\sqrt{2}} \\ \frac{1}{\sqrt{2}} \end{pmatrix}$$

が選択できる。

したがって、主軸の方向は、次の2つになる。

Appendix A 演習問題の解答

$$\overline{\mathbf{e}}_1 = \begin{pmatrix} \frac{1}{\sqrt{2}} \\ -\frac{1}{\sqrt{2}} \end{pmatrix}, \ \overline{\mathbf{e}}_2 = \begin{pmatrix} \frac{1}{\sqrt{2}} \\ \frac{1}{\sqrt{2}} \end{pmatrix}$$

(4)(3) の結果より、標準基底を主軸の方向に回転する一次変換は、次の直
交行列で与えられる。

$$L = [\overline{\mathbf{e}}_1 \ \overline{\mathbf{e}}_2] = \begin{pmatrix} \frac{1}{\sqrt{2}} & \frac{1}{\sqrt{2}} \\ -\frac{1}{\sqrt{2}} & \frac{1}{\sqrt{2}} \end{pmatrix}$$

また、行列 $A$ は $L$ で対角化することができて、対角成分には、$\overline{\mathbf{e}}_1, \overline{\mathbf{e}}_2$ に
対応する固有値 $\lambda = 4, 6$ が現われる。すなわち、

$$L^{\mathrm{T}} A L = L^{-1} A L = \begin{pmatrix} 4 & 0 \\ 0 & 6 \end{pmatrix}$$

が成り立つ。さらに、標準基底を $L$ で変換した座標軸から見ると、(2)
で得られた図形 $F'(\mathbf{x}) = 0$ は、方程式 $F'(L\mathbf{x}) = 0$ で与えられる。今
の場合、

$$\begin{aligned}
F'(L\mathbf{x}) &= (L\mathbf{x})^{\mathrm{T}} A(L\mathbf{x}) + c' = \mathbf{x}^{\mathrm{T}} (L^{\mathrm{T}} A L)\mathbf{x} + c' \\
&= \begin{pmatrix} x & y \end{pmatrix} \begin{pmatrix} 4 & 0 \\ 0 & 6 \end{pmatrix} \begin{pmatrix} x \\ y \end{pmatrix} + c' \\
&= 4x^2 + 6y^2 - 12 = 2(2x^2 + 3y^2 - 6)
\end{aligned}$$

となることから、主軸方向の座標軸から見た場合の方程式は、

$$2x^2 + 3y^2 - 6 = 0$$

と決まる。固有値がどちらも正であることから、これは楕円を表わして
おり、特に主軸との交点を求めると、$x = 0$、もしくは、$y = 0$ を代入
して、

$$(x, y) = \left(0, \pm\sqrt{2}\right), \ \left(\pm\sqrt{3}, 0\right)$$

276

が得られる。

以上をまとめると、(3) で求めた主軸上で上記の位置を通る楕円を描き、それを (2) で求めた $\mathbf{x}_0$ に対して、$-\mathbf{x}_0$ だけ平行移動すると、はじめに与えられた図形が得られる。概形を示すと図 A.1 のようになる。

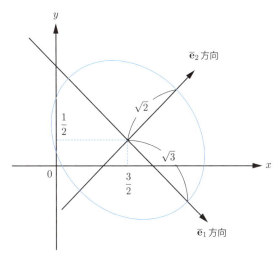

図A.1　$5x^2 + 2xy + 5y^2 - 16x - 8y + 2 = 0$ の概形

## 第 5 章

**問 1**

積集合 $W_1 \cap W_2$ の定義より、次の同値関係が成り立つことに注意する（$\wedge$ は「かつ（AND）」を表わす論理記号）。

$$\mathbf{x} \in W_1 \cap W_2 \Leftrightarrow \mathbf{x} \in W_1 \wedge \mathbf{x} \in W_2$$

今、$\mathbf{x}_1, \mathbf{x}_2 \in W_1 \cap W_2$ とすると、$\mathbf{x}_1, \mathbf{x}_2 \in W_1$ であることから、$W_1$ が部分ベクトル空間（すなわち、ベクトル空間）という前提により、$\mathbf{x}_1 + \mathbf{x}_2 \in W_1$ が成り立つ。同様にして、$\mathbf{x}_1, \mathbf{x}_2 \in W_2$ より、$\mathbf{x}_1 + \mathbf{x}_2 \in W_2$ が成り立つ。したがって、$\mathbf{x}_1 + \mathbf{x}_2 \in W_1 \cap W_2$ が成り立つ。

同様にして、任意の $k \in \mathbf{R}$ に対して、$\mathbf{x} \in W_1 \cap W_2$ とすると、$\mathbf{x} \in W_1$ より $k\mathbf{x} \in W_1$、さらに、$\mathbf{x} \in W_2$ より $k\mathbf{x} \in W_2$、したがって、$k\mathbf{x} \in W_1 \cap W_2$ が成り立つ。

以上により、$W_1 \cap W_2$ は部分ベクトル空間の条件を満たすことが示された。

**問 2**

(1) $\mathbf{x}_1, \cdots, \mathbf{x}_k$ が一次従属とすると、

$$c_1 \mathbf{x}_1 + \cdots + c_k \mathbf{x}_k = \mathbf{0}$$

を満たす実数の組 $c_1, \cdots, c_k$ が存在して、これらがすべて 0 になることはない。そこで、たとえば $c_1 \neq 0$ とすると、

$$\mathbf{x}_1 = \frac{-1}{c_1}(c_2 \mathbf{x}_2 + \cdots + c_k \mathbf{x}_k)$$

となり、$\mathbf{x}_1$ は他の要素の線形結合で表わされる。$c_1$ 以外が 0 でない場合も同様。

逆に、ある要素、たとえば、$\mathbf{x}_1$ が他の要素の線形結合で表わされるとすると、

A.5 第5章

$$\mathbf{x}_1 = c_2\mathbf{x}_2 + \cdots + c_k\mathbf{x}_k$$

となることから、

$$-\mathbf{x}_1 + c_2\mathbf{x}_2 + \cdots + c_k\mathbf{x}_k = \mathbf{0}$$

が成り立つので、$\mathbf{x}_1, \cdots, \mathbf{x}_k$ は一次従属になる。

(2) たとえば、$\mathbf{x}_1 = \mathbf{0}$ とすると、$c_1 \neq 0$ として、

$$c_1\mathbf{x}_1 + 0 \cdot \mathbf{x}_2 + \cdots + 0 \cdot \mathbf{x}_k = \mathbf{0}$$

が自明に成り立つ。これは、$c_1\mathbf{x}_1 + \cdots + c_k\mathbf{x}_k = \mathbf{0}$ を満たす $c_1, \cdots,$ $c_k$（少なくとも1つは0ではない）が存在することを意味しており、一次従属の定義により、$\mathbf{x}_1, \cdots, \mathbf{x}_k$ は一次従属となる。$\mathbf{x}_1$ 以外がゼロベクトルである場合も同様。

(3) 例として、$\mathbf{x}_1, \mathbf{x}_2$ を取り出した場合を考える。

$$c_1\mathbf{x}_1 + c_2\mathbf{x}_2 = \mathbf{0}$$

と仮定すると、この式は、次のように書き直すことができる。

$$c_1\mathbf{x}_1 + c_2\mathbf{x}_2 + 0 \cdot \mathbf{x}_3 + \cdots + 0 \cdot \mathbf{x}_k = \mathbf{0}$$

このとき、$c_1 = 0, c_2 = 0$ とすると、上式より、$\mathbf{x}_1, \cdots, \mathbf{x}_k$ が一次独立であるという前提に矛盾する。したがって、$c_1$ と $c_2$ がどちらも0になることはなく、これは、$\mathbf{x}_1, \mathbf{x}_2$ が一次独立であることを示している。他の要素を取り出した場合も同様。

(4) $V$ の基底ベクトル $\mathbf{a}_1, \cdots, \mathbf{a}_n$ は $V$ を張るベクトルの組なので、取り替え定理より、これらを $\mathbf{x}_1, \cdots, \mathbf{x}_n$ で置き換えると、$\mathbf{x}_1, \cdots, \mathbf{x}_n$ も $V$ を張ることになる。したがって、$\mathbf{x}_{n+1}, \cdots, \mathbf{x}_k$ は $\mathbf{x}_1, \cdots, \mathbf{x}_n$ の線形結合で表わすことができて、(1) より、$\mathbf{x}_1, \cdots, \mathbf{x}_k$ は一次従属になる。

### 問3

$\mathbf{a}'_1, \cdots, \mathbf{a}'_n$ は $V$ の基底ベクトルであることから、$\mathbf{a}_1, \cdots, \mathbf{a}_n$ をそれぞれ、$\mathbf{a}'_1, \cdots, \mathbf{a}'_n$ の線形結合で表わすことができる。それらの関係を $n$ 次正方行列

279

Appendix A　演習問題の解答

$Q$を用いてまとめると、次のように書ける。

$$(\mathbf{a}_1 \ \cdots \ \mathbf{a}_n) = (\mathbf{a}'_1 \ \cdots \ \mathbf{a}'_n)Q \qquad\qquad \text{(A-5)}$$

これを問題文で与えられた関係、

$$(\mathbf{a}'_1 \ \cdots \ \mathbf{a}'_n) = (\mathbf{a}_1 \ \cdots \ \mathbf{a}_n)P$$

に代入すると、次の結果が得られる。

$$(\mathbf{a}'_1 \ \cdots \ \mathbf{a}'_n) = (\mathbf{a}'_1 \ \cdots \ \mathbf{a}'_n)QP$$

今、$QP$は$n$次正方行列であることに注意して、一般に、$n$次正方行列$M$について、

$$(\mathbf{a}'_1 \ \cdots \ \mathbf{a}'_n) = (\mathbf{a}'_1 \ \cdots \ \mathbf{a}'_n)M$$

が成り立つものと仮定する。これは、$M$の$(i, j)$成分を$m_{ij}$として、次の$n$本の関係式と同値になる。

$$\begin{aligned}
\mathbf{a}'_1 &= m_{11}\mathbf{a}'_1 + m_{21}\mathbf{a}'_2 + \cdots + m_{n1}\mathbf{a}'_n \\
\mathbf{a}'_2 &= m_{12}\mathbf{a}'_1 + m_{22}\mathbf{a}'_2 + \cdots + m_{n2}\mathbf{a}'_n \\
&\vdots \\
\mathbf{a}'_n &= m_{1n}\mathbf{a}'_1 + m_{2n}\mathbf{a}'_2 + \cdots + m_{nn}\mathbf{a}'_n
\end{aligned}$$

$\mathbf{a}'_1, \cdots, \mathbf{a}'_n$ は一次独立なので、上式より、$M$は対角成分が1で、その他の成分はすべて0とわかる。つまり、$I$を$n$次の単位行列として、$M = I$が成立する。

これより、$QP = I$ が成り立ち、$Q$は$P$の逆行列 $P^{-1}$ に一致する。したがって、$P$は正則行列であり、$Q = P^{-1}$を (A-5) に代入すると、求める関係が得られる。

### 問4

(1) $\mathbf{x} = c_1\mathbf{a}_1 + c_2\mathbf{a}_2 + c_3\mathbf{a}_3$ と置いて、これを成分で表わすと、次の3つの関係式が得られる。

$$4 = 2c_1$$
$$3 = c_2 - c_3$$
$$-2 = c_2 + c_3$$

この連立方程式を解くと、$c_1 = 2$, $c_2 = \dfrac{1}{2}$, $c_3 = -\dfrac{5}{2}$ が得られる。したがって、$\mathbf{x}$ の成分表示は、$\left\langle 2, \dfrac{1}{2}, -\dfrac{5}{2} \right\rangle$ となる。

(2) $A$ は、標準基底 $\mathbf{e}_1$, $\mathbf{e}_2$, $\mathbf{e}_3$ による成分表示を用いた表現行列と考えることができる。したがって、基底ベクトル $\mathbf{a}_1$, $\mathbf{a}_2$, $\mathbf{a}_3$ との関係が、3次の正方行列 $P$ を用いて、

$$(\mathbf{a}_1 \quad \mathbf{a}_2 \quad \mathbf{a}_3) = (\mathbf{e}_1 \quad \mathbf{e}_2 \quad \mathbf{e}_3)P \qquad \text{(A-6)}$$

と表わされるとして、$A = PA'P^{-1}$、すなわち、$A' = P^{-1}AP$ という関係が成り立つ。

今、$P$ の $(i, j)$ 成分を $p_{ij}$ として、(A-6) は、次の関係と同じになる。

$$\mathbf{a}_1 = p_{11}\mathbf{e}_1 + p_{21}\mathbf{e}_2 + p_{31}\mathbf{e}_3$$
$$\mathbf{a}_2 = p_{12}\mathbf{e}_1 + p_{22}\mathbf{e}_2 + p_{32}\mathbf{e}_3$$
$$\mathbf{a}_3 = p_{13}\mathbf{e}_1 + p_{23}\mathbf{e}_2 + p_{33}\mathbf{e}_3$$

これらを成分で表わすと、次の関係が得られる。

$$\begin{pmatrix} 2 \\ 0 \\ 0 \end{pmatrix} = \begin{pmatrix} p_{11} \\ p_{21} \\ p_{31} \end{pmatrix}, \ \begin{pmatrix} 0 \\ 1 \\ 1 \end{pmatrix} = \begin{pmatrix} p_{12} \\ p_{22} \\ p_{32} \end{pmatrix}, \ \begin{pmatrix} 0 \\ -1 \\ 1 \end{pmatrix} = \begin{pmatrix} p_{13} \\ p_{23} \\ p_{33} \end{pmatrix}$$

これらを解いて、$P$ の成分を求めると、$P$、および、$P^{-1}$ は次のように決定される（$P^{-1}$ は、$P$ から掃き出し法などを用いて計算する）。

$$P = \begin{pmatrix} 2 & 0 & 0 \\ 0 & 1 & -1 \\ 0 & 1 & 1 \end{pmatrix}, \ P^{-1} = \begin{pmatrix} \frac{1}{2} & 0 & 0 \\ 0 & \frac{1}{2} & \frac{1}{2} \\ 0 & -\frac{1}{2} & \frac{1}{2} \end{pmatrix}$$

以上の結果を用いて、$A' = P^{-1}AP$ を計算すると、次の結果が得られる。

$$A' = \begin{pmatrix} 1 & \frac{1}{2} & -\frac{3}{2} \\ 10 & \frac{7}{2} & \frac{7}{2} \\ -4 & \frac{1}{2} & \frac{9}{2} \end{pmatrix}$$

さらに、（1）の結果より、$\mathbf{x}' = \left(2, \dfrac{1}{2}, -\dfrac{5}{2}\right)^{\mathrm{T}}$ を用いて、

$$A'\mathbf{x}' = \begin{pmatrix} 1 & \frac{1}{2} & -\frac{3}{2} \\ 10 & \frac{7}{2} & \frac{7}{2} \\ -4 & \frac{1}{2} & \frac{9}{2} \end{pmatrix} \begin{pmatrix} 2 \\ \frac{1}{2} \\ -\frac{5}{2} \end{pmatrix} = \begin{pmatrix} 6 \\ 13 \\ -19 \end{pmatrix}$$

となることから、

$$(\mathbf{a}_1 \ \mathbf{a}_2 \ \mathbf{a}_3)A'\mathbf{x}' = (\mathbf{a}_1 \ \mathbf{a}_2 \ \mathbf{a}_3) \begin{pmatrix} 6 \\ 13 \\ -19 \end{pmatrix}$$

$$= 6\mathbf{a}_1 + 13\mathbf{a}_2 - 19\mathbf{a}_3 = \begin{pmatrix} 12 \\ 32 \\ -6 \end{pmatrix}$$

が得られる。一方、$A\mathbf{x}$ については、直接計算により、

$$A\mathbf{x} = \begin{pmatrix} 1 & 2 & -1 \\ 7 & 2 & 1 \\ 3 & -2 & 6 \end{pmatrix} \begin{pmatrix} 4 \\ 3 \\ -2 \end{pmatrix} = \begin{pmatrix} 12 \\ 32 \\ -6 \end{pmatrix}$$

となり、確かに $(\mathbf{a}_1 \ \mathbf{a}_2 \ \mathbf{a}_3)A'\mathbf{x}' = A\mathbf{x}$ が成立する。なお、この関係は、

$$(\mathbf{a}_1 \ \mathbf{a}_2 \ \mathbf{a}_3)A'\mathbf{x}' = (\mathbf{e}_1 \ \mathbf{e}_2 \ \mathbf{e}_3)A\mathbf{x}$$

と表わすこともできる。この形にすると、基底ベクトルの変換 $(\mathbf{e}_1, \mathbf{e}_2,$ $\mathbf{e}_3) \longrightarrow (\mathbf{a}_1, \mathbf{a}_2, \mathbf{a}_3)$ という観点がより明確になる。

A.5 第5章

**問5**

$A$の固有ベクトルを求めるために、$A$の固有値問題を解く。$A$の固有多項式は、$I$を2次の単位行列として、

$$\det(A - \lambda I) = (1 - \lambda)(1 - \lambda) - 2 \cdot 2 = \lambda^2 - 2\lambda - 3 = (\lambda + 1)(\lambda - 3)$$

となるので、$A$の固有値は、$\lambda = -1, 3$と決まる。

$\lambda = -1$のとき、固有ベクトルを決定する方程式$(A - \lambda I)\mathbf{x} = \mathbf{0}$は、$\mathbf{x} = (a, b)^{\mathrm{T}}$として、

$$\begin{pmatrix} 2 & 2 \\ 2 & 2 \end{pmatrix} \begin{pmatrix} a \\ b \end{pmatrix} = \begin{pmatrix} 0 \\ 0 \end{pmatrix}$$

となる。これは、$a + b = 0$と同値で、固有ベクトルは、$\mathbf{x}_1 = (1, -1)^{\mathrm{T}}$と決まる。

同じく、$\lambda = 3$のとき、固有ベクトルを決定する方程式は、

$$\begin{pmatrix} -2 & 2 \\ 2 & -2 \end{pmatrix} \begin{pmatrix} a \\ b \end{pmatrix} = \begin{pmatrix} 0 \\ 0 \end{pmatrix}$$

となる。これは、$a - b = 0$と同値で、固有ベクトルは、$\mathbf{x}_2 = (1, 1)^{\mathrm{T}}$と決まる。

次に、表現行列を変換するために、標準基底$\mathbf{e}_1, \mathbf{e}_2$と固有ベクトル$\mathbf{x}_1, \mathbf{x}_2$の関係を2次の正方行列$P$を用いて、

$$(\mathbf{x}_1 \quad \mathbf{x}_2) = (\mathbf{e}_1 \quad \mathbf{e}_2)P$$

と表わす。問4 (2) と同様に上記の関係から$P$の成分を求めると、$P$と$P^{-1}$は次のように決定される（$P^{-1}$は、$P$から$2 \times 2$行列の逆行列の公式を用いて決定する）。

$$P = \begin{pmatrix} 1 & 1 \\ -1 & 1 \end{pmatrix}, \ P^{-1} = \frac{1}{2} \begin{pmatrix} 1 & -1 \\ 1 & 1 \end{pmatrix}$$

Appendix A　演習問題の解答

したがって、固有ベクトル $\mathbf{x}_1$, $\mathbf{x}_2$ を基底ベクトルとした際の表現行列は、

$$A' = P^{-1}AP = \frac{1}{2}\begin{pmatrix} 1 & -1 \\ 1 & 1 \end{pmatrix}\begin{pmatrix} 1 & 2 \\ 2 & 1 \end{pmatrix}\begin{pmatrix} 1 & 1 \\ -1 & 1 \end{pmatrix} = \begin{pmatrix} -1 & 0 \\ 0 & 3 \end{pmatrix}$$

となり、$A$ の固有値を対角成分とする対角行列となる。

### 問6

(1) $P^3[x]$ の要素は、一般に、

$$f(x) = a + bx + cx^2 + dx^3 : \langle a,\, b,\, c,\, d \rangle$$

と表わすことができる。上式の右側は、基底ベクトル $1$, $x$, $x^2$, $x^3$ についての成分表示を表わす。これに一次変換 $\varphi$ を適用すると、次の結果が得られる。

$$\varphi(f(x)) = f'(x) = b + 2cx + 3dx^2 : \langle b,\, 2c,\, 3d \rangle$$

上式の右側は、基底ベクトル $1$, $x$, $x^2$ についての成分表示を表わす。したがって、この一次変換の表現行列（3×4行列）を $A$ とすると、次の関係が成立する。

$$\begin{pmatrix} b \\ 2c \\ 3d \end{pmatrix} = A \begin{pmatrix} a \\ b \\ c \\ d \end{pmatrix}$$

上記の関係を満たすように $A$ の成分を決定すると、次の結果が得られる。

$$A = \begin{pmatrix} 0 & 1 & 0 & 0 \\ 0 & 0 & 2 & 0 \\ 0 & 0 & 0 & 3 \end{pmatrix}$$

(2) $f(x) = x^3 + 2x^2 + 3x + 4$ を基底ベクトル $1$, $x$, $x^2$, $x^3$ のもとに成分表示すると、$\langle 4, 3, 2, 1 \rangle$ となる。この値を並べた縦ベクトルに (1) の表現行列 $A$ を適用すると、次の結果が得られる。

284

A.5 第5章

$$A \begin{pmatrix} 4 \\ 3 \\ 2 \\ 1 \end{pmatrix} = \begin{pmatrix} 0 & 1 & 0 & 0 \\ 0 & 0 & 2 & 0 \\ 0 & 0 & 0 & 3 \end{pmatrix} \begin{pmatrix} 4 \\ 3 \\ 2 \\ 1 \end{pmatrix} = \begin{pmatrix} 3 \\ 4 \\ 3 \end{pmatrix}$$

この結果を基底ベクトル $1$, $x$, $x^2$ に関する成分表示と見なして、$P^2[x]$ の要素を再構成すると、$f'(x) = 3 + 4x + 3x^2$ が得られる。

**問7**

(1) $\mathbf{x} \in \mathrm{Ker}\,\varphi$ とするとき、任意の $k \in \mathbf{R}$ について、

$$\varphi(k\mathbf{x}) = k\varphi(\mathbf{x}) = \mathbf{0}$$

より、$k\mathbf{x} \in \mathrm{Ker}\,\varphi$ となる。同じく、$\mathbf{x}_1$, $\mathbf{x}_2 \in \mathrm{Ker}\,\varphi$ とするとき、

$$\varphi(\mathbf{x}_1 + \mathbf{x}_2) = \varphi(\mathbf{x}_1) + \varphi(\mathbf{x}_2) = \mathbf{0}$$

より、$\mathbf{x}_1 + \mathbf{x}_2 \in \mathrm{Ker}\,\varphi$ となる。したがって、$\mathrm{Ker}\,\varphi$ は部分ベクトル空間の条件を満たしている。

(2) $\mathbf{y} \in \mathrm{Im}\,\varphi$ は、$\varphi(\mathbf{x}) = \mathbf{y}$ を満たす $\mathbf{x} \in V_1$ が存在することと同値である。このとき、任意の $k \in \mathbf{R}$ について、

$$\varphi(k\mathbf{x}) = k\varphi(\mathbf{x}) = k\mathbf{y}$$

より、$k\mathbf{y} \in \mathrm{Im}\,\varphi$ となる。同じく、$\mathbf{y}_1$, $\mathbf{y}_2 \in \mathrm{Im}\,\varphi$ とすると、$\varphi(\mathbf{x}_1) = \mathbf{y}_1$, $\varphi(\mathbf{x}_2) = \mathbf{y}_2$ を満たす $\mathbf{x}_1$, $\mathbf{x}_2 \in V_1$ が存在して、

$$\varphi(\mathbf{x}_1 + \mathbf{x}_2) = \varphi(\mathbf{x}_1) + \varphi(\mathbf{x}_2) = \mathbf{y}_1 + \mathbf{y}_2$$

より、$\mathbf{y}_1 + \mathbf{y}_2 \in \mathrm{Im}\,\varphi$ となる。したがって、$\mathrm{Im}\,\varphi$ は部分ベクトル空間の条件を満たしている。

(3) $\dim(\mathrm{Ker}\,\varphi) = k$ として、$\mathrm{Ker}\,\varphi$ の基底ベクトル $\mathbf{a}_1, \cdots, \mathbf{a}_k$ を任意に取る。さらに、$\mathrm{Ker}\,\varphi \subset V_1$ であることから、これに $V_1$ の要素を加えて、$\mathbf{a}_1, \cdots, \mathbf{a}_k, \mathbf{b}_1, \cdots, \mathbf{b}_{n-k}$ を $V_1$ の基底ベクトルとすることができる。ここに、$\dim V_1 = n$ とする。このとき、任意の $\mathbf{x} \in V_1$ について、

Appendix A 演習問題の解答

これを上記の基底ベクトルの線形結合で表わして、

$$\mathbf{x} = c_1\mathbf{a}_1 + \cdots + c_k\mathbf{a}_k + c'_1\mathbf{b}_1 + \cdots + c'_{n-k}\mathbf{b}_{n-k}$$

とすると、$\mathbf{a}_1, \cdots, \mathbf{a}_k \in \mathrm{Ker}\,\varphi$ より、

$$\varphi(\mathbf{x}) = c'_1\varphi(\mathbf{b}_1) + \cdots + c'_{n-k}\varphi(\mathbf{b}_{n-k})$$

が成り立つ。これは、$\mathrm{Im}\,\varphi$ は $\varphi(\mathbf{b}_1), \cdots, \varphi(\mathbf{b}_{n-k})$ で張られることを示している。したがって、$\varphi(\mathbf{b}_1), \cdots, \varphi(\mathbf{b}_{n-k})$ が一次独立であれば、$\dim(\mathrm{Im}\,\varphi) = n - k$ となり、示すべき関係、

$$\dim V_1 = \dim(\mathrm{Ker}\,\varphi) + \dim(\mathrm{Im}\,\varphi)$$

が得られる。

次に、$\varphi(\mathbf{b}_1), \cdots, \varphi(\mathbf{b}_{n-k})$ が、実際に一次独立であることを示す。今、

$$c'_1\varphi(\mathbf{b}_1) + \cdots + c'_{n-k}\varphi(\mathbf{b}_{n-k}) = \mathbf{0}$$

とすると、これは、

$$\varphi(c'_1\mathbf{b}_1 + \cdots + c'_{n-k}\mathbf{b}_{n-k}) = \mathbf{0}$$

すなわち、$c'_1\mathbf{b}_1 + \cdots + c'_{n-k}\mathbf{b}_{n-k} \in \mathrm{Ker}\,\varphi$ を意味する。ここで、仮に、$c'_1\mathbf{b}_1 + \cdots + c'_{n-k}\mathbf{b}_{n-k} \neq \mathbf{0}$（すなわち、$c'_1, \cdots, c'_{n-k}$ の中に 0 でないものが存在する）とすると、$\mathbf{a}_1, \cdots, \mathbf{a}_k$ は $\mathrm{Ker}\,\varphi$ の基底ベクトルであることから、

$$c_1\mathbf{a}_1 + \cdots + c_k\mathbf{a}_k = c'_1\mathbf{b}_1 + \cdots + c'_{n-k}\mathbf{b}_{n-k}$$

となる $c_1, \cdots, c_k$ が存在するが、これは、$\mathbf{a}_1, \cdots, \mathbf{a}_k, \mathbf{b}_1, \cdots, \mathbf{b}_{n-k}$ が一次独立であることに矛盾する。したがって、$c'_1, \cdots, c'_{n-k}$ はすべて 0 であり、これは、$\varphi(\mathbf{b}_1), \cdots, \varphi(\mathbf{b}_{n-k})$ が一次独立であることを示している。

# 索引

## ● 定理

| 定理1 | 行列の計算規則 | 43 |
| 定理2 | 積の逆行列と転置行列 | 44 |
| 定理3 | 一次変換の線形性 | 94 |
| 定理4 | 一次変換が全単射になる条件 | 94 |
| 定理5 | 一次変換が単射になる条件 | 95 |
| 定理6 | 正則行列と行列のランク | 95 |
| 定理7 | 行列のランクの計算方法 | 96 |
| 定理8 | 逆行列の計算方法 | 96 |
| 定理9 | ガウスの消去法 | 97 |
| 定理10 | 行列式の交代性と多重線形性 | 138 |
| 定理11 | 行列式の一意性 | 139 |
| 定理12 | 転置行列に対する行列式 | 139 |
| 定理13 | 行列の積に対する行列式 | 139 |
| 定理14 | 逆行列の行列式 | 139 |
| 定理15 | 行列式と行列の正則性 | 140 |
| 定理16 | 三角行列の行列式 | 140 |
| 定理17 | ブロック型行列の行列式 | 140 |
| 定理18 | 行列式の余因子展開 | 141 |
| 定理19 | 余因子行列と逆行列の関係 | 142 |
| 定理20 | 固有ベクトルの一次独立性 | 196 |
| 定理21 | 斉次連立一次方程式の解が存在する条件 | 196 |
| 定理22 | 固有空間の直和 | 197 |
| 定理23 | 固有空間の次元の上限 | 197 |
| 定理24 | 相似な正方行列の固有多項式 | 198 |
| 定理25 | 固有値問題が解ける条件 | 198 |
| 定理26 | 行列式・トレースと固有値の関係 | 198 |
| 定理27 | 転置行列の固有値 | 198 |
| 定理28 | 逆行列の固有値 | 199 |

| 定理29 | 内積の基本性質 | 199 |
| 定理30 | コーシー・シュワルツの不等式 | 200 |
| 定理31 | 実数ベクトルがなす角 | 200 |
| 定理32 | グラム・シュミットの正規直交化法 | 200 |
| 定理33 | 直交行列の性質 | 201 |
| 定理34 | 直交行列による一次変換 | 201 |
| 定理35 | 直交直和分解 | 202 |
| 定理36 | 対称行列と内積の関係 | 202 |
| 定理37 | 対称行列の固有値 | 202 |
| 定理38 | 対称行列の固有ベクトル | 202 |
| 定理39 | 対称行列の対角化 | 202 |
| 定理40 | 有心2次曲面 | 203 |
| 定理41 | 2次曲面の標準形 | 203 |
| 定理42 | 2次形式の標準形 | 204 |
| 定理43 | 2次形式の正定値と負定値 | 204 |
| 定理44 | ゼロベクトル | 241 |
| 定理45 | 和の逆元 | 242 |
| 定理46 | 部分ベクトル空間 | 242 |
| 定理47 | 和空間と直和 | 242 |
| 定理48 | 一次従属・一次独立の基本性質 | 243 |
| 定理49 | 取り替え定理 | 243 |
| 定理50 | ベクトル空間の次元 | 244 |
| 定理51 | 基底ベクトルの存在 | 244 |
| 定理52 | 部分ベクトル空間の基底ベクトル | 244 |
| 定理53 | ベクトル空間の次元定理 | 244 |
| 定理54 | 直和の次元 | 244 |
| 定理55 | 一次変換の表現行列 | 245 |
| 定理56 | 成分表示の変換公式 | 245 |
| 定理57 | 表現行列の変換公式 | 246 |

索引　287

## ●定義

| 定義1 | 行列 | 42 |
| 定義2 | 行列の成分 | 42 |
| 定義3 | 転置行列 | 42 |
| 定義4 | 正方行列・対角行列・単位行列・ゼロ行列 | 42 |
| 定義5 | 行列のスカラー倍と和 | 43 |
| 定義6 | 行列の積 | 43 |
| 定義7 | 正則行列と逆行列 | 43 |
| 定義8 | $n$ 次元実数ベクトル空間 | 93 |
| 定義9 | 一次従属性と一次独立性 | 93 |
| 定義10 | 基底ベクトル | 93 |
| 定義11 | 部分ベクトル空間 | 94 |
| 定義12 | 一次変換 | 94 |
| 定義13 | 行列のランク | 95 |
| 定義14 | 行列の基本操作 | 95 |
| 定義15 | 階段行列 | 96 |
| 定義16 | 行列式 | 138 |
| 定義17 | 三角行列 | 140 |
| 定義18 | 行列の余因子 | 141 |
| 定義19 | 余因子行列 | 141 |
| 定義20 | 行列の対角化 | 196 |
| 定義21 | 固有値問題 | 196 |
| 定義22 | 固有多項式と固有方程式 | 196 |
| 定義23 | 部分ベクトル空間の和空間 | 197 |
| 定義24 | 部分ベクトル空間の直和 | 197 |
| 定義25 | 固有空間 | 197 |
| 定義26 | 相似な正方行列 | 198 |
| 定義27 | 行列のトレース | 198 |
| 定義28 | 実数ベクトルの内積 | 199 |
| 定義29 | 実数ベクトルの大きさ | 199 |
| 定義30 | 正規直交基底 | 200 |
| 定義31 | 直交行列 | 201 |
| 定義32 | 直交余空間 | 201 |
| 定義33 | 対称行列 | 202 |
| 定義34 | 2次曲面 | 203 |
| 定義35 | 2次形式 | 203 |
| 定義36 | ベクトル空間の公理 | 241 |
| 定義37 | 部分ベクトル空間 | 242 |
| 定義38 | 和空間 | 242 |
| 定義39 | 直和 | 242 |
| 定義40 | 一次従属と一次独立 | 243 |
| 定義41 | 基底ベクトル | 243 |
| 定義42 | 一次変換 | 244 |
| 定義43 | ベクトルの成分表示 | 245 |

## ●記号・数字

| $\mathbf{R}$ | 3, 4 |
| $\mathbf{R}^2$ | 3, 6 |
| $\mathbf{R}^n$ | 48 |
| 以外のベクトル空間の例 | 218 |
| $\mathbf{R}^m$ | 55 |
| T | 8 |
| $\Delta$（デルタ） | 131 |
| $\lambda$（ラムダ） | 35 |
| $\varphi$（ファイ） | 9 |
| $\delta_{ij}$（クロネッカーのデルタ） | 200 |
| [ ] | 58 |
| 2次曲面 | 188, 203 |
| 2次曲面の標準形 | 190 |
| 2次形式 | 191, 203 |
| 3次元空間における右手系と左手系 | 110 |

## ●A

| $\mathbf{a}_1, \cdots, \mathbf{a}_m$ が張る部分ベクトル空間 | 54 |
| $n \times n$ 行列 | 42 |
| $n$ 次の正方行列 | 42 |

## ●あ

| 鞍点 | 192 |

## ●い

一次結合 ……………………………… 7, 50
一次従属 ……………… 16, 50, 215, 243
一次独立 ……………… 16, 50, 215, 243
　であることの証明方法 ……………… 51
一次変換 ………………… 9, 55, 227
　が単射になる条件 ……………… 61
　の合成と行列の積 ……………… 69

## ●う

上三角行列 ……………………… 125, 140

## ●か

階段行列 ………………………………… 74
ガウスの消去法 ……………………… 84

## ●き

幾何ベクトル ……………………………… 5
基底ベクトル ……………… 7, 52, 215
逆行列 ……………………………… 22
行列 ……………………………… 17, 42
行列式 ……………………… 23, 104
　組み合わせ計算の具体例 ………… 116
　ブロック型行列の計算規則 ……… 129
　面積との関係 ……………………… 31
行列の対角化 ………… 40, 147, 196

## ●く

グラム・シュミットの正規直交化法 …… 172
クロネッカーのデルタ ………… 171, 200

## ●こ

交代性 ……………………………… 104
公理 ……………………………… 210
公理論的な取り扱い ………………… 6
コーシー・シュワルツの不等式 ………… 169

固有空間 ……………………………… 158
固有多項式 …………………… 151, 196
固有値 ………………… 37, 146, , 196
固有値問題 …………………… 148, 196
固有ベクトル …………… 37, 146, 196
固有方程式 …………… 39, 151, 196

## ●し

次元 ……………………………… 217
下三角行列 …………………… 126, 140
実数ベクトル ……………………………… 3
実数ベクトル空間 ……………………… 3
主軸 ……………………………… 191
ジョルダン標準形 …………… 163, 164

## ●す

スカラー ……………………………… 18

## ●せ

正規直交基底 ………………… 171, 200
斉次解 ……………………………… 26
正則行列 ……………………………… 23
正定値 ………………………… 193, 204
正定値性 ……………………………… 169
成分表示 ……………………………… 229
正方行列 ……………………………… 20
ゼロ行列 ……………………………… 20
ゼロベクトル ……………………………… 5
線形結合 ……………………………… 7, 50
線形写像 ……………………………… 9, 227
線形性 ……………………………… 56, 227

## ●そ

相似 ……………………………… 161
双線形性 ……………………………… 169

## ●た

体 ····················································· 210
対角行列 ···································· 21, 40
対称行列 ······························ 46, 177
　　が対角化できることの別証明 ········· 186
対称性 ················································ 169
多重線形性 ········································· 104
縦ベクトル ············································ 8
単位行列 ·············································· 21

## ●ち

直積集合 ············································ 210
直和 ·········································· 156, 214
直交行列 ·································· 172, 201
直交直和分解 ···································· 175
直交余空間 ····························· 175, 201

## ●て

転置行列 ··································· 17, 42

## ●と

同型 ··················································· 231
特解 ··················································· 26
取り替え定理 ···································· 217
トレース ············································· 166

## ●な

内積 ··················································· 168

## ●は

掃き出し法 ········································· 73

## ●ひ

左手系 ················································ 32
表現行列 ··································· 238, 245
標準基底 ····································· 6, 50

## ●ふ

標準内積 ············································ 168

## ●ふ

負定値 ······································· 193, 204
部分ベクトル空間 ························ 53, 213

## ●へ

ベクトル ············································· 211
ベクトル空間 ····························· 6, 211
　　の公理論的な取り扱い ························· 6
　　の次元定理 ·································· 222
　　の同型 ········································· 231
ベクトルの正規化 ······························· 39

## ●み

右手系 ················································ 32

## ●む

無限次元ベクトル空間 ····················· 225

## ●ゆ

有心2次曲面 ······················· 188, 203

## ●よ

余因子 ················································ 131
横ベクトル ············································ 8

## ●ら

ランク ················································ 71

## ●わ

和空間 ······································· 155, 214
和の逆元 ·············································· 5

## 著者

**中井 悦司**(なかい えつじ)

1971年4月大阪生まれ。ノーベル物理学賞を本気で夢見て、理論物理学の研究に没頭する学生時代、大学受験教育に情熱を傾ける予備校講師の頃、そして、華麗なる(?)転身を果たして、外資系ベンダーでLinuxエンジニアを生業にするに至るまで、妙な縁が続いて、常にUnix/Linuxサーバと人生を共にする。その後、Linuxディストリビューターのエバンジェリストを経て、現在は、米系IT企業のCloud Solutions Architectとして活動。

最近は、機械学習をはじめとするデータ活用技術の基礎を世に広めるために、講演活動のほか、雑誌記事や書籍の執筆にも注力。主な著書は、『[改訂新版] プロのためのLinuxシステム構築・運用技術』『Docker実践入門』『ITエンジニアのための機械学習理論入門』(いずれも技術評論社)、『TensorFlowで学ぶディープラーニング入門』(マイナビ出版)、『技術者のための基礎解析学』(翔泳社)など。

## 付属データのご案内

● 「主要な定理のまとめ」PDFデータ

本書の各章末に掲載した「主要な定理のまとめ」を抜き出した小冊子（PDF形式）。
この付属データは、以下のサイトからダウンロードできます。

https://www.shoeisha.co.jp/book/download/9784798155364

※付属データに関する権利は著者および株式会社翔泳社が所有しています。許可なく配布したり、Webサイトに転載することはできません。
※付属データの提供は予告なく終了することがあります。あらかじめご了承ください。

## 会員特典データのご案内

● 「Pythonによる行列計算（入門編）」PDFデータ

　本書『技術者のための線形代数学』では、行列の積や逆行列の計算といった行列の基本計算に加えて、固有値問題を解くことで、行列を対角化する方法などを学びました。Pythonには、このような行列に関わる数値計算を行なうライブラリが用意されています。本特典では、これらのライブラリを用いて、簡単な行列計算を実行する例を紹介します。また、余因子を用いて、行列式、および、逆行列を計算するアルゴリズムの実装例も紹介します。
　この会員特典データは、以下のサイトからダウンロードできます。

https://www.shoeisha.co.jp/book/present/9784798155364

※会員特典データをダウンロードには、SHOEISHA iD（翔泳社が運営する無料の会員制度）への会員登録が必要です。詳しくは、Webサイトをご覧ください。
※会員特典データに関する権利は著者および株式会社翔泳社が所有しています。許可なく配布したり、Webサイトに転載することはできません。
※会員特典データの提供は予告なく終了することがあります。あらかじめご了承ください。

---

本文デザイン・装丁　轟木 亜紀子（株式会社トップスタジオ）
DTP　　　　　　　　株式会社シンクス
校正協力　　　　　　株式会社聚珍社

# 技術者のための線形代数学
大学の基礎数学を本気で学ぶ

2018年 8月28日　　初版第1刷発行

著　者　　　中井 悦司（なかい えつじ）
発行人　　　佐々木 幹夫
発行所　　　株式会社 翔泳社（https://www.shoeisha.co.jp）
印刷・製本　株式会社ワコープラネット

© 2018 ETSUJI NAKAI

※本書は著作権法上の保護を受けています。本書の一部または全部について（ソフトウェアおよびプログラムを含む）、株式会社翔泳社から文書による許諾を得ずに、いかなる方法においても無断で複写、複製することは禁じられています。
※本書のお問い合わせについては、iiページに記載の内容をお読みください。乱丁・落丁はお取り替えいたします。03-5362-3705までご連絡ください。

ISBN978-4-7981-5536-4　　　　　　　　　　　　　　　　　　　Printed in Japan